Материалы III международной научно-практической

конференции

Актуальные направления фундаментальных и прикладных исследований

13-14 марта 2014 г.

North Charleston, USA

Том 1

УДК 4+37+51+53+54+55+57+91+61+159.9+316+62+101+330

ББК 72

ISBN: 978-1497429666

В сборнике представлены материалы докладов III международной научно-практической конференции " Актуальные направления фундаментальных и прикладных исследований "

Все статьи представлены в авторской редакции.

Содержание
Архитектура

Биологические науки

Ветеринарные науки

Исторические науки

Медицинские науки

Содержание

Науки о земле

Педагогические науки

Психологические науки

Содержание

Сельскохозяйственные науки

Социологические науки

Технические науки

Содержание

Содержание

Химические науки

Экономические науки

Юридические науки

Колгашкина В.А.
Московский Архитектурный институт (Государственная Академия)
ТИПЫ СОВМЕЩЕННОГО ЖИЛЬЯ В СОВРЕМЕННЫХ ОФИСНО-ЖИЛЫХ СТРУКТУРАХ

Активное применение совмещенных типов жилья – характерная тенденция в современной типологии офисно-жилых структур. Совмещенные (или многофункциональные) типы жилья в офисно-жилых структурах предполагают совмещение жилья и места работы в рамках одной жилой единицы.

Согласно данным зарубежных исследований и мнениям пользователей [1,3,4,5] подобное многофункциональное жилье имеет ряд преимуществ:

- Экономические преимущества – в Америке и Европе введено стимулирующее налогообложение офисно-жилых единиц, что делает аренду или приобретение специфической жилой единицы более экономически выгодным, чем аренду отдельного от жилья офиса. В качестве одной из основных причин выбора формата совмещения жилья и работы в рамках жилой единицы большинство пользователей отмечает экономические преимущества формата.

- Экологические преимущества совмещенного жилья заключаются в первую очередь в сокращении числа ежедневных маятниковых рабочих поездок на автомобиле и в возможности максимальной оптимизации потребления энергоресурсов за счет их сбалансированного распределения в течение суток между рабочими и жилыми зонами. Развитие многофункционального жилья является одной из важных составляющих концепции устойчивого развития городов. Одним из приоритетных аспектов совмещенного жилья является возможность создания гибкой саморегулирующейся системы, позволяющей изменять соотношение жилой и деловой функций путем динамичной схемы назначения пространств.

Многочисленные исследования демонстрируют нерациональность использования монофункционального офисного здания – традиционная монофункциональная офисная недвижимость, в том числе и бизнес-парки, функционирует в среднем на 30%, максимум на 40% (учитывая рабочие и нерабочие часы, выходные и праздники), в остальное время она пустует, но требует энергии для поддержания систем инженерного обеспечения (свет, отопление и пр.) [3, 5].

Кластер, совмещающий в себе жилье и место работы, функционирует полноценно в круглосуточном режиме, что делает его эксплуатацию более энергоемкой.

- Социальные преимущества – возможность для самореализации и активного участия в работе маломобильных групп населения, а также групп с ограниченными возможностями. Специфическое жилье с зонированием на жилую и рабочую зону создает для маломобильных групп рабочую обстановку, позволяющую им оставаться полноценными участниками рабочего процесса.

В целом специфическое жилье можно формализовать в три типа, характеризуемые разной степенью изолированности рабочих и жилых пространств.

Офис/мастерская при квартире имеет непосредственную связь с жилищем – по горизонтали или по вертикали, но при этом подразумевается четкое деление на жилую и рабочую часть, обязательным условием являются раздельные входы. Офис/мастерская при квартире – наиболее универсальный тип специфического жилья, востребованный среди работников различных сфер деятельности. Четкое пространственное изолирование функций значительно упрощает организацию рабочего процесса, обеспечивая возможность: нанимать на работу сторонних сотрудников, создавать полноценный презентационный офис, проводить встречи с посетителями. Крайне важным психологическим преимуществом данного решения является возможность создания полноценной рабочей атмосферы, исключающей пересечение офисную работы и домашних дел. В качестве примеров можно привести комплекс Shinonome Canal Court, арх. Yamamoto& FieldShop (Токио, Япония), комплекс Life.Lab, арх. Moull Murray Architects (Мельбурн, Австралия), комплекс Jain Wai Soho, арх. Yamamoto & Field Shop (Пекин, Китай), где представлен широкий спектр пространственных решений офисно-жилых единиц, объединенных общей модульной системой. Также распространенным вариантом данного типа жилья становятся блокированные пригородные дома с офисным пространством на первом этаже и жильем на верхних этажах: например, комплекс Napton Brickworks (Стредфорд, Англия).

Офисно-жилая единица – жилая единица, часть которой занимает офис или рабочее пространство. Входы в жилую и рабочую части не разделяются, применяется четкое зонирование внутри жилой единицы при двухуровневой схеме (мезонин) жилье располагается на втором уровне. «Transitlager», арх. BIG (Базель, Швейцария), Westferry Studious, арх. CZWG architects (Лондон, Великобритания).

Спецификой данной схемы является периодическое пересечение домашней повседневной жизни и работы – положительные и отрицательные стороны этого пересечения остаются спорным вопросом. Специалисты и пользователи отмечают, что периодическое переключение внимания плодотворно сказывается на работоспособности и продуктивности работы, при этом неоднократно подчеркивается, что подобная организация процесса работы приемлема только для людей с высокой самоорганизацией, в противном домашние дела могут существенно нарушить рабочий график [3, 5].

Студия-лофт – единое многофункциональное пространство со свободным планом для жилья и работы. Данное решение наиболее востребовано у творческих людей [3,6], для которых работа и жизнь неразрывно взаимосвязаны. Например, Milepost, 5 (Портленд, Канада), Greenwich st. project, арх._Archi-tectonics (Нью-Йорк, США), Peabody Trust's West Ferry live/work (Лондон, Великобритания), Docklands (Лондон, Великобритания) и др.

Лофт-пространства развиваются как в одном уровне, так и в двух уровнях – при наличии второго уровня пространство решается как двухсветное – второй уровень полностью не изолируется. Распространенным является вариант размещения рабочего пространства на первом уровне, а спальной зоны – на мезонине.

Приводимая в статье типология специфического жилья имеет некоторые различия с принятой в мировой практике, где специфические типы жилья в ОЖК подразделяются на два типа – «офисно-жилая единица» и «лофт»:

- под термином «офисно-жилая единица» (live/work unit) подразумевается жилая единица, в которой зонирование жилой и рабочей функций может характеризоваться различной степенью изолированности – от отдельных входов и разграничения по уровням до легких мобильных перегородок внутри единого пространства;

- термин «лофт» обозначает единое пространство для жилья и работы с минимальным зонированием функций.

Однако, представляется целесообразным выделить жилье с раздельными входами в отдельный тип «офис/мастерская при квартире», так как мнения большинства пользователей подтверждают, что данное пространственное решение обеспечивает наибольший психологический комфорт, высокую продуктивность работы за счет максимальной пространственной изоляции при непосредственной близости функций.

Библиография

1. UNDER THE RADAR Tracking and supporting rural home based businesses [Сетевой ресурс]. – URL:
http://www.liveworkhomes.co.uk/content/blogcategory/151/299/

2. http://www.archdaily.com/222881/the-share-rebita/

3. http://www.liveworknet.com

4. «Tomorrows Property Today» [Сетевой ресурс]. – URL: www.rtpi.org.uk/.../Tomorrow-s-Property-Today

5. Can homeworking save the planet? how homes can become workspace in a low carbon economy. [Сетевой ресурс]. – URL: http://www.flexibility.co.uk/downloads/Canhomeworkingsavetheplanet.pdf

6. Zukin, S. Loft living: culture and capital in urban change. Rutgers University Press, New Jersey, 1989. – 232 p.

Мороз Т.П.[1], Дёмин А.В.[2]

[1] - аспирант, институт медико-биологических исследований САФУ имени. М.В. Ломоносова, e-mail: taisia.moroz@yandex.ru; [2] - к.б.н., с.н.с., институт медико-биологических исследований САФУ имени. М.В. Ломоносова

СРАВНИТЕЛЬНАЯ ОЦЕНКА ХАРАКТЕРИСТИК ДВИЖЕНИЯ У ЖЕНЩИН 65–74 ЛЕТ С ВЫРАЖЕННОЙ ПОСТУРАЛЬНОЙ НЕСТАБИЛЬНОСТЬЮ

Исследование особенностей постуральной нестабильности и факторов риска падений продолжает оставаться одной из важнейших проблем возрастной физиологии [2; 3]. Подъем из положения сидя является стандартной формой функциональной активности, поэтому очень важно сохранять сенсорные и моторные компоненты нижних конечностей в любом возрасте.

Цель работы заключалась в определении характеристик движения у женщин 65-74 лет с выраженной постуральной нестабильностью.

В исследовании приняли участие 104 женщины 65–74 лет. Данная выборка была разделена на две группы в результате проведенного опроса (каждого исследуемого опрашивали на наличие падений в течение года). В группу исследования (ГИ) вошли женщины, которые испытали 2 и более падений в течение года (52 человека). Группу сравнения (ГС) составили женщины, не испытавшие ни одного падения за тот же промежуток времени (52 человека). Средний возраст в данных группах составил 69,5±3,3 лет.

Сравнительная оценка характеристик движения у женщин 65–74 лет проводилось с помощью компьютерного стабилометрического комплекса «Balance Manager». В исследовании использовались следующие тесты:
- Моторно–контрольный тест, который оценивает способность автоматической постуральной системы человека быстро восстанавливаться после неожиданных внешних воздействий в виде толчков опорной платформы в направлениях вперед или назад с разной интенсивностью (слабые, средние и сильные толчки). В данном тесте оценивался показатель время реакции, который характеризует количество времени (в миллисекундах) от момента начала толчков разной интенсивности до начала активной реакции обеих ног обследуемого с целью удержания баланса и сохранения ЦД в пределах базы поддержки его опоры. Время реакции включает в себя среднее значение реакции обеих ног обследуемого при средних и сильных толчках во всех направлениях.
- Тест «Встать из положения сидя», который позволяет количественно оценить время перемещения тела, индекс подъема (количество силы, требуемое для выпрямления ног во время фазы подъема, выраженное в

процентах от массы тела) и скорость отклонения центра тяжести (ЦТ) (количество отклонений ЦТ во время подъема и в течение первых 5 с после него, выраженное в градусах/с).

Статистическая обработка данных проведена с помощью компьютерной программы «SPSS 17.0 for Windows». Все исследуемые параметры имели нормальное распределение. Для выявления различий между показателями, соответствующими критериям нормальности, использовали t – критерий Стьюдента. Пороговым уровень статистической значимости принимался при значении критерия $p<0,05$.

Результаты исследования и их обсуждение. Сравнительная оценка характеристик движения у женщин 65–74 лет с выраженной постуральной нестабильностью представлена в таблице.

Таблица

Сравнительная оценка характеристик движения у женщин 65–74 лет с выраженной постуральной нестабильностью (M±SD)

Показатели	ГИ (n=52)	ГС (n=52)	p
Моторно-контрольный тест			
Время реакции (мс)	142,1±11,8	133,5±7,4	p < 0,001
Встать из положения сидя			
Время перемещения тела, с	0,6±0,21	0,5±0,17	p = 0,09
Индекс подъема, % МТ	17,1±7,5	19,6±7,8	p = 0,07
Скорость отклонения ЦТ, град/с	3,9±1,2	3,3±0,82	p = 0,006

Примечание: p* обозначена достоверная разница между группами.

В результате анализа полученных данных обнаружено, что время реакции в моторно-контрольном тесте у женщин ГС было достоверно меньше (p < 0,001), чем у женщин ГИ. Вероятно, выраженная постуральная нестабильность обусловлена именно снижением времени реакции ног обследуемого с целью удержания баланса и сохранения ЦТ в пределах базы поддержки его опоры.

Установлена тенденция к ухудшению показателей времени перемещения тела и индекса подъема в тесте встать из положения сидя у ГИ. Замедление перемещения веса снижает способность к использованию момента для перемещения ЦТ вперед, и увеличивает потребность в более длительном сокращении мышц для выполнения одного и того же действия. Проблемы с флексией бедра и силой флексии туловища или трудности с наклоном таза могут также замедлить процесс перемещения. Брадикинезия, может способствовать увеличению времени, которое требуется для перемещения ЦТ вперед. Слабость нижних конечностей является основной причиной недостаточности развиваемого усилия. проблемы с моторным контролем такие как нарушение последовательности развития двигательных паттернов (например, пациент выпрямляет ноги перед тем как переместить ЦТ вперед).

Скорость отклонения ЦТ у женщин ГИ была достоверно выше (p = 0,006), чем у женщин ГС, т.е. полученные данные указывают на наличие изменений постурального управления у женщин испытавших 2 и более падений в год. Возможно, такие результаты обусловлены проблемами с контролем тела или же атаксией, затрудняющей минимизировать движение ЦТ. Так же возможно на результаты повлияла слабость и замедленная экстензией туловища, ограничение подвижности в суставах или попытка избежать болезненности при нагрузке на конечность. Важно отметить, что во время переходных движений ожидаются небольшие девиации от средней линии, однако значительный сдвиг в ту или другую сторону часто свидетельствует о проблемах с восприятием и с управлением движением [1; 4].

Таким образом, нами установлено, что у женщин с выраженной постуральной нестабильностью происходит изменение сенсорных и моторных компонентов нижних конечностей, что будет негативно отражаться на ходьбе и увеличивать риск возникновения падений.

Литература:

1. Грибанов А.В., Шерстенникова А.К. Физиологические механизмы регуляции постурального баланса человека // Вестник Северного (Арктического) федерального университета. Серия: Мед.-биол. науки. 2013. № 4. С. 20–29.

2. Крайнова И.Н., Дёмин А.В., Мороз Т.П. Биоэлектрическая активность миокарда у женщин с выраженной постуральной нестабильностью // Вестник Северного (Арктического) федерального университета. Серия: Естественные науки. 2013. № 4. С. 64–69.

3. Мороз Т.П., Дёмин А.В. Факторы риска падений у женщин 60 – 76 лет с повышенным артериальным давлением // Клиническая нейрофизиология. Тезисы конференции. СПб. 2013. С.209–211.

4. Grant P.M., Dall P.M., Kerr A. Daily and hourly frequency of the sit to stand movement in older adults: a comparison of day hospital, rehabilitation ward and community living groups // Aging clinical and experimental research. 2011. Vol. 23, № 5–6. P. 437–44.

Deputat I.S.
ass. professor, PhD in Biological Sciences
Gribanov A.V.
professor, Doctor Medical Sciences
Nekhoroshkova A.N.
PhD in Biological Sciences
Kereush Y.V., Bolshevidceva I. L.
Institute of Medical and Biological Research, NARFU named after
M.V. Lomonosov

BRAIN ENERGY METABOLISM STUDY IN EUROPEAN NORTH RESIDENTS IN AGING

In the world of science is noted of great interest to the study of old age. In gerontology was denoted a complex problem - the need to study the laws of aging with a view to develop ways of optimization this process. In gerontomedicine and gerontopsychology are actively studied cognitive functions, emotions, personality changes in their old age. Upon that the study of the system age reconstructions of mental activity is impossible without defining of certain brain changes in the aging process, which in turn implies the need to define adequate instrumental diagnostic methods [1,1-2; 3,82].

Special significance solving of problems of gerontogenesis period acquires for elderly northerners. Despite the fact that normal aging , along with age restrictions, is characterized by the presence of compensatory phenomena, individual differences are influenced by various, including environmental factors. So, living in the North occurs due to the constant effort systems that support homeostasis in the organism, occurs due to increasing energy costs for maintaining this consistency.

One of the factors that have a significant impact on the safety of human mental activity in elderly and senile age is the integrity of the cerebral vascular system. Even minimal changes in cerebral energy metabolism increase the brain's sensitivity to oxidative stress and other damaging factors. Brain energy metabolism study in aging in unfavorable climatic conditions is generate interest in.

Registration method of constant potentials can reliably estimate the brain energy metabolism. Constant potentials are slowly varying sustainable capacity millivolt range, one of the species infraslow physiological processes. This method allows to estimate the total energy consumption of the brain and its individual regions, to determine the dependence of acid-base balance and pH-environment of the brain structures and the relationship of constant potential and acid-base balance in the brain. Dynamics of constant potential allows us to investigate the intra-and interhemispheric particularly changes in the levels of relatively stable functioning of the projections of the receptive fields of the cortex alone, during unprompted and induced changes in the functional state.

The main source generating constant potential level of brain potentials are potentials of vascular origin (caused by the blood- brain barrier), responsive to the hydrogen ion concentration in the flowing blood from the brain. The concentration of acidic metabolic products is an important indicator of energy processes and reflects the intensity of metabolism. Method of estimation of the brain energy by recording the level of constant potentials based on the dependence of this electrophysiological phenomenon of intensity cerebral energy. The method of recording and analyzing the level of constant potentials methodically entirely consistent in electrophysiology approaches and can be used in the assessment of cerebral energy processes and their visualization in different age periods [2,38; 4, 1-21].

In our research, recording and analysis of the distribution layer of constant potential of the brain was performed using hardware-software complex "Neuro-KM" (Moscow, Russia).

Investigations were carried out in twelve leads. The active electrode is placed on the head of the scheme 10-20 , the reference - on the right wrist . Location of electrodes in the frontal region (Fpz), right frontal area (Fd), left frontal region (Fs), the central region (Cz) , right central area (Cd), left central region (Cs), the parietal region (Pz), right parietal region (Pd), parietal left area (Ps), occipital (Oz), right and left temporal regions (Td, Ts). Registration was made after the events aimed at the elimination of artifacts electrode and cutaneous origin: the electrodes were tested in saline before applying the electrodes to the head of the research subject. In saline was measured resistance between the electrodes in the absence of a biological object, the potential difference between the electrodes does not exceed 20 mV and the interelectrode 1-20 ohms resistance.

The study involved 97 women aged 55-74 years. SCP recorded in monopolar leads. The characteristics distribution SCP were resulted and compared with the average standard values for the elderly, involved in software complex "Neuro - KM".

As a result, it was revealed changes in the distribution level of permanent capacity by departments of the brain in women's study group. Most indicators of elderly northerner was significantly higher compared with the normative. The biggest difference to standard values was found in the central (Cz, Cd, Cs) and parietal- occipital leads (Pz, Pd, Ps, Oz).

There are data that in the frontal areas, where age-related changes were dominated - decreased blood flow and glucose hypometabolism, recorded a slight increase in secondary SCP , reflecting the fall in cerebral pH. In our study, it is in frontal leads were identified lowest level values of constant potential (Fpz, Fd, Fs).

According to the literature , in old age there is some discrepancy between the dynamics of glucose metabolism and changes in AAR : glucose consumption decrease with aging , but the acidity in the brain increases, which may be due to a complex of reasons: reduced blood flow and energy metabolism, destructive processes [3,85].

Obtained data indicate to the need for further study of the distribution constant potential level of the brain and further clarify the features of cerebral energy processes among residents of Northern European in aging.

References

1.Sokolova L.P. Izmenenie vozmojnostei adaptazii kak patogeneticeskii factor formirovanija dodementnih kognitivnih rasstroistv u pojilih pazientov. Sovremennie problemi nauki i obrazovanija.- 2011.- № 3. URL: www.science-education.ru/97-4686 (data obrashenija: 11.03.2014).
2.Fokin V.F., Ponomareva N.V. Intensivnost cerebralnogo energeticheskogo obmena: vozmozhnosti ego ocenki elektrofiziologicheskim metodom. Vestn. RAMN. 2001. №8. S. 38–43.
3. Fokin V.F., Ponomareva N.V. Energeticheskaya fisiologiya mozga.M.: Antidor. 2003.- 288 s.
4.Shmyryov V.I., Vitko N.K. etc. Neyroenergokartirovanie (NEC) – visokoinformirovannij metod ocenki funkcionalnogo sostoyaniya mozga. Metodicheskie recomendacii. M. 2010.- 21 s.

Чхенкели В.А. - д.б.н., профессор
Анисимова А.В. - аспирант,
Романова Е.Д. - аспирант
ФГБОУ ВПО Иркутская государственная сельскохозяйственная академия
chkhenkeli@rambler.ru

ВЕТЕРИНАРНЫЙ ПРЕПАРАТ ТРАМЕТИН НА ОСНОВЕ ГРИБА – КСИЛОТРОФА *TRAMETES PUBESCENS* (SHUMACH.:FR.) PILAT. И ЕГО АНТИОКСИДАНТНЫЕ СВОЙСТВА

Базидиальные грибы являются продуцентами целого ряда биологически активных веществ: белков, липидов, полисахаридов, органических кислот, ферментов, витаминов, алкалоидов [1,3,17]. Всё большее внимание исследователи уделяют изучению механизмов их действия на организм человека и животных, в том числе и к изучению их антиоксидантной активности [25 -29]. Грибы рода *Trametes*, как уже было показано в более ранних исследованиях, синтезируют вещества, обладающие антиоксидантным действием: тритерпеновые соединения, экзополисахариды и др., которые выявляются в аналитических исследованиях, как в мицелии гриба, так и в его культуральной жидкости [11, 16-20]. В связи с этим представляет особый интерес изучение антиоксидантной активности препарата траметин, получаемого на основе продуктов жидкофазного культивирования гриба *Trametes pubescens* (Shumach.:Fr.) Pilat. штамм 0663 – возбудителя белой гнили древесины из коллекции Ботанического института им. В.Л. Комарова РАН (г. Санкт – Петербург) и применяемого в ветеринарии [17, 18, 21] для профилактики илчения массовых жулудочно –кишечныз заболеваний.

Существенный интерес как перспективный антиоксидантный комплекс представляет пробиотический препарат Интестевит на основе культур микроорганизмов *Bifidobacterium globosum, Enterococcus faecium, Bacillus subtilis* производства НПК "Центр медико – ветеринарных экологических исследований" (г. Благовещенск), который также может применяться для профилактики кишечных инфекций у телят молочного периода.

Цель настоящей работы заключалась в изучении сравнительной антиоксидантной активности препаратов траметин, получаемого на основе гриба *T. pubescens*, и интестевита при моделировании экспериментального колибактериоза.

Эксперименты проводили на половозрелых белых нелинейных крысах массой 180.5±10.6 г, содержавшихся в условиях вивария ветеринарной клиники ИрГСХА "Айболит" на стандартной диете. Исследования проводили с соблюдением правил лабораторной практики при проведении доклинических исследований в РФ [13], а также "Международных рекомендаций Европейской Конвенции по защите позвоночных животных, используемых в экспериментальных и других научных целях" (ЕТС №126, 1986).

Моделирование колибактериоза у крыс осуществляли путём внутрикожного введения 1 мл суспензии   биомассы (на физиологическом растворе) патогенного штамма *Escherihia coli* ТИ (1 млрд. микробных тел), выделенного из патологического материала в ФГБУ "Иркутская межобластная ветеринарная лаборатория" [10].

Было сформировано 6 групп по 8 животных в каждой: 1) интактные животные; 2) зараженные крысы; 3) крысы, которым трижды вводили перорально траметин   по 250 мг на 1 кг живой массы в течение 3 суток затем проводили заражение и еще 5 дней в такой же дозе вводили изучаемый препарат; 4) зараженные животные на фоне введения per os траметина в течение 8 дней; 5) крысы, которым до и после заражения получали перорально интестевит (соответственно 3 и 5 дней) в дозе 5 мг на кг живой массы; 6) зараженные животные, которым перорально вводили интестевит в течение 8 дней.

После завершения эксперимента крыс забивали дислокацией головы, собирали кровь, в сыворотке которой определяли содержание первичных (конъюгированные диены, КД) и вторичных интермедиатов (ТБК-активные продукты) [12] пероксидации липидов (ПОЛ). Кроме того, в сыворотке крови измеряли величину общей антиокислительной активности (АОА) и витамина Е [6]. Для исследования механизма нарушения в системе ПОЛ-АОЗ при колибактериозе и ее коррекции изучаемым и известным препаратом дополнительно в сыворотке крови измеряли концентрацию молочной, и лимонной кислот [9], а также содержание сывороточного железа [6] и молекул средней массы (МСМ) [7] .

Статистическую обработку результатов экспериментов и оценку достоверности проводили по критерию Стьюдента для уровня вероятности не менее 95 % с использованием пакета программ Microsoft Excel 97.

Как можно видеть из результатов, представленных в табл. 1, бактериальная инфекция вызывает выраженные изменения в интенсивности свободнорадикальных процессов, что отражается в статистически значимом повышении величин концентрации конъюгированных диенов и ТБК-активных продуктов (соответственно в 2.17 и 2.91 раза) по сравнению с аналогичными показателями в группе интактных животных. Такая реакция целостного организма на внедрение инфекционного агента хорошо согласуется с данными отечественной и мировой литературы, свидетельствующими о повышенной генерации активных форм кислорода, в частности супероксид анион-радикала при дыхательном взрыве, который происходит как ответная реакция макрофагов и нейтрофилов на внедрение инфекционного агента [24].

Таблица 1 - *Влияние препаратов траметин и интестевит на пара-метры системы ПОЛ-АОЗ при моделировании колибактериоза у экспериментальных животных, М ± m*

Экспе-римен-таль-ные груп-пы*	Параметры системы ПОЛ-АОЗ			
	КД, мкмоль/л	ТБК-активные продукты, мкмоль/л	АОА, усл.ед.	Вит. Е мкмоль/л
1	1.32 ± 0.08	1.08 ± 0.06	15.6 ± 1.2	8.35 ± 0.66
2	2.87 ± 0.21	3.14 ± 0.26	7.3 ± 0.4	5.21 ± 0.39
3	1.47 ± 0.10	1.36 ± 0.12	16.8 ± 1.9	9.06 ± 0.74
4	1.54 ± 0.12	1.01 ± 0.09	17.9 ± 1.9	8.01 ± 0.62
5	1.76 ± 0.10	1.90 ± 0.13	13.5 ± 0.9	8.06 ± 0.70
6	2.09 ± 0.18	2.45 ± 0.11	11.5 ± 0.8	6.05 ± 0.52

*описание экспериментальных групп дано в тексте

Согласно данным этой таблицы, при лечении экспериментальной бактериальной инфекции препарат траметин практически полностью нормализует величины КД и ТБК-активных продуктов (особенно в 4-й экспериментальной группе), в то время как при использовании интестевита в этих опытах наблюдаемое снижение уровня этих показателей все еще остается выше таковых в группе интактных животных ($P < 0.05$).
При исследовании показателей общей АОА и витамина Е, как одного из важнейших компонентов этой системы, в условиях инфекционного процесса было показано (табл. 1) их статистически значимое снижение по сравнению с аналогичными величинами у здоровых животных. Сопоставляя эти результаты с данными по определению показателей ПОЛ, можно сделать однозначный вывод о том, что животные, зараженные патогенным штаммом кишечной палочки, находятся в состоянии выраженного оксидативного стресса, который в данном случае характеризуется не только активацией ПОЛ, но и ингибированием системы антиоксидантной защиты.

Анализ факторов антиоксидантной защиты в этих экспериментах показывает (табл. 1), что высокую эффективность в поддержании редокс-состояния организма инфицированных животных оказывает траметин; интестевит также обладает определенными защитными свойствами, которые выявлены в 5-й группе опытов, т.е. при сочетании профилактического и лечебного воздействия.

Для выявления механизмов антиоксидантного действия изученных препаратов нами были проведены дополнительные исследования, которые показали (табл.2), что при бактериальной инфекции кишечной палочкой в сыворотке крови экспериментальных животных статистически значимо (Р <

0.05) в 3.0 раза повышается содержание молочной кислоты, а концентрация цитрата снижается в 2.1 раза (P < 0.05) по сравнению с аналогичными величинами в интактной серии. Согласно современным представлениям, такая комбинация концентрации молочной и лимонной кислот указывает на гипоксический сдвиг обмена с закислением внутренней среды по типу метаболического ацидоза.

Таблица 2 - *Влияние препаратов траметин и интестевит на биохимические показатели сыворотки крови при экспериментальной колибактериальной инфекции, М±m*

Экспериментальные группы*	Показатели			
	Лактат, ммоль/л	Цитрат, мкмоль/л	Железо, мкмоль/л	МСМ, ед. Е 254
1	1.24 ± 0.09	149 ± 12	15.5 ± 1.1	0.305 ± 0.008
2	3.73 ± 0.29	70 ± 7	23.4 ± 1.8	0.524 ± 0.016
3	1.09 ± 0.12	121 ± 10	17.2 ± 1.7	0.310 ± 0.011
4	1.03 ± 0.12	137 ± 8	18.8 ± 1.5	0.287 ± 0.010
5	2.07 ± 0.17	107 ± 11	17.5 ± 0.9	0.375 ± 0.017
6	2.69 ± 0.16	120 ± 14	20.7 ± 1.2	0.409 ± 0.020

* описание экспериментальных групп в тексте

О метаболическом ацидозе при инфекционном процессе свидетельствует и повышение концентрации железа в сыворотке крови у инфицированных животных на 50.1 % (P < 0.05), которое при кислых значениях pH выходит из ферритинового депо, активируя свободнорадикальные процессы [8], в том числе отмеченное нами повышение уровня пероксидации липидов.

При моделировании бактериальной инфекции нами было отмечено повышение уровня молекул средней массы (по Е254), которое всегда сопутствует инфекционному процессу, являясь одним из его метаболических маркеров [4]. Кроме того, в последнее время было установлено, что между уровнем МСМ и содержанием ТБК-активных продуктов в состоянии окислительного стресса существует почти линейная зависимость [14].

Таким образом, метаболизм активного инфекционного процесса у экспериментальных животных характеризуется выраженным сдвигом обмена в сторону гипоксических условий, что сопровождается закислением внутренней среды организма, выходом железа из ферритина с последующей активацией процессов ПОЛ, а также повышением концентрации МСМ, как маркера эндогенной интоксикации и пероксидации липидов.

Введение препарата траметин, полученного из базидиомицетов, предотвращает (табл. 2) обусловленное инфекцией развитие лактацидоза и снижение концентрации в сыворотке крови содержания лимонной кислоты, образующейся аэробно в цикле трикарбоновых кислот. Это закономерно профилактирует накопление сывороточного железа, являющегося одним из триггерных факторов свободнорадикальных процессов, что объясняет стабильный уровень продуктов ПОЛ и степени эндогенной интоксикации при использовании этого препарата.

Результаты, полученные в настоящей серии исследования, подтверждают данные, полученные при изучении компонентов ПОЛ и системы АОЗ, которые свидетельствуют о том (табл. 2), что интестевит менее эффективен как антиоксидантный комплекс по сравнению с препаратом Леван-2. В этом отношении наши данные хорошо согласуются с уже упомянутыми результатами других исследований, согласно которым базидомицеты секретируют в окружающие среду тритерпены, полифенолы и другие соединения, обладающие антиоксидантным действием [5]. Следует также отметить, что содержание молочной и лимонной кислот, сывороточного железа и МСМ в сыворотке крови экспериментальных животных при использовании интестевита, хотя и отличается от соответствующего уровня изучаемых параметров у инфицированных животных, тем не менее оно не достигает величин, установленных для траметина. Кроме того, как показали наши специальные исследования, препарат траметин превосходит интестевит по их позитивному влиянию на гематологические показатели, на белковый и углеводный обмен.

Таким образом, при моделировании экспериментального колибактериоза у крыс наблюдали значительное снижение содержания некоторых первичных и промежуточных продуктов в сыворотке крови при использовании препарата траметин, получаемого на основе продуктов жидкофазной ферментации гриба - ксилотрофа *T. pubescens*. Это свидетельствует об его антиоксидантной активности, а, следовательно, и расширении возможности использования препарата при различных патологических процессах. Изученный в качестве препарата сравнения препарат интестевит также проявляет в этих условиях антиоксидантный эффект, но он количественно менее значителен по сравнению с траметином.

Авторы выражают благодарность доктору медицинских наук, профессору Б. Я. Власову за методическую помощь в проведении данных исследований.

Литература

1. Белова Н.В. Базидиомицеты – источники биологически активных веществ /Н.В. Белова // Раст. ресурсы. 1991. – Вып. 2. – С. 8-18.

2. Буинов Б. Б. Способ дифференциальной диагностики эутиреоидного и токсического зоба / Б.Б. Буинов, Б.Я. Власов // А.с. СССР.-№1797349, ДСП,1992.

3. Горшина Е.С. Биотехнологические препараты лекарственных грибов рода *Trametes* / Е.С. Горшина, Т.В. Русинова, В.А. Жаворонков // Усп. совр. естеств. – 2004. – Т.1. - №6. – С.117-118 .

4. Жукова Л.А. Концентрации средних молекул в сыворотке крови новорожденных телят как показатель аутоинтоксикации организма при диспепсии /Л.А. Жукова, С.В. Таныгин // Вестн. Курской ГСХА.- 2008.- № 3.- С. 24-26.

5. Зенков Н.К. Окислительный стресс. Биохимический и патофизиологический аспекты / Н.К. Зенков, В.З. Ланкин, Е.Б. Меньшикова.- М.: Наука /Интерпериодика, 2001.- 340 с.

6. Кондрахин И.П. Методы ветеринарной клинической лабораторной диагностики. Справочник / И.П. Кондрахин, А.В. Архипов, В.И. Левченко, Г.А. Таланов, Л.А. Фролова, В.Э. Новиков. - М.: КолосС, 2004.- 520 с.

7. Краснопольская Л.М. Стратегия оптимизации способов культивирования лекарственных грибов/Л.М. Краснопольская, И.В. Белицкий, А.В. Антимонова, Н.Ю. Соболева // В сб.: Усп. мед. микологии. Мат. 2 -го Всерос. Конгр. по мед. микологии.– Москва: Национальная академия микологии, 2004. – Т. III. – С. 222-224.

8. Меньщикова Е.Б. Окислительный стресс. Патологические состояния и заболевания /Е.Б. Меньшикова, Н.К. Зенков, В.З. Ланкин, И.А. Бондарь, В.А. Труфакин.- Новосибирск: АРТА, 2008.- 284 с.

9. Методы биохимических исследований (липидный и энергетический обмен) /Под ред. М.И. Прохоровой.- Л.: ЛГУ, 1982.- 272 с.

10. Методы экспериментальной химиотерапии / Под ред. Г.Н. Першина. – М.: Медицина. 1971. – 539 с.

11. Олешко В.С. Аминокислотный и фракционный состав белков грибного происхождения / В.С. Олешко, В.Г. Бабицкая // Миколог. и фитопатолог. – 1991. – Т. 25. – Вып.3. – С.233-239.

12. Портяная Н.И. Биохимические исследования в токсикологическом эксперименте /Н.И. Портяная, В.Г. Осипенко, П.А. Москадынова, Н.К. Новохатский, А.А. Гущина, Ю.И. Ярняк, Б.А. Добролюбов.- Иркутск: ИГУ, 1990.- 216 с.

13. Руководство по экспериментальному (доклиническому) изучению новых фармакологических веществ / Под ред. *Р.У.* Хабриева. -2 -е изд., перераб. и доп. – М.: Медицина. 2005. – 832 с.

14. Степанова И.П. Взаимосвязь между пероксидным окислением липидов и содержанием веществ низкой и средней молекулярной массы при интоксикации животных ацетальдегидом / И.П. Степанова, Л.Д. Дмитриева, А.Г. Патюков, В.В. Мугак, И.В. Конева// С/х биолог.- 2004.- № 6.- С. 16-19.

15. Федоров Ю.Н. Этиологическая структура и иммунопрофилактика желудочно-кишечных болезней телят в ранний постнатальный период / Ю.Н. Федоров, А.А. Частов // Мат. междунар. конф., посв. 80-летию Са-

марской НИВС Россельхозакадемии. – Самара: ООО "Матрикс", 2009. – С. 506-512.

16. Феофилова Е.П. Современные направления в изучении биологически активных веществ грибов (обзор) / Е.П. Феофилова // Прикл. биохимия и микробиол. – 1998. – Т.34. – Вып. 6. – С. 597-608.

17. Чхенкели В. А. Биологически активные вещества *Coriolus pubescens* (Shum.:Fr.) Quel. и их использование: Монография / В.А.Чхенкели. – Новосибирск: РАСХН. СО РАСХН. ИФ ИЭВСиДВ, 2006. – 287 с.

18.   Чхенкели В.А. Получение и использование в ветеринарии препаратов на основе дереворазрушающих грибов из рода *Trametes:* методические рекомендации /В.А.Чхенкели, В.Л. Тихонов, Н.А. Шкиль. - Иркутск: СО РАСХН; ИФ ГНУ ИЭВСиДВ СО РАСХН, 2009. - 32 с.

19. Чхенкели В.А. Система мероприятий по лечению и профилактике желудочно – кишечных заболеваний телят в Иркутской области: методические рекомендации/ В.А. Чхенкели, Н.А. Шкиль, В.Л.Тихонов. – Иркутск: РАСХН; ГНУ СРО; ИФ ГНУ ИЭВСиДВ РАСХН, 2010. – 62 с.

20. Чхенкели В. А.Состав и биологическая активность внеклеточных полисахаридов ксилотрофных базидиомицетов/ В.А. Чхенкели, Б.Н. Огарков, Г.Д. Чхенкели, Г.Р. Огаркова, Л.В. Самусенок // Сиб. мед. журн. – 2006. - №8. – С.70 -72.

21.   Чхенкели В. А. Некоторые медико-биологические аспекты изучения биологически активных веществ базидиомицета *Trametes pubescens* (Shumach.) Pilat. / В.А. Чхенкели, Л.Г. Чхенкели // Вестн. ИрГСХА. – 2008. – Вып. 31. - С.64 – 81.

22. Шахов А.Г. Иммунный статус телят при диарейном синдроме инфекционной этиологии (E. coli) /А.Г. Шахов, Ю.Н. Масьянов, Л.Ю. Сашнина, А.И. Золотарев // Вет. патолог. - №1 – 2010. – С. 35-39.

23. Benamira M. The lipid peroxidation product 4-hydroxynonenal is potent inductor of SOS response / M. Benamira, L.J. Marnett // Mutat. Res.-1992. - Vol. 293.- P. 1-10.

24. Feinendegen L.E. Reactive oxygen species in cell responses to toxic agents/ L.E. Feinendegen // Hum. and Exp. Toxicol.- 2000.- № 2.- P. 85 – 90.

25. Li L. Correlation of Antioxidant Activity with Content of Phenolics in Extracts from the Culinary Ц Medicinal Abalone Mushroom *Pleurotus abalones* Han Chen et Chen (*Agaricomycetideae*) / L. Li, T.B. Ng, L. Zhao, F. Ming, R. R. Chen // Int. J. Med. Mush. -2005. -Vol. 7 -№2. - P. 344.

26. Matsuzava T. Studies on Antioxidant of Culinary Medicinal Bunashimeji Mushroom *Hypsizygus marmoreus* (Peck) Bigel.) *Agaricomycetideae* / T. Matsuzava // Int. J. Med. Mush. -2010. -Vol. 8. - №13. - P. 245-250.

27. Nakamura T. Purification of as an Antioxidant from Submereged Culture Mycelia of *Phellinus linteus* (Berk. et Curerst.) Teng (*Aphylloromycetideae*) / T. Nakamura, Y. Akiyava, S. Matsugo, Y. Usuda //. - Int. J. Med. Mush. -2003. - Vol. 5. - №2. - P. 6.

28. Wei S. J.P.F.G. Phenolic Compouns Present in Medicinal Mushroom Extracts generate Reactive Oxygen Species in Human Cells In Vitro / S. J.P.F.G. Wei, L.J Helsper, L.D. Van Griensen // Int. J. Med. Mush. -2008. –Vol. 10 - №1. – P. 1-13.

29. Yusoo S. Triterpenoids. Steroids and a New Sesquiterpens from *Inonotus obliquus* (Pres.: Fr.) Pilat / S. Yusoo, T.Yutaka ,T. Minoru // Int. J. Med. Mush. -2002. –Vol. 4. -№2. – P. 8.

Юнусова А.Б.
доктор исторических наук, профессор
Институт этнологических исследований им. Р.Г.Кузеева
Уфимского научного центра Российской академии наук
aby_02@mail.ru

СОВРЕМЕННЫЕ РЕЛИГИОВЕДЧЕСКИЕ ИССЛЕДОВАНИЯ В БАШКИРИИ (ПО МАТЕРИАЛАМИНСТИТУТА ЭТНОЛОГИЧЕСКИХ ИССЛЕДОВАНИЙ ИМ. Р.Г.КУЗЕЕВА УФИМСКОГО НАУЧНОГО ЦЕНТРА РАН (2009–2013 гг.)

Башкирия – самый сложный в этноконфессиональном отношении регион России, реальностью которого уже много веков является этническое и религиозное многообразие. Представители более чем 130 этносов республики исповедуют ислам, христианство различных направлений, иудаизм и др. религии, в том числе возрождающиеся у финно-угорских народов этнические верования. Религиозное многообразие Башкортостана находит своё отражение в составе и количестве религиозных организаций. По данным Совета по государственно-меконфессиональным отношениям при Президенте Республики Башкортостан, на начало 2014 г. мусульманские и православные объединения составляют более 87% от общего количества религиозных организаций: около 68% – мусульманские, 19% – православные; около 12% приходится на различные протестантские течения. В Башкирии действуют 1132 мусульманских религиозные организации, в Башкортостанскую митрополию Московского патриархата Русской Православной церкви входят 314 приходов, в лоне христианства находятся также 10 общин старообрядцев, 22 общины Евангельских христиан баптистов, 2 – католиков, 7 – лютеран, 47 – христиан веры евангельской ЦРО «Великое поручение», 33 – христиан веры евангельской – пятидесятников, 17 – адвентистов 7 дня, 13 – новоапостольскй церкви, 4 – мормонской церкви, 27 общин Свидетелей Иеговы. Центральная еврейская община Республики Башкортостан включает в себя 4 прихода, буддизм представлен новообращенными буддистами, сторонниками школы Гелугпа направления ваджраяна, здесь действует Дхарма-центр «Тушита». На территории республики также действуют Церковь объединения (1), Армянская Апостольская церковь (2), а также ряд единичных групп иных конфессий (более 15). Межрелигиозные отношения характеризуются сложившимся с середины XIX в. устойчивым равновесием между христианством и исламом, а также отсутствием конфликтов как на уровне «государство/верующие», так и на уровне «традиционные/нетрадиционные религии».

Религиозное многообразие является предметом научных исследований, которые проводятся в Институте этнологических исследований им. Р.Г.Кузеева Уфимского научного центра РАН. Здесь сформировалась религиоведческая научная школа А.Б.Юнусовой [100; ...130], разрабатываются актуальные проблемы межрелигиозных отношений, политики в сфере свободы совести, религиозного экстремизма. В рамках общей темы отдела религиоведения ИЭИ УНЦ РАН «Конфессиональное многообразие общества и религиозный фактор в контексте Стратегии национальной безопасности России: на примере Урало-Поволжья» проводятся исследования по темам: «Государственно-религиозные отношения», «Протестантизм на Урале», «Ислам и мусульмане Южного Урала», «Институт паломничества в исламе», «Этнические верования и язычество у народов Башкирии», «Интеграция религиозного и светского образования», «Институт военного духовенства в российской армии». В Лаборатории мониторинга распространения экстремизма в этноконфессиональных сообществах Южного Урала проводятся экспертные исследования по запросам госорганов.

Исследования по теме показали, что декларируемые в Стратегии национальной безопасности России принципы и задачи достаточно успешно реализуются в современном Башкортостане. В республике разработана соответствующая законодательная база, созданы организационно-правовые структуры, осуществляющие взаимодействие государства и религиозных объединений. Укреплению общественно-социальной стабильности, гармонизации межнациональных и межконфессиональных отношений в республике способствовало подписание 17 марта 2009 г. пятистороннего Соглашения о сотрудничестве и взаимодействии МВД по Республике Башкортостан с духовными лидерами ведущих религиозных конфессий. Конфессиональный плюрализм стал важной отличительной чертой современной религиозной ситуации в Республике Башкортостан. Исследования отмечают высокую степень межэтнической и межконфессиональной толерантности и стабильности в республике. Определены общие тенденции развития современной религиозной ситуации в Урало-Поволжье: религиозные организации и объединения свободно, без контроля со стороны государственных органов, выполняют свои функции в своей среде и в обществе, свободно пропагандируют свое вероучение; имеет место постоянная конкуренция религиозных организаций и объединений в борьбе за влияние на население и пополнение своей паствы; фактически исчерпан резерв для быстрого дальнейшего роста уровня религиозности в Урало-Поволжье, какой происходил в начале и середине 90-х гг. XX в., темпы роста религиозных общин большинства конфессий, за исключением протестантских (пятидесятники и др.), стабилизировались.

При исследовании религиозной ситуации в региональном измерении установлено, что в России, в том числе на Южном Урале, продолжается процесс формирования поликонфессионального сообщества. Имеет место возрождение традиционных конфессий, происходящее на фоне появления и роста новых для России религиозных объединений [4; 46; 73; 97; 101; 112; 113]. Развитие конфессиональной сферы сопровождается, с одной стороны, восстановлением традиционных конфессиональных идентично-стей, с другой – их сменой. Установлено, что конфессиональный состав поликультурной России, в том числе и особенно Южного Урала, сопоставим с составом Индии и США, которые также являются крупнейшими поликультурными государствами. Конфессиональное ядро составляют христиане различных течений в США (около 75% населения) и в России (более 80%), индуисты в Индии (более 80%). Конфессиональные меньшинства представлены не менее 30 религиозными направлениями, среди которых преобладает ислам: около 7% в США, 13% в Индии, 15% в России (данные официальные и неофициальные). Этническая структура мусульман в России, США и Индии разнообразная по составу и происхождению. В США мусульмане представлены выходцами из стран Африки, Ближнего Востока, Юго-Восточной Азии. Особенность России: преобладающая часть мусульман – коренное население страны, небольшая часть – мигранты из стран Центральной Азии. При сопоставлении динамики адаптации, интеграции и трансформации идентичности мигрантов-мусульман в США, Индии и России установлено: американская гражданская идентичность вытесняет этническую при переходе от третьего к четвертому поколению мигрантов (тюрко-татары Лос-Анжелеса, Сан-Франциско), в Индии и России этническая идентичность мусульман не только сохраняется в 7-8 поколениях, но и адаптирует ислам, утверждая в религиозно-обрядовой практике его этнические особенности. В работах *Р.М. Мухаметзяновой-Дуггал* [23; ... 56] выявлены особенности и общие закономерности развития этноконфессиональных процессов и этнокультурной идентичности в поликонфессиональных обществах России, США, Индии. Доказано наличие общих закономерностей развития государственной конфессиональной политике на примере России и Индии: выделены секулярный и постсекулярный этапы. Секулярный этап характеризуется исключением религии из политического процесса, постсекулярный этап – отходом от политики секуляризма и усилением влияния религиозного фактора на политический процесс, обозначением государственных преференций в отношении «традиционных» конфессий. Разработана научная концепция оптимизации существующих в светских поликонфессиональных странах (в том числе в России и Индии) моделей государственной конфессиональной политики, направленная на выстраивание государством отношений с религиозными объединениями на равных основаниях и отказ от преференций в отношении основных конфессий. В кандидатской диссертации *Л.Р. Садыковой* «Сохранение и трансформация этнокультурной идентичности в условиях эмиграции: на примере «тюрко-татарской» диаспоры США» [70] исследование показало, что в условиях эмиграции этнокультурная идентичность не изживает себя, но приобретает новые конфигурации, сохраняя в своей структуре все предшествующие исторические формы, В кандидатской диссертации *З.Р. Хабибуллина* «Мусульманское духовенство Башкортостана на рубеже XX-

XXI веков» и других работах автора [78; … 95] установлено, что современное состояние мусульманского духовенства Башкортостана в целом отмечается постепенным ростом культурной, социальной и политической общественной роли, обусловленной важностью социальных функций, их востребованностью в условиях современного общества. Основной проблемой формирования кадрового состава служителей культа являются незавершенные процессы институционализации системы мусульманского образования. Разработан социальный портрет современного мусульманского духовенства Башкирии, установлено, что мусульманская элита в регионе находится на стадии формирования, и в процессе ее становления нет единства по многим принципиальным вопросам. Наиболее полно исследованы мусульманское духовенство и хаджи – паломники совершившие хадж – как группы мусульманской элиты. Исследованы институт паломничества в исламе. Установлено, что определенную роль в конструировании и поддержании культурных и конфессиональных границ играет хадж. Об этом свидетельствует то, что современный хадж представляет собой организованное паломничество, во время которого прослеживается сосуществование светского и сакрального в едином пространстве, помимо выполнения требуемых обрядов мусульмане имеют возможность знакомства с мусульманской культурой и реализации различных целей. Происходит духовное приобщение верующих к традициям ислама других мусульманских государств. Современное состояние практики паломничества свидетельствует о растущем массовом интересе к исламу, возрождении старых и формировании новых мусульманских традиций

Введение в научный оборот А.Б.Юнусовой новых документов архивов Оренбурга и Уфы [101; 112; 113] позволило реконструировать на документальной основе процесс развития государственно-исламских отношений в России, роль и место ислама в консолидации башкирского этноса. Выявлено равное соотношение международных и внутриполитических факторов становления политики веротерпимости в России и дальнейшего ее развития вплоть до провозглашения свободы совести Временным правительством в 1917 г. и в современной России, также формирования новой политики в отношении ислама в XVIII в., перехода к политике интегрирования мусульман в российское государство. Расширение российских границ, включение в состав государства носителей ислама, мощные восстания народов Поволжья и Урала и участие их в пугачевском бунте, задача пресечения внешнеполитической ориентации российских мусульман (поволжских татар, горцев Северного Кавказа) на Турцию, войны с Турцией и Ираном – все вместе взятое настойчиво требовало пересмотра государственно-исламских отношений. Большую роль сыграл указ императрицы Екатерины II об учреждении в Уфе магометанского духовного собрания, получившего название «Оренбургское магометанского закона духовное собрание» (ОМДС). Это был шаг, который действительно способствовал ослаблению напряженности в области межрелигиозных отношений. Оренбургское духовное собрание стало не только центром российского ислама, но и генератором дальнейшего развития государственно-исламских отношений, будущей модернизации ислама, организации социальной жизни мусульман в соответствии с законодательством Российской империи. Разработано положение о том, что одним из факторов развития государственно-исламских отношений является имманентно присущее качество ислама – его прогосударственный характер.

Р.Р. Шариповым создана просопографическая база данных «Шакирд» на материалах РИУ ЦДУМ [99], изучен состав учащихся уфимского колледжа им. Марьям Султановой [21]. В мусульманских учебных заведениях Уфы наряду с подготовкой кадров имамов, сформирована система переподготовки, повышения квалификации преподавателей и всех служителей ислама. Внесены существенные изменения в учебные программы для лучшей адаптации выпускников в соответствии с происходящими изменениями и требованиями времени, социальных условий. Выпускники данных учебных заведений работают в махаллях и мечетях не только Башкортостана, но и в других регионах: Татарстан, Чувашия, Самарская, Пензенская, Астраханская, Челябинская, Свердловская области, Урале, Сибири, на Кавказе, а также в странах СНГ. Они являются мусульманской элитой и лицом мусульманского духовенства.

В результате комплексного исследования протестантизма А.Н. Кляшевым [4; … 19] установлено, что протестантские религиозные объединения являются объектом трансформационных процессов, выражающихся в росте количества общин, использующих тюркские языки (татарский и башкирский) и тюркоязычную религиозную литературу в ходе осуществления религиозных практик. Более 30% членов поздних протестантских и пятидесятнических религиозных объединений (баптисты и часть пятидесятников) являются представителями башкирского и татарского этносов. Определены объективные и субъективные факторы распространения протестантизма в Республике Башкортостан, к первым относятся: изменение государственной политики от жёсткого государственного контроля до сотрудничества и, в дальнейшем, переориентации курса конфессиональной политики государства в сторону обеспечение реализации верующими своих прав в соответствии с новым законодательством; утрата частью представителей тюркоязычных и восточнославянских народов (башкирами, татарами и русскими) этноконфессиональных традиций, связанная с атеизацией советского периода и процессом межэтнической интеграции; общий высокий уровень образования населения РБ; связанная с утерей этноконфессиональных традиций и с высоким уровнем образования открытость новым мировоззренческим системам; проблема одиночества, связанная с демассификацией и индивидуализацией, сопутствующими вступлением ряда стран в постиндустриальную фазу развития. К субъективным факторам относятся: неудовлетворённость респондентов теми ответами на экзистенциальные вопросы, которые предлагают как официальные религии (в данном случае православие и ислам), так и современное общество; неудовлетворённость формами осуществления религиозных практик традиционных религий; экзистенциальные поиски опрашиваемых; высокий уровень образования членов поздних Евангельских христианских религиозных объединений, соответствующий интеллектуализму протестантизма и позднего Евангельского христианства; активной жизненная позиция респондентов, нашедшая своё выражение в участии в различных видах внутрицерковной и внецерковной религиозной деятельности (евангелизационной, образовательной, социальной, благотворительной).

Современная духовная жизнь тюркских и финно-угорских народов Башкирии, согласно исследованиям Садикова Р.Р. [66; 67], Тороковой Е.С. [71], Тузбекова А.И. [75], Юнусовой А.Б. [106; 120; 112; 113], характеризуется возрождением древних доисламских культовых практик у башкир и возрождением этнических (языческих) верований финно-угорских народов наряду с процессом взаимовлияния различных элементов религиозной культуры проживающих в республике народов. В юго-восточных районах Башкирии наблюдается практика коллективных ритуальных молений с целью вызова дождя, массовых поклонений святым местам – могилам «святых», ишанов, суфиев, сакрализации природных объектов, связанных с именами «святых». Реконструирована традиционная система религиозных верований и обрядность закамских удмуртов. Введены в научный оборот ранее неизвестные научной общественности архивные документы (полевые материалы финских этнологов конца XIX – начала XXв.). Установлено, что в советский период в связи с политическими установками антирелигиозного характера религия закамских удмуртов находилась в подавленном состоянии. Сократилось число общественных жертвоприношений, во многих местах их вообще перестали проводить. В то же время семейная обрядность продолжала свое активное функционирование. В настоящее время в связи с изменением общественно-политической ситуации в России происходит активный процесс возрождения традиционной этнической религии среди закамских удмуртов. В рамках этнографического мониторинга в районах компактного проживания у финно-угорских народов зафиксированы сочетание языческих культовых практик и обрядов марийцев и удмуртов с русскими календарными праздниками (Мишкинский, Бураевский, Татышлинский, Нефтекамский р-ны РБ).

В рамках исследования А.Б.Юнусовой [109; 110; 128] и Т.М.Надыршиным [57; 58; 59] процесса интеграции религиозного и светского образования проведены опросы учителей и родителей учащихся младших классов школ г. Уфы. Выявленное отношение родителей к Комплексному учебному курсу «Основы религиозной культуры и светской этики» подтверждает данные республиканского министерства образования о том, что в Республике Башкортостан «Основы светской этики» выбрали 73,5% родителей, «Основы мировых религиозных культур» 21,7% родителей, 4,2% – Основы исламской культуры, и менее 1% – Основы православной культуры. Эти данные также соответствуют ситуации по всей стране. Выбор родителей свидетельствует об их практичности, высоком уровне толерантности граждан, осознающих, что современная школьная среда поликультурна, отражает этноконфессиональные процессы, развивающиеся сегодня в обществе в целом, что требует соответствующей поликультурной подготовки учащихся для адаптации их к динамично меняющемуся этническому и религиозному составу населения России

Проводимый мониторинг распространения экстремизма в этноконфессиональных сообществах Южного Урала показывает, что с 2004 по 2013 год количество преступлений экстремистской направленности в России увеличилось со 130 до 696, то есть в 5 раз. В Приволжском федеральном округе половина преступлений экстремистской направленности приходится на Башкирию, Татарстан и Нижегородскую область, значительная часть из них связана с экстремизмом в религиозной среде. Распространяемые идеологии и организационные формы экстремизма можно разделить на три группы: 1) религиозно-политические партии, террористические организации, выражающие и практикующие политические концепции и программы с исламской риторикой; 2) группы лиц, объединенных идеологией фундаментализма, джамааты, выражающие и практикующие фундаменталистские убеждения, обоснования возврата к основам веры, путей возврата; 3) мистические и оккультные секты, выражающие и практикующие мракобесие, оккультизм, псевдорелигиозные практики, ясновидение и целительство. Разработаны признаки проявлений экстремизма, рекомендованные для раннего выявления экстремистских тенденций в среде верующих: фактическое незнание сущности религии и ее истории, категоричность суждений и неприятие иного мнения, принуждение к мнимым религиозным практикам, чрезмерные запреты, религиозная нетерпимость, мнительность и недоверие по отношению к единоверцам, обвинение единоверцев в нарушении религиозных канонов, враждебность по отношению к государству и государственным институтам, утопические проекты. Многолетние исследования деятельности международной террористической организации «Хизб ут-Тахрир аль-Ислами» свидетельствует о том, что к 2013 г. существенно изменился состав ячеек МТО ХТИ. Членами организации в основном является молодежь в возрасте от 18 до 30 лет различной этнической принадлежности, доля этнических мусульман сократилась до 50%, доля русских и украинцев возросла до 40%, в составе московских ячеек МТО ХТИ появились представители кавказских народов. Среди членов МТО ХТИ преобладают лица с высшим образованием, специалисты, врачи, работники банковской сферы. Среди молодых членов МТО ХТИ в основном дети обеспеченных родителей. В составе ячеек появились целые семьи, активными членами МТО ХТИ являются женщины. В 2013 г. в Башкирии к уголовной ответственности по ст. 282.ч.2 было привлечено 30 членов ХТИ, старшему из которых исполнилось 40 лет (1 чел.), младшему 22 г. (4 чел.), средний возраст составляет 27 лет. Отмечено, что известные в среде ХТИ лица, отбывшие сроки или избежавшие наказаний, активизировали свою деятельность на территории Украины – В.Рядинский, М.Шарипов, стали организаторами международной конференции ХТИ, состоявшейся осенью 2013 г. на Украине. В составе экстремистских проявлений на территории Республики Башкортостан в 2013 г. отмечены попытки пропаганды нацизма, распространения идеологии организации под названием «Асгардская славянская община древнерусской инглиистической церкви православных староверов-инглингов (Асгардская Весь, Беловодье)», деятельность которой была запрещена решениями Омского городского суда в 2004 г. и Верховного суда РФ в 2009 г. В идеологических установках данной организации присутствуют элементы пропаганды нацизма и нацистской символики. В магазинах республики в продаже была отмечена книга этой организации под названием «Славяно-арийские веды. Инглизм», выпущенной в 2012 г., в которой также присутствуют графические изображения, сходные с нацистской символикой. В Уфе, затем в Сибае и в д. Баишево Баймакского р-на РБ отмечена деятельность секты «Орда». Установлено, что молодая женщина со средним специальным торговым образованием создала в июне 2013 года в частном доме в Уфе религиозное объединение «Орда», в деятельности которого, в частности, практиковались обряды камчевания (нанесение ударов плеткой), вызовы духов святых предков, окуривание сухими растениями. Потерпевшими от деятельности этого объединения признаны восемь жителей Уфы, семья в Баймакском р-не. Религиозное движение «Орда», именуемое также «Путь предков» или «Ата жолы», официально запрещено в Казахстане (2009) и Башкирии (2012) как подрывающее безопасность государства посредством нанесения вреда здоровью человека. В действиях лидеров организации специалисты прослеживают нелегальное использование психотехнологий с изменением сознания, которые могут сказаться на психическом и физическом здоровье людей. При увеличении проявлений экстремизма отмечено, что средствах массовой информации преобладают нейтральные публикации о деятельности экстремистских организаций, отсутствуют аналитические материалы. Всего сотрудниками отдела подготовлено более 20 экспертных заключений и аналитических справок о распространении экстремистских идеологий и деятельности экстремистских организаций [1; 2; 3; 102; 105; 118; 119].

Литература

1. *Вояковский Д.С., Юнусова А.Б.* Интервенция радикальных идеологий в среду российских мусульман: организационные формы, методы, идеологии. Учебное пособие. Уфа, 2011.

2. *Вояковский Д.С.* Исламский экстремизм в контексте политических процессов в странах мусульманского мира // Россия и арабский мир: история и современность. Уфа: БАГСУ, 2012. С. 99–102.

3. *Вояковский Д.С.* О некоторых причинах повышения уровня радикализации религиозного сознания // Ислам и государство в России: Сборник материалов Международной научно-практической конференции, посвященной 225-летию Центрального духовного управления мусульман России – Оренбургского магометанского духовного собрания. Уфа, 22 октября 2013 г. / составители: А.Б.Юнусова, Р.М.Мухаметзянова-Дуггал, А.Т.Ахатов, И.В.Фролова, В.С.Хазиев / под ред. *А.Б.Юнусовой.* – Уфа: ГУП Уфимский полиграфкомбинат, 2013. С. 210–212.

4. *Кляшев А.Н.* Протестантизм Республики Башкортостан: социальная реакция на вызовы современности. Уфа, 2013

5. *Кляшев А.Н.* Лютеранство в Башкортостане // Этносы и культуры Урало-Поволжья: история и современность: материалы III Всерос. науч.-практ. конф. молодых ученых. Уфа, 2009. С. 140–145.

6. *Кляшев А.Н.* Некоторые аспекты функционирования неопротестантских религиозных объединений РБ. // Сборник статей Всероссийской научно-практической конференции «Здоровье как социально-философская проблема». Выпуск 4. Уфа, РИЦ БашГУ, 2010. С. 148–156.

7. *Кляшев А.Н.* Неопротестантские религиозные объединения Республики Башкортостан // Известия Уфимского научного центра РАН - Уфа: Уфимский научный центр РАН, 2011. № 2. С. 56–63.

8. *Кляшев А.Н.* Неопротестанты постсоветского Башкортостана. // От древности к новому времени, Уфа, РИЦ БашГУ 2010. С. 230–233.

9. *Кляшев А.Н.* Новоапостольская церковь в Башкортостане // Этнос. Общество. Цивилизация: II Кузеевские чтения: Материалы Международной научно-практической конференции, посвященной 80-летию Р.Г. Кузеева / Под ред. *А.Б. Юнусовой.* Уфа: ИЭИ УНЦ РАН, 2009. С. 341–344.

10. *Кляшев А.Н.* Протестантизм в современном Башкортостане // От древности к новому времени (проблемы истории и археологии): Сборник научных работ. Выпуск XII. Уфа, РИЦ БашГУ, 2009. С. 224–231.

11. *Кляшев А.Н.* Протестантизм и неопротестантизм в постсоветском Башкортостане: становление и функционирование [Текст] / А.Н. Кляшев // Saarbrücken: LAP LAMBERT Academic Publishing GmbH & Co. KG, 2011.

12. *Кляшев А.Н.* Протестантизм и неопротестантизм в постсоветском Башкортостане: трансформация конфессиональной идентичности. Автореферат диссертации на соискание ученой степени кандидата исторических наук [Текст] / А.Н. Кляшев. – Уфа: ООО «Издательство «Здравоохранение Башкортостана», 2011. 24 с.

13. *Кляшев А.Н.* Социальная деятельность неопротестантских религиозных объединений Башкортостана // Материалы IV Всероссийской научной конференция «Урал-Алтай: через века в будущее». Уфа, 2010. С. 118 – 120.

14. *Кляшев А.Н.* Этнические и доктринальные аспекты функционирования протестантских и неопротестантских религиозных объединений на территории Республики Башкортостан [Текст] / А.Н. Кляшев // Этногенез удмуртского народа. Этнос. Язык. Культура. Религия: Сборник статей и материалов Международной научной конференции. Науч. ред. Н.И. Леонов; сост.-ред. А.Е. Загребин, А.В. Ишмуратов, Р.В. Кириллова; отв. ред. Д.И. Черашняя. Ижевск: Изд-во «Удмуртский университет», 2011.

15. *Кляшев А.Н.* Этнический аспект в миссионерской деятельности протестантов на территории Башкортостана // Материалы Всероссийской научно-практической конференции «Россия и ее регионы: в поиске гражданского единства и межнационального согласия» (Уфа, 10 ноября 2011 г.). Уфа, 2011.

16. *Кляшев А.Н.* Трансформация конфессиональной идентичности в полиэтничных регионах Российской Федерации на примере неопротестантов Башкортостана [Текст] / А.Н. Кляшев // IX Конгресс этнографов и антропологов России: тезисы докладов. Петрозаводск, 4-8 июля 2011 г. / Редкол.: В.А. Тишков и др. – Петрозаводск: Карельский научный центр РАН, 2011. С. 302.

17. *Кляшев А.Н.* Выбор родителями учащихся 3-4 классов предметов ОРКСЭ (по данным опроса членов протестантских общин) // Задачи подготовки специалистов со знаниями основ религиозной культуры и специализации мусульманских медресе. Сборник материалов Интернет-семинара, Уфа, 21 ноября 2013 г./ Отв. ред. А.Б. Юнусова. Уфа, 2013. С. 10-16.

18. *Кляшев А.Н.* Протестантизм в Республике Башкортостан: функционирование в полиэтничном регионе // Протестантизм в Оренбургском крае: история и современность. Материалы Международной и Всероссийской научно-практических конференций. Оренбург, 2013. С. 368-389.

19. *Кляшев А.Н.* Протестантские формирования Уфы в этническом контексте // Тезисы докладов на X Конгрессе этнографов и антропологов. Москва, 2013. С. 407.

20. *Малахов И.З.* Арабографичные документы как важнейший источник для изучения мусульманской уммы России // Ислам и государство в России: Сборник материалов Международной научно-практической кон-

ференции, посвященной 225-летию Центрального духовного управления мусульман России – Оренбургского магометанского духовного собрания. Уфа, 22 октября 2013 г. / составители: А.Б.Юнусова, Р.М.Мухаметзянова-Дуггал, А.Т.Ахатов, И.В.Фролова, В.С.Хазиев / под ред. А.Б.Юнусовой. – Уфа: ГУП Уфимский полиграфкомбинат, 2013. С. 121–127.

21. *Малахов И.З.* Проблемы адаптации обучающих программ мусульманских медресе к задачам интеграции религиозного и светского образования // Задачи подготовки специалистов со знаниями основ религиозной культуры и специализации мусульманских медресе. Сборник материалов Интернет-семинара, Уфа, 21 ноября 2013 г./ Отв. ред. *А.Б. Юнусова* – Уфа, 2013. С. 8–9.

22. *Малахов И.З.* Городской приход как самоуправляемая единица // X Конгресс этнографов и антропологов России: тезисы докладов. Москва, 2–5 июля 2013 г. / Отв. ред. М.Ю. Мартынова. М.: ИЭА РАН, 2013. С. 287.

23. *Мухаметзянова-Дуггал Р.М.* Векторы религиозной политики в эпоху глобализации // Этнос. Общество. Цивилизация: II Кузеевские чтения: Материалы Международной научно-практической конференции, посвященной 80-летию Р.Г. Кузеева / Под ред. *А.Б. Юнусовой.* Уфа: ИЭИ УНЦ РАН, 2009. С. 355–357.

24. *Мухаметзянова-Дуггал Р.М.* Вступительная статья. Библиографический указатель А.Б. Юнусовой. Уфа, 2011. С. 3–5.

25. *Мухаметзянова-Дуггал Р.М.* Государственная политика в сфере свободы совести в России и Индии: сравнительный анализ // Бюллетень общества востоковедов. Вып. 20: Тезисы VIII Съезда российских востоковедов: Казань, 25-28 сентября 2012. М.: Языки славянской культуры, 2012. С.152–154.

26. *Мухаметзянова-Дуггал Р.М.* Государственно-конфессиональные отношения в современном Башкортостане: состояние, перспективы, пути совершенствования // Традиции и новации в сфере этноконфессиональных взаимодействий. Материалы Всероссийской научно-практической конференции. Казань, 13–14 октября 2011 г. / Серия «Культура, религия и общество». Вып. 21. Под общ. ред. *Р.А. Набиева.* Казань: Институт истории им. Ш. Марджани АН РТ, 2012. С. 275–278.

27. *Мухаметзянова-Дуггал Р.М.* Государственные институты защиты прав меньшинств в Индии // Вестник ВЭГУ. 2011. № 2 (52). С. 122–129.

28. *Мухаметзянова-Дуггал Р.М.* Государственные институты, реализующие политику в сфере свободы совести в России и Индии и перспективы научно-исследовательского сотрудничества по данной проблеме // Тезисы VII Съезда российских востоковедов: (Звенигород, 13-16 сентября 2010 г.). Москва: Ключ. С. 2010. С. 173–177.

29. *Мухаметзянова-Дуггал Р.М.* Государственные институты, реализующие политику в сфере свободы совести в России и Индии // Бюллетень Общества востоковедов. Вып. 18: К VIII съезду российских востоковедов: Труды. М.: Рукописные памятники Древней Руси, 2012. С. 165–173.

30. *Мухаметзянова-Дуггал Р.М.* Государство и ислам: регулирование хаджа в Республике Башкортостан (Россия) и штате Уттар-прадеш (Индия) // Этносы и культуры Урало-Поволжья: история и современность: материалы IV Всероссийской научно-практической конференции молодых ученых. Уфа: ИЭИ УНЦ РАН, 2010. С. 137–141.

31. *Мухаметзянова-Дуггал Р.М.* Индийские заметки Р.Г. Кузеева // Материалы X Межрегиональной научно-практической конференции «Археография Южного Урала», посвященной 65-летию Великой Победы, 10-летию БРО РОИА, памяти Председателя Южноуральского отделения Археографической комиссии РАН чл.-корр. РАН Раиля Гумеровича Кузеева. Уфа, 2010. С. 135–139.

32. *Мухаметзянова-Дуггал Р.М.* Индия сегодня: государство и благосостояние меньшинств // Проблемы востоковедения. 2009. № 4. С.47–53.

33. *Мухаметзянова-Дуггал Р.М.* Институциональные основы государственной политики в сфере свободы совести в России и Индии // Первый съезд молодых востоковедов России и СНГ. Звенигород, 3–5 октября 2012 г. М., 2012. С. 80–81.

34. *Мухаметзянова-Дуггал Р.М.* Конфессиональные меньшинства Индии: проблема статуса в прошлом и настоящем // II Всероссийская (с международным участием) научно-практическая конференция «Мировое культурно-языковое и политическое пространство: взгляд через столетия». РГСУ, Москва, 1 июня 2010 г. М., 2010. С. 193–199.

35. *Мухаметзянова-Дуггал Р.М.* Модель государственной политики в современной России // Вестник Московского государственного областного университета. Серия «История и политические науки». 2011. № 2. С. 220–225.

36. *Мухаметзянова-Дуггал Р.М.* О реализации принципов свободы совести и вероисповедания в политике федеральных и региональных органов власти России // Инновации и наукоемкие технологии в образовании и экономике. Сборник материалов VI Всероссийской научно-методической конференции (с международным участием) 14–15 апреля 2010 г. Ч.II./ ответ. ред. Р.Г. Абдеев. – Уфа: РИЦ БашГУ, 2010. – С. 250-255.

37. *Мухаметзянова-Дуггал Р.М.* Общественно-правовое и социально-экономическое положение мусульманского меньшинства в Индии // 1-й Казанский международный научный форум «Ислам в мультикультурном мире» 1-3 ноября 2011 г. (г. Казань, Республика Татарстан). М. – Казань: Изд-во Казанского университета 2012. С. 83–95.

38. *Мухаметзянова-Дуггал Р.М.* Объекты поклонения мусульман в Башкортостане (Россия) и Раджастхане (Индия) // Исламская цивилизация

в Волго-Уральском регионе: Сборник материалов IV Международного симпозиума. Уфа: РИЦ БашГУ, 2010. С. 258–260.

39. *Мухаметзянова-Дуггал Р.М.* Политика «позитивной дискриминации» в Индии как средство консолидации многонационального и многоконфессионального общества // // Россия и ее регионы: в поиске гражданского единства и межнационального согласия/ М-лы Всерос.науч.-практ.конф. (Уфа, 10 ноября 2011 г.). Уфа, 2011.

40. *Мухаметзянова-Дуггал Р.М.* Политика в сфере свободы совести в Башкортостане на современном этапе // Урал-Алтай: через века в будущее: Материалы IV Всероссийской научной конференции, посвященной III Всемирному курултаю башкир. Уфа, 2010. С. 179–182.

41. *Мухаметзянова-Дуггал Р.М.* Политика позитивной дискриминации в сфере образования в Индии // Интеграция религиозного и светского образования: опыт Республики Баш-кортостан. Сборник материалов Круглого стола, Уфа, 31 октября 2012 г. / Ответ. ред. *А. Б. Юнусова.* Уфа: ИЭИ УНЦ РАН, 2012. С. 21–30

42. *Мухаметзянова-Дуггал Р.М.* Политика позитивной дискриминации и религиозные меньшинства в Индии // Вестник ВЭГУ. 2010. № 6 (50). С. 114–120.

43. *Мухаметзянова-Дуггал Р.М.* Политико-правовое и социальное положение женщин в современной Индии // Тезисы III-й Международной научной конференции РАИЖИ «Женская история и современные гендерные роли: переосмысливая прошлое, задумываясь о будущем» (г.Череповец, сентябрь 2010 г.). Москва, 2010. Т. 1. С. 378–393.

44. *Мухаметзянова-Дуггал Р.М.* Положение мусульманского меньшинства в Индии // Инновационные ресурсы мусульманского образования и культуры: Вторые Фахретдиновские чтения. Сборник материалов Всероссийской научно-практической конференции / под ред. Р.М. Асадуллина. Москва-Н.Новгород: ИД «Медина», 2011. С. 90–95.

45. *Мухаметзянова-Дуггал Р.М.* Процесс формирования новой системы отношений между государством и религиозными объединениями в Республике Башкортостан // Вестник Пермского университета. Серия политология. 2010. № 3. С. 49–59.

46. *Мухаметзянова-Дуггал Р.М.* Религиозная мозаика Индии // Башкортостан – Индия: история и современность. Уфа: АН РБ, Гилем, 2010. С. 60–77.

47. *Мухаметзянова-Дуггал Р.М.* Религиозный национализм в политической практике современной Индии // Национализм и национально-государственное устройство России: история и современная практика. Сборник материалов научно-практической конференции, посвященной 80-летию со дня рождения Б. Х. Юлдашбаева / под ред. *А.Б.Юнусовой.* Уфа, 2011. С. 187–192.

48. *Мухаметзянова-Дуггал Р.М.* Российский и индийский опыт организации хаджа // Башкортостан-Индия: история и современность. Уфа: АН РБ, Гилем, 2010. С. 77–87.

49. *Мухаметзянова-Дуггал Р.М.* Россия и Индия: особенности и основные этапы государственной политики в сфере свободы совести // Этнос. Общество. Цивилизация: Третьи Кузеевские чтения. Материалы Международной научной конференции. Уфа, 28 сентября. Уфа: ГУП РБ Уфимский полиграфкомбинат, 2012. С. 194–196.

50. *Мухаметзянова-Дуггал Р.М.* Секуляризм в России и Индии: теоретический и практический аспекты // Материалы V Всероссийской научно-практической конференции молодых ученых «Этносы и культуры Урало-Поволжья: история и современность» (Уфа, 20 октября 2011 г.). Уфа, 2011. С. 127–133.

51. *Мухаметзянова-Дуггал Р.М.* Становление новой системы государственно-конфессиональных отношений в Башкортостане // Ватандаш. 2001. № 7. С. 199–206.

52. *Мухаметзянова-Дуггал Р.М.* Формирование новой модели государственной политики в сфере свободы совести в современной России и ее реализация на региональном уровне (на примере Республики Башкортостан). Уфа, Гилем. 2010;

53. *Мухаметзянова-Дуггал Р.М.* Этапы и особенности реализации государственной политики в сфере свободы совести в России и Индии (сравнительно-политологический анализ). Автореферат дис...докт. полит. наук. Уфа, 2012.

54. *Мухаметзянова-Дуггал Р.М., Кляшев А.Н.* Религиозные меньшинстваРоссии: теоретико-правовой и социальный аспекты / А.Н. Кляшев // «Вестник Башкирского университета». Уфа, 2010. № 3. С. 776–781.

55. *Мухаметзянова-Дуггал Р.М., Хабибуллина З.Р.* Россия и Индия: государственное регулирование хаджа // Азия и Африка сегодня. 2011. № 1. С. 53–56.

56. *Мухаметзянов-Дуггал Р.М.* Религиозная мозаика в современной Индии // Этногенез удмуртского народа. Этнос. Язык. Культура. Религия: Сборник статей и материалов Международной научной конференции. Науч. ред. Н.И. Леонов; сост.-ред. А.Е. Загребин, А.В. Ишмуратов, Р.В. Кириллова; отв. ред. Д.И. Черашняя. Ижевск: Изд-во «Удмуртский университет», 2011.

57. *Надыршин Т.М.* Модуль Основы исламской культуры предмета Основы религиозных культур и светской этики в РБ» // Ислам и государство в России: Сборник материалов Международной научно-практической конференции, посвященной 225-летию Центрального духовного управления мусульман России – Оренбургского магометанского духовного собрания. Уфа, 22 октября 2013 г. / под ред. *А.Б.Юнусовой*. Уфа, 2013. С. 160–161;

58. *Надыршин Т.М.* Основы религиозных культур и светской этики в городской школе (по материалам г. Уфы) // X Конгресс этнографов и антропологов России: тезисы докладов. Москва, 2–5 июля 2013 г. / Отв. ред. М.Ю. Мартынова. М.: ИЭА РАН, 2013. С. 287

59. *Надыршин Т.М.* Проблемы интеграции светского и религиозного образования в контексте преподавания ОРКСЭ» // Задачи подготовки специалистов со знаниями основ религиозной культуры и специализации мусульманских медресе. Сборник материалов Интернет-семинара, Уфа, 21 ноября 2013 г./ Отв. ред. *А.Б. Юнусова.* Уфа, 2013. С. 17–27;

60. Предметы религиозных культов народов Южного Урала в музее археологии и этнографии ИЭИ УНЦ РАН. Каталог. Ч. 1. Христианство / *сост. А.Б.Юнусова.* Уфа: ИЭИ УНЦ РАН, 2009.

61. *Садиков Р.Р.* Мусульмане и язычники: процессы межконфессиональных взаимодействий среди закамских удмуртов // Исповеди в зеркале. Межконфессиональные отношения в центре Евразии (на примере Волго-Уральского региона – XVIII– XXIвв.). Н.Новгород, 2012. С. 300–312.

62. *Садиков Р.Р.* Об одном эпизоде научной деятельности священника и этнографа Н.Н. Блинова // Финно-угроведение. 2011, № 2. С. 66–71;

63. *Садиков Р.Р.* Представления о душе, смерти и загробном мире // Authenticgeography. Закамские удмурты. Вып. 3. Ижевск, 2011. С. 68-73.

64. *Садиков Р.Р.* Процессы межконфессионального взаимодействия в этнически смешанных селениях Урало-Поволжья: история и современные тенденции развития // Этнографическое обозрение. 2010, № 6. С. 9–22.

65. *Садиков Р.Р.* Религиозные верования и обрядность закамских удмуртов (сохранение и преемственность традиции). Автореферат ... дисс. Докт. ист. наук. Ижевск, 2011. 56 с.

66. *Садиков Р.Р.* Традиционные религиозные верования и обрядность закамских удмуртов (история и современные тенденции развития). Уфа: ЦЭИ УНЦ РАН, 2009.

67. *Садиков Р.Р.* Душа, смерть и загробный мир по представлениям закамских удмуртов // Вестник Челябинского государственного университета. 2010. № 10 (191). История. Вып. 39. С. 11–14.

68. *Садиков Р.Р.* Удмурты-баптисты // IX Конгресс этнографов и антропологов России. Тезисы докладов. Петрозаводск, 2011.

69. *Садиков Р.Р., Хафиз К.Х.* Религиозные верования и обряды удмуртов Пермской и Уфимской губерний в начале XX в. (экспедиционные материалы У. Хольмберга). Уфа, 2010.

70. *Садыкова Л.Р.* Сохранение и трансформация этнокультурной идентичности в условиях эмиграции: на примере «тюрко-татарской» диаспоры США. Автореферат дисс. на соиск....канд. ист. наук. Ижевск, 2012.

71. *Торокова Е.С.* Мусульманские атрибуты в убранстве башкирского дома // Исламская цивилизация в Волго-Уральском регионе: Сб. материалов IV Международного симпозиума. 21–22 октября 2010 г. Уфа, 2010. С. 265.

72. *Торокова Е.С.* Обряды перехода в новый дом у башкир и хакасов // Урал-Алтай: через века в будущее: Сб. материалов IV Всероссийской научной конференции, посвященной III Всемирному курултаю башкир. Уфа, 2010. С. 159–162.

73. *Тузбеков А. И.* Религия в структуре идентичности этнографических групп башкир Оренбургской, Челябинской и Курганской областей // Этнические и этнополитические процессы в современном евроазиатском пространстве: Материалы Международной научно-практической конференции. Пермь, 2009. С. 125–128.

74. *Тузбеков А.И.* Духовное наследие Ш. Марджани в образовательном процессе религиозных учебных заведений (медресе) Оренбуржья // Интеграция религиозного и светского образования: опыт Республики Баш-кортостан. Сборник материалов Круглого стола, Уфа, 31 октября 2012 г. / От-вет. ред. *А. Б. Юнусова.* Уфа: ИЭИ УНЦ РАН, 2012. С. 45–49.

75. *Тузбеков А.И.* Погребально-культовые сооружения мусульман Хайбуллинского района Республики Башкортостан // Этнос. Общество. Цивилизация: Третьи Кузеевские чтения. Материалы международной научной конференции. Уфа: ГУП Уфимский полиграфкомбинат, 2012. С 256–258.

76. *Тузбеков А.И.* Роль новометодных религиозных учебных заведений (медресе) в образовательной системе Оренбуржья (конца XIX- начала XX вв.) // Материалы Всероссийской научно-практической конференции «Просветительские традиции ислама в Урало-Поволжье» I Фахретдиновские чтения. Уфа, 2009 г. С. 86–89.

77. *Тузбеков А.И.* Этноконфессиональная ситуация в структуре межэтнических отношений в Оренбургской, Челябинской и Курганской областях // Этносы и культуры Урало-Поволжья: история и современность. Материалы III Всерос. науч. конф. молодых ученых. Уфа: ИЭИ УНЦ РАН, 2009. С. 267–273.

78. *Хабибуллина З. Р.* К вопросу о месте и роли хаджа в жизни современных мусульман Башкортостана // Этнос. Общество. Цивилизация: II Кузеевские чтения: Материалы Международной научно-практической конференции, посвященной 80-летию Р.Г. Кузеева / Под ред. *А.Б. Юнусовой.* Уфа: ИЭИ УНЦ РАН, 2009. С. 381–384.

79. *Хабибуллина З.Р.* К вопросу взаимодействия ислама и политики: позиции мусульманского духовенства Башкортостана // Этнос. Общество. Цивилизация. Третьи Кузеевские чтения. Материалы всероссийской научной конференции. Уфа: ГУП РБ Уфимский полиграфкомбинат, 2012. С. 212–213.

80. *Хабибуллина З.Р.* Мусульманское духовенство Башкортостана на рубеже XX–XXI веков. Автореферат дисс. на соиск….канд. ист. наук. Ижевск, 2012.

81. *Хабибуллина З.Р.* Мусульманское духовенство Республики Башкортостан: социальный портрет имама сельского прихода // Сельская Россия: прошлое и настоящее: материалы XIII Всероссийской научно-практической конференции (Удмуртская республика, д. Сеп, 10–14 августа 2012 г.). Москва: Энциклопедия российских деревень, 2012. С. 300–303.

82. *Хабибуллина З.Р.* Мусульманское духовенство Республики Башкортостан: социально-профессиональный состав. Первый съезд молодых востоковедов России и СНГ. Звенигород, 3–5 октября 2012 г. М., 2012. С. 101.

83. *Хабибуллина З.Р.* Образовательный уровень мусульманского духовенства Республики Башкортостан // Инновационные ресурсы мусульманского образования и культуры: Вторые Фахретдиновские чтения. Сборник материалов Всероссийской научно-практической конференции / под ред. *Р.М. Асадуллина.* Москва-Н.Новгород: ИД «Медина», 2011. С. 141–143.

a. *Хабибуллина З.Р.* Органы управления и духовенство в исламе: на примере Республики Башкортостан. Уфа, 2011.

84. *Хабибуллина З.Р.* Просветительские традиции ислама в Урало-Поволжье: Первые Фахретдиновские чтения. Всероссийская научно-практическая конференция, посвященная 150-летию со дня рождения ученого-просветителя и муфтия Ризы Фахретдинова // Проблемы востоковедения. 2009. № 2. С. 157.

85. *Хабибуллина З.Р.* Современное мусульманское духовенство как группа элиты (на материале Республики Башкортостан // VIII Конгресс этнографов и антропологов России: тезисы докладов. Оренбург, 2009. С. 126.

86. *Хабибуллина З.Р.* Социально-правовое положение мусульманского духовенства Башкортостана в начале 21 в. // Материалы Всероссийской научно-практической конференции «Россия и ее регионы: в поиске гражданского единства и межнационального согласия» (Уфа, 10 ноября 2011 г.). Уфа, 2011.

87. *Хабибуллина З.Р.* Социальный портрет мусульманского духовенства Башкортостана в начале XXI века» // IX Когресс этнографов и антропологов России: Тезисы докладов. Петрозаводск, 4-8 июля 2011 г. / Редкол.: В.А. Тишков и др. Петрозаводск: Карельский научный центр РАН, 2011. С. 148.

88. *Хабибуллина З.Р.* Социальный состав и образовательный уровень мусульманского духовенства Башкортостана // Интеграция религиозного и светского образования: опыт Республики Башкортостан. Сборник материалов Круглого стола, Уфа, 31 октября 2012 г. / От-вет. ред. *А. Б. Юнусова.* Уфа: ИЭИ УНЦ РАН, 2012. С. 50–53.

89. *Хабибуллина З.Р.* Становление современного исламского духовенства в Республике Башкортостан // Материалы V Всероссийской научно-практической конференции молодых ученых «Этносы и культуры Урало-Поволжья: история и современность» (Уфа, 20 октября 2011 г.). Уфа, 2011. С. 185–189.

90. Хабибуллина З.Р. Структура современной мусульманской элиты в Башкортостане // Просветительские традиции ислама в Урало-Поволжье. II Фахретдиновские чтения: Материалы Всероссийской научно-практическойконференции. Уфа, 2009. С. 75–79.

91. *Хабибуллина З.Р.* Хадж: священный путь мусульман // Панорама Башкортостана. Спецвыпуск. 2013.

92. *Хасанова З.Ф.* Атрибуты доисламских верований в быту и хозяйственной деятельности башкир Белорецкого района РБ // Исламская цивилизация в Волго-Уральском регионе: Сборник материалов IV Международного симпозиума отв.ред. Талипов. –Уфа: РИЦ БашГу, 2010. С. 269–272.

93. *Хабибуллина З.Р.* Корпус мусульманского духовенства: состояние и тенденции развития // Ученые записки Казанского университета. Серия Гуманитарные науки. 2013. Том 155, Книга 3, часть 2. С. 162–171.

94. *Хабибуллина З.Р.* Деятельность ЦДУМ по организации хаджа // Ислам и государство в России: Сборник материалов Международной научно-практической конференции, посвященной 225-летию Центрального духовного управления мусульман России – Оренбургского магометанского духовного собрания. Уфа, 22 октября 2013 г. / составители: А.Б.Юнусова, Р.М.Мухаметзянова-Дуггал, А.Т.Ахатов, И.В.Фролова, В.С.Хазиев / под ред. *А.Б.Юнусовой.* – Уфа: ГУП Уфимский полиграфкомбинат, 2013. С. 111–116.

95. *Хабибуллина З.Р.* От Урала до Хиджаза: путешествие мусульманских паломников к святыням ислам // X Конгресс этнографов и антропологов России: Тезисы докладов. Москва, 2–5 июля 2013 г. / редкол.: М.Ю. Мартынова и др. М.: ИЭА РАН, 2013. С. 285.

96. *Шарипов Р.Р.* Ислам и вопросы духовно-нравственного воспитания молодежи // Просветительские традиции ислама в Урало-Поволжье. II Фахретдиновские чтения: Материалы Всероссийской научно-практическойконференции. Уфа, 2009. С. 83-87;

97. *Шарипов Р.Р.* К вопросу возрождения ислама в Урало-Поволжье // Этносы и культуры Урало-Поволжья: история и современность: Материалы III Всероссийскойнаучно-практической конференции молодых ученых. Уфа, 22 октября 2009 г. С. 299–304;

98. *Шарипов Р.Р.* К вопросу возрождения ислама в Урало-Поволжье // Этнические и этнополитические процессы в современном евроазиатском пространстве: Материалы Международной научно-практической конференции. Пермь, 2009. С. 201–203.

99. *Шарипов Р.Р.* Шакирды: социальный портрет современного учащегося медресе // Этнос. Общество. Цивилизация: II Кузеевские чтения: Материалы Международной научно-практической конференции, посвященной 80-летию Р.Г. Кузеева / Под ред. А.Б. Юнусовой. Уфа, 2009. С. 386–388;

100. *Юнусова А. Б.* Деятельность муфтия ЦДУМ России Р.Фахретдинова по сохранению исламского вероучения в большевистской России // Проблемы востоковедения. 2009. № 2. С. 63–68.

101. *Юнусова А. Б., Азаматова Д. Д.* 225 лет Центральному духовному управлению мусульман России. Исторические очерки / документальное и иллюстративное сопровождение *А. Б. Юнусовой* / под общей редакцией *А. Б. Юнусовой.* Уфа, 2013;

102. *Юнусова А., Вояковский Д.* Радикальные сообщества в России: организационные формы и методы. Челябинск, 2013.

103. *Юнусова А.Б.* [член редколлегии коллективной монографии]. Очерки истории мусульманской цивилизации. Т. II. Эпоха Великих мусульманских империй / коллективная монография под общей редакцией *Ю.М.Кобищанова.* Ч. II. 776 с. М.: РОСПЭН, 2009. 776 с.

104. *Юнусова А.Б.* 33 года служения Истине и Отечеству. Верховный муфтий России. Уфа, 2013; Ислам и государство в России / под ред. *А.Б.Юнусовой.* Уфа, 2013.

105. *Юнусова А.Б.* PAX Islamica России // Россия и арабский мир: история и современность. Уфа: БАГСУ, 2012. С. 34–48.

106. *Юнусова А.Б.* Башкирские предания и легенды об исламе // Проблемы формирования языковой личности казахстанца (россиянина) на основе паритетного евразийства (на материале исламского ренессанса) / под ред. Р.А.Абузярова. Уральск: Изд. центр ЗКГУ им. М.Утемисова, 2009. С. 49–55.

107. *Юнусова А.Б.* Билал Юлдашбаев о национально-государственном устройстве Башкортостана // М-лы науч.-практ. конф. Государственность Республики Башкортостан: история и современность, 26 мая 2010 г., г. Казань. Казань: Институт истории им. Марджани АН РТ, 2010. С. 90–94.

108. *Юнусова А.Б.* Задачи подготовки специалистов со знанием основ религиозной культуры и специализации мусульманских медресе / Сборник материалов Интернет-семинара, Уфа, 21 ноября 2013 г./ Отв. ред. А.Б. Юнусова. Уфа: ИЭИ УНЦ РАН, 2013;

109. *Юнусова А.Б.* Интеграция религиозного и светского образования: модели,практика, перспективы / Интеграция религиозного и светского образования: опыт Республики Баш-кортостан. Сборник материалов Круглого стола, Уфа, 31 октября 2012 г. / Ответ. ред. *А. Б. Юнусова.* Уфа: ИЭИ УНЦ РАН, 2012. С. 3-10.

110. *Юнусова А.Б.* Интеграция религиозного и светского образования: опыт Республики Башкортостан. Материалы круглого стола (Уфа, 31 октября 2012 г.) / под ред. *А.Б.Юнусовой.* Уфа: ИЭИ УНЦ РАН. 2012;

111. *Юнусова А.Б.* Ислам в России в контексте этнополитической синергетики // Этнос. Общество. Цивилизация: Вторые Кузеевские чтения: Материалы Международной научно-практической конференции, посвященной 80-летию Р.Г.Кузеева / под ред. *А.Б.Юнусовой.* Уфа: 2009. С. 43–48.

112. Юнусова А.Б. Ислам и мусульмане Южного Урала XVI-XIX вв. в правовом пространстве Российской империи / Документальная антология. Уфа, 2011.

113. *Юнусова А.Б.* Ислам и мусульмане Южного Урала в историко-правовом пространстве России: сборник законодательных актов, указов и распоряжений центральных и региональных органов власти и управления в XX–XXI веке. Уфа, 2009.

114. *Юнусова А.Б.* Ислам на Южном Урале: архивы, источники, информационные ресурсы // Материалы X Межрегиональной научно-практической конференции «Археогафия Южного Урала». Уфа, 2010. С. 211–215.

115. *Юнусова А.Б.* Ислам, государство, общество: взгляды Ризы Фахретдинова // Инновационные ресурсы мусульманского образования и культуры: Вторые Фахретдиновские чтения. Сборник материалов Всероссийской научно-практической конференции / под ред. Р.М. Асадуллина. Москва–Н.Новгород: ИД «Медина», 2011. С. 40–46.

116. *Юнусова А.Б.* Мобилизованный теизм: современная практика взаимодействия государственных и религиозных институтов в России // Материалы Всероссийской научно-практической конференции «Россия и ее регионы: в поиске гражданского единства и межнационального согласия» (Уфа, 10 ноября 2011 г.). Уфа, 2011.

117. *Юнусова А.Б.* Мусульманское самоуправление в свете политико-административных процессов в России // Материалы Всероссийской конференции «Современное развитие регионов России: политико-трансформационные и культурные аспекты», Уфа, 2010 г. С. 23–30.

118. *Юнусова А.Б.* Национальная политика и этноконфессиональные процессы в Башкортостане в контексте «Стратегии национальной безопасности Российской Федерации до 2020 года» // Россия и ее регионы: в поиске гражданского единства и межнационального согласия/ М-лы Всерос. науч.-практ. конф. (Уфа, 10 ноября 2011 г.). Уфа, 2011.

119. *Юнусова А.Б.* Псевдоислам: идеи и идеологи // Этнос. Общество. Цивилизация. Третьи Кузеевские чтения Материалы всероссийской научной конференции / под ред. *А.Б.Юнусовой.* Уфа, 2012. С. 217-220.

120. *Юнусова А.Б.* Распространение ислама в Башкортостане // Очерки истории мусульманской цивилизации. Т. II. Эпоха Великих мусульманских империй. М.: РОССПЭН, 2009. С. 453–500.

121. *Юнусова А.Б.* Уфа – российская Мекка // Родина. 2010. С.63–65.

122. *Юнусова А.Б.* Мусульманская благотворительность в развитии просвещения башкир и татар // Рисала. Сентябрь. 2012. С. 4

123. *Юнусова А.Б.* Ислам и государство в России. Сборник материалов Международной научно-практической конференции, посвященной 225-летию Центрального духовного управления мусульман России (Уфа, 22 октября 2013 г.). Уфа, 2013.

124. *Юнусова А.Б.* Ислам в мегаполисе: Много ли мечетей мусульманам надо? // X Конгресс этнографов и антропологов России: Тезисы докладов. Москва, 2–5 июля 2013 г. / редкол.: М.Ю. Мартынова и др. М.: ИЭА РАН, 2013. С. 289.

125. *Юнусова А.Б.* Уфа – Российская Мекка // Панорама Башкортостана. № 9. 2013. С. 20–23.

126. *Юнусова А.Б.* III век ЦДУМ // Панорама Башкортостана. № 9. 2013.С. 28–33.

127. *Юнусова А.Б.* Третий век ЦДУМ // Ислам и государство в России: Сборник материалов Международной научно-практической конференции, посвященной 225-летию Центрального духовного управления мусульман России – Оренбургского магометанского духовного собрания. Уфа, 22 октября 2013 г. / составители: А.Б.Юнусова, Р.М.Мухаметзянова-Дуггал, А.Т.Ахатов, И.В.Фролова, В.С.Хазиев / под ред. А.Б.Юнусовой. – Уфа: ГУП Уфимский полиграфкомбинат, 2013. С. 12–17.

128. *Юнусова А.Б.* Три составляющие интеграции светского и религиозного образования: духовность, просвещение, наука // Задачи подготовки специалистов со знаниями основ религиозной культуры и специализации мусульманских медресе. Сборник материалов Интернет-семинара, Уфа, 21 ноября 2013 г./ Отв. ред. А.Б. Юнусова. Уфа, 2013. С. 47-55.

129. *Юнусова А.Б., Абсалямов Ю.М.* Российское государство и ислам: истрия и перспективы сотрудничества // Ислам и государство в России: Сборник материалов Международной научно-практической конференции, посвященной 225-летию Центрального духовного управления мусульман России – Оренбургского магометанского духовного собрания. Уфа, 22 октября 2013 г. / составители: А.Б.Юнусова, Р.М.Мухаметзянова-Дуггал, А.Т.Ахатов, И.В.Фролова, В.С.Хазиев / под ред. А.Б.Юнусовой. – Уфа: ГУП Уфимский полиграфкомбинат, 2013. С. 121-127.

130. *Юнусова А.Б.* Натянутый шатер // Панорама Башкортостана № 6 (44). 2013. С. 16–19.

Князький И.О.

доктор исторических наук, профессор
Московский экономический институт, г.Москва
E-mail: knyazkiy@bk.ru

ЗЕНОБИЯ – ЦАРИЦА ПАЛЬМИРЫ

Юлия Аврелия Зенобия (с 267 года Септимия Зенобия Августа) была второй женой Одената, правителя г. Пальмиры и его царицей в 267-272 гг. Умерла она после 274 года. После поражения римлян от персов в 260 году, когда в плену оказался император Валериан, Оденат организовал сопротивление персидским войскам, вторгшимся в римские пределы, захватившим Антиохию в Сирии и проникшим вглубь Малой Азии. Совместно с римским полководцем Авреолом в 261 году он подавил мятежи военачальников Марциана и Каллиста, после чего император Галлиен признал его в качестве римского наместника во всех восточных владениях империи. В 262 году Оденат начал контрнаступление против персов, вернул города Карры и Нисибис в Северной Месопотамии, ранее входившие в римские пределы, а затем перенес войну на территорию царства Сасанидов и дошел до персидской столицы Ктесифона. В решающем сражении Оденат наголову разгромил войска царя Шапура, недавнего победителя императора Валериана. Победителям досталась огромная добыча, включая гарем персидского владыки. Оденат на время вступил в Ктесифон.

Результатом действий Одената стал договор с Персией - почетный для Рима и чрезвычайно выгодный для Пальмиры, поскольку ее купцы получили право свободной торговли по всему течению Евфрата. Умело сочетая имперские интересы Рима и экономические интересы своего города, Оденат сделал Пальмиру новым центром всего римского Востока.

Город Пальмира впервые упоминается в документах ассирийских купцов в XIX веке до новой эры. Первое название города Тадмор, что на арамейском языке означает «пальма». В III веке до н.э. в эпоху эллинистического сирийского царства Селевкидов город стал называться по-гречески Пальмира. В эпоху Римской империи с I века новой эры начинается быстрый экономический подъем Пальмиры. Этому способствовали выгодное положение города на стыке торговых путей, связывавших Сирию и Месопотамию, а также значение Пальмиры в качестве римского форпоста на границе сначала с Парфией, а с 226 года - персидской державой Сасанидов. Со II века правитель Пальмиры носил царский титул. Пальмирцы отличались не только умением вести успешную торговлю, но и поставляли в римскую армию отряды конных лучников. Население говорило на арамейском языке, в документации использовался также греческий язык. Латинский знала только верхушка города. Сохранившийся таможенный и налоговый тариф 137 г. сообщает сведения о многообразии товаров, проходивших через Пальмиру. В их числе дорогие пурпурные ткани, зерно, благовония, оливковое масло, меха, сушеные фрукты, бронзовые статуэтки и рабы. Пальмира времени правления Одената являла собой процветающий, великолепно застроенный город. Его пересекала главная улица шириною в 11м. и длиною в 1100 м. Парадный въезд в город являл собою колоссальную арку с тройным проходом и с рядами колонн по бокам. 750 колонн стояло вдоль главной улицы, их высота достигала 17 м. Центральная площадь города – агора – имела форму прямоугольника длиною в 82 м и шириною в 70 м. Площадь также украшали колонны, портики на углах и около 200 статуй прославленных пальмирцев.

60-ые годы III стали временем наивысшего экономического и политического расцвета Пальмиры. Оденат, понимая, что процветание города обеспечивается его новым статусом в Римской империи, дорожил добрыми связями с Римом и даже в сложнейшие для римского государства годы правления Галлиена (260 - 268гг.), когда держава буквально распадалась на части, не проявлял никаких сепаратистских настроений, будучи совершенно лоялен центральной власти.

В 267г. при неясных обстоятельствах Оденат был убит вместе с одним из своих сыновей. Власть после его гибели перешла к его супруге Зенобии. Зенобия происходила из незнатного и небогатого купеческого рода. Однако была весьма образована, владела тремя языками, включая, безусловно, латынь и греческий. Ее перу принадлежала книга по истории Пальмиры, которая не сохранилась. Философию и греческую литературу Зенобия изучала под руководством видного философа Лонгина.

В первые годы правления – она правила от имени своего сына от Одената Вибаллата – Зенобия продолжила политику своего покойного супруга, однако трудности, которые переживала Римская империя в эти годы, вскоре вдохновила царицу Пальмиры на сепаратистские действия. В 270г. Зенобия провозгласила Пальмиру независимым царством, в результате чего ее сын стал теперь официально именоваться император Цезарь Луций Юлий Аврелий Септимий Вибаллат Атендор Август, сама царица приняла имя Септимия Зенобия Августа. Поводом к провозглашению независимости Пальмиры послужило объявление римскими легионами, стоявшими на дунайской границе империи, императором полководца Аврелиана вопреки признанию сенатом официальным преемником умершего от чумы в Паннонии императора Клавдия II Готского его брата Квинтиллиана. Квинтиллиан, потеряв поддержку войска, процарствовал всего 17 дней и был вынужден покончить жизнь самоубийством. Отказав Аврелиану в признании, Зенобия бросила Риму вызов.

Первоначально Пальмирское царство добилось огромных успехов. Войска Зенобии заняли Египет, господствовали в Сирии и подчинили себе большую часть Малой Азии. Под влияние Пальмиры попало даже Боспорское царство в Северном Причерноморье. Успехи вновь провозглашенного независимого от Рима царства объяснились тем, что Пальмира уже при

Оденате стала фактическим центром всего римского Востока и подчиненные правителю этого города войска контролировали обширнейшую территорию. Многочисленные мятежи, вторжения варварских племен, сепаратизм, приведший к провозглашению на западе римских владений Галльской империи – все это сковывало силы Рима и не позволяло новому императору немедленно отреагировать на действия Зенобии. Однако вскоре ситуация решительным образом изменилась.

Сепаратистские действия Зенобии и Вибаллата не встретили массовой поддержки на римском Востоке. Бросив вызов Риму, Пальмирское царство вызвало сильное недовольство в городах Египта, Сирии и Малой Азии. Процветая под римской властью, они не склонны были менять ее на самопровозглашенное владычество Пальмиры. Зенобия не учла, что основой признанного превосходства Пальмиры на римском Востоке была как раз поддержка правителя Пальмиры центральной римской властью.

Вторым фактором кратковременности успехов Зенобии следует считать энергичные действия императора Авреллиана, многоопытного полководца, человека выдающихся качеств. (Script. hist. aug. Div. Aur. XXV). Мобилизовав военные силы империи, Авреллиан совершил два похода против Пальмирского царства и в ряде сражений победил войска Зенобии и Вабаллата. Сведения об этой войне противоречивы. Евтропий сообщает, что Авреллиан под Антиохией одержал легкую победу и взял в плен Зенобию (Eutr. Brev. hist. IX, 13.1). Флавий Вописк , один из авторов «Scriptores historiae augustae», биограф Авреллиана сообщает о долгих и тяжелых боях и о пленении Зенобии, когда она пыталась бежать в Персию из осажденной Пальмиры. (Script. hist. aug. Div. Aur. XXVI-XXX).

Подступив к Пальмире, «измученный, уставший от тягот войны Авреллиан послал Зенобии такое письмо»:

«Авреллиан, император Рисмкого государства, отвоевавший Восток, Зенобии и всем, кто воюет с ней сообща.

Вы должны были бы сами сделать то, чего я требую теперь от вас в моем письме.

Я повелеваю вам сдаться и обещаю сохранить неприкосновенной вашу жизнь, причем ты, Зенобия, будешь жить вместе со своими близкими там, куда я помещу тебя согласно решению блистательного сената. Драгоценные камни, золото, серебро, шелк, коней, верблюдов вы должны передать в римское государственное казначейство. Падьмирцам будут оставлены их права».

(Script. hist. aug. Div. Aur. XXVI).

Великодушное предложение Авреллиана, которое бы позволило городу Пальмире сохранить свое положение в Римской империи, было отвергнуто Зенобией. В своем крайне заносчивом ответе римскому императору она угрожал ему союзом с Персией, арабами и Арменией. Себя же она сравнила с Клеопатрой, напоминая, что та предпочла смерть римскому плену.

На дерзкие угрозы Зенобии Авреллиан ответил решительными, энергичными действиями. Его войска отбросили шедшие на помощь Зенобии персидские отряды, конницу арабов и армян он подкупом привлек на сторону римлян. Пальмира была взята Авреллианом, а попытка Зенобии на беговых верблюдах бежать к персам была пресечена римской конницей. Римское войско, утомленное тяжелой войной, потребовало от Авреллиана казни главной виновницы военных действий, но император предпочел сохранить ей жизнь, дабы показать поверженную царицу римлянам во время своего триумфа. В то же время он приказал казнить учителя Зенобии философа Лонгина, по чьему совету она отправила Авреллиану оскорбительное письмо.

Самая печальная участь постигла город Пальмиру. Если поначалу Авреллиан собирался сохранить для Рима этот богатый и полезный город, то после дерзкого ответа Зенобии и сопротивления пальмирцев приказал его разрушить. В дальнейшем Пальмира больше не смогла восстановить своего прежнего значения, превратившись в небольшой городок близ величественных развалин некогда славной столицы царства Одената и Зенобии. В настоящее время Пальмира входит в состав Сирии и носит свое первоначальное название Тадмор.

Авреллиану пришлось вносить коррективы и в религиозную жизнь Сирии, в связи с политикой Зенобии и особенностями ее взаимоотношений с христианской церковью. Зенобия взяла под свое покровительство епископа Антиохии Павла Самосатского, известного своей приверженностью к еретичеству и осужденного официальной церковью. Павел стал Антиохийским епископом после смерти епископа Демитриана. Суть его еретических взглядов Евсевий Памфил излагает так: «Мысли его о Христе ползали по земле и не могли над ней подняться; вопреки учению Церкви, он считал Его обыкновенным человеком». (Eus. VII, 27). Из этих слов церковного историка следует, что Павел Самосатский отрицал божественность Христа, признавая только человеческую его природу.

Подобные взгляды епископа одного из крупнейших центров римского Востока не могли не вызвать противодействия со стороны христианской церкви. В Антиохии состоялся специальный Собор, посвященный разбору деятельности и учения Павла Самосатского. По словам Евсевия, «на последний Собор собралось самое большое число епископов; глава антиохийской ереси был совершенно обезоружен, изобличен в неправоверном и отлучен от вселенской поднебесной Церкви». (Eus. VII, 29). Однако низложенный с епископства решением Собора Павел Самосатский отказался сложить с себя полномочия епископа. Вновь избранный епископ Домн не мог вступить в должность, поскольку Павел пользовался полной поддержкой могущественной Зенобии. Когда же Авреллиан овладел Пальмирой, осудившие Павла епископы обратились к нему за помощью, направив императору специальное послание. Авреллиан благосклонно отнесся к просьбе Церкви, поскольку никак не мог симпатизировать ставленнику Зенобии. Епископом Антиохии стал Домн.

Говорить о христианских взглядах самой Зенобии оснований нет. Источники не позиционируют пальмирскую царицу как христианку. Поддерживать Павла Самосатского она могла в силу того, что его противниками выступали в том числе епископы Рима и Италии, а церковь, в целом, была лояльна к государственной власти Рима. В царствование Галлиена, когда и возвысилась Пальмира при Оденате и Зенобии, политика римской власти в отношении христианства отличалась толерантностью. Толерантность не была исчерпана и в правление Авреллиана, следствием чего и стала поддержка римским императором церковной позиции по проблеме антиохийской епископской кафедры.

Зенобия, не решившаяся последовать судьбе Клеопатры, которая предпочла смерть позору участия в римском триумфе в качестве пленницы, стала главным украшением триумфа императора Авреллиана. Царицу вели в триумфальной процессии закованную в золотые цепи, которые поддерживали люди, шедшие рядом. Во время триумфа римлянам продемонстрировали также колесницу Одената, разукрашенную драгоценными камнями и отделанную серебром и золотом, а также колесницу, которую приказала изготовить Зенобия, намереваясь в ней вступить в Рим.

После триумфа Зенобию поселили на отдельной вилле в окрестностях Рима близ Тибура (современное название Тиволи). Известно, что там она вскоре умерла. Потомки ее благополучно жили впоследствии в Италии и пользовались известностью.

Скульптурных и живописных портретов Зенобии не сохранились. Её статуя стояла в Пальмире рядом со статуей Одената, но после взятия города войсками Авреллиана была уничтожена. Известна такая подробность, что солдаты, разрушающие скульптуру враждебной Риму царицы, выломали даже кронштейн, на котором она стояла. Изображения Зенобии сохранились только на монетах. Там ее прическа напоминает прическу женщин из окружения императрицы династии Северов Юлии Мамеи. Возможно, это связано с тем, что Зенобия, провозгласив себя августой, приняла имя Септимии, как бы возведя себя к основателю династии Северов Септимию Северу. Лицо Зенобии красотой не отличалось. Она была скорее некрасива из-за крупного, мясистого носа.

Литература:

Грант М. Римские императоры. М., 1998.

Крист К. История времен римских императоров. Ростов-на-Дону. 1997, Т-2.

Лебедев А.П. Эпоха гонений на христиан. М., 1994.

Хафнер Г. Выдающиеся портреты античности. М., 1984.

Федорова Е.В. Императорский Рим в лицах. Смоленск, 1998.

Рыжов С.Д.

аспирант Московского педагогического государственного университета, кафедра истории России

ЖЕЛЕЗНОДОРОЖНЫЙ ОТДЕЛ РУССКОГО ТЕХНИЧЕСКОГО ОБЩЕСТВА (РТО) И ДИСКУССИЯ О ПОСТРОЙКЕ ТРАНССИБИРСКОЙ МАГИСТРАЛИ

Интенсивное развитие железнодорожного транспорта, стало существенно необходимым в связи с развитием промышленности, машиностроительного производства и расширением мировой торговли. Сеть железных дорог в России, составлявшая к моменту отмены крепостного права в 1861 г. всего 1500 км., к 1881 г. достигла 23000 км.[1]

Соловьева А.М. в своем исследовании «Железнодорожный транспорт в России во второй половине XIX в.» пишет, что в России в 1875 г. на всем протяжении русских железных дорог длиной в 22 тыс. верст находилось 95 млн. пудов рельсов. Из этого количества только 9% (или 8,4 млн. пудов были изготовлены на русских рельсопрокатных переделочных заводах. Из этого количества (8,4 млн. пудов рельсов) только 0,8 млн. пудов рельсов (или 10%) были изготовлены из отечественных полуфабрикатов на минеральном топливе, что наглядно свидетельствовало о технической отсталости русской топливно-металлургической базы.[2]

Л.Б. Кафенгауз обращает внимание на рост потребления в железнодорожном строительстве: так доля участия рельс в общем производстве стали возросла с 18,1% в 1887 г. до 29,2% в 1899 г. Кроме того, необходимо принять во внимание, что, как видно из данных о распределении производства железа по сортам, доля участия рельс в общем производстве во второй половине 1890-х годов доходила до 33 %.; таким образом, в середине 1890-х годов доля потребления железа в железнодорожном строительстве составляла не меньше половины всего русского железного производства. Следует признать, что главным фактором развития металлургической промышленности в течение периода 1887-1900 гг. явилось широкое железнодорожное строительство и связанные с ним производства транспортных средств.[3]

---

[1] Хромов П.А.. Экономическое развитие России в XIX –XX вв. – М., 1950 г, – С.462

[2] Соловьева А.М. «Железнодорожный транспорт в России во второй половине 19 в.» – М., 1975 г. – С. 131-132..

[3] Кафенгауз Л.Б. «Эволюция промышленного производства России (послед. треть XIX в.-30 гг. XX в.)». – М., 1994. – С.36..

Возросшее экономическое значение железных дорог и предопределило образование в составе РТО (31 января 1881 г.) VIII (железнодорожного) отдела, поставившего своей целью содействовать правильной разработке вопросов, касающихся строительства и эксплуатации русских железных дорог, членами которого являлись ученые, инженеры путей сообщения, служащие железнодорожных обществ, правлений частных и казённых железных дорог.[4]

Среди них встречаются известные имена специалистов железнодорожного дела – профессора, специалиста в области строительства железных дорог Н.А.Белелюбского, инженера путей сообщения А.П.Бородина, ученого, инженера путей сообщения Н.П.Петрова; министров путей сообщения А.Я.Гюббенета, К.Н.Посьета; представителей промышленных предприятий и железнодорожных обществ (Дю Бюи, Н.В.Клименко, В.И.Герценштейна); крупнейших железнодорожных магнатов (фон Мекк, фон Дервиз, А.М, Варшавского, С.А.Полякова).[5]

Председателем VIII отдела был избран А.Н.Горчаков (главный инспектор МПС), занимавший этот пост до 1913 г., т.е. 32 года; его заместителем – В.А.Моравек.

VIII отдел, насчитывавший в своих рядах свыше 140 членов (из них 20 иногородних) способствовал установлению более тесной связи РТО с железнодорожными обществами, стремившихся использовать инженерно-техническую общественность для защиты своих интересов. В это время в связи с обнаружившимися крупными недостатками в железнодорожном хозяйстве страны, широко обсуждался в печати и в научных обществах вопрос о передаче дела строительства и эксплуатации железных дорог в руки государства, казне.

Против этого выступали владельцы частных дорог, крупнейшие концессионеры. К ним присоединилась значительная часть VIII отдела и особенно защищал интересы железнодорожных обществ председатель VII отдела А.Н. Горчаков. Для поддержки своей позиции сторонниками А.Н.Горчакова в Совет РТО была представлена сравнительная таблица распространения железных дорог в России, западноевропейских странах и США, отмечалась существенная недостаточность железнодорожной сети по сравнению с территорией страны, при этом подчеркивалось, что для дальнейшего развития железнодорожного строительства необходимо

---

[4] Железнодорожное дело. – СПб.,1902. № 4., – С.35. Список учредителей VIII отдела РТО - всего 29 человек.

[5] Биографии инженеров путей сообщения./ Сост. С.М.Житков. – СПб.. 1893-902., – вып. 2-3.

поддержать частную инициативу. С возражением выступил член VIII отдела инженер М.Г.Александровский, заявивший: «...в принципе у частного железнодорожного предпринимательства столько недостатков, что это еще вопрос – нужно ли содействовать ему».[6]

РТО, в целом стояло за передачу железных дорог в руки государства, установление контроля над эксплуатацией частных железных дорог. Поэтому были случаи, когда принятые большинством голосов решения VIII отдела не получали одобрения общего собрания членов РТО.[7]

VIII отдел имел свой орган – журнал «Железнодорожное дело», выходивший еженедельными выпусками с 1882 по 1916 г. и субсидированный железнодорожными обществами.[8]

В журнале печатались официальные распоряжения по железнодорожной части, а также сведения о результатах научных опытов и исследований, произведенных в РТО и касавшихся эксплуатации железных дорог, научные статьи по специальности, обзор усовершенствований и новостей, заседаний съездов и научных обществ, в которых обсуждались железнодорожные вопросы. Журнал вполне удовлетворял правления железнодорожных обществ, так как с 1886 г. субсидия на его издание была увеличена с 5000 руб. до 6500 руб. в год, в то же время соблюдались и условия, на которых было дано согласие со стороны МПС, о чём свидетельствовал одобрительный отзыв, высказанный министром путей сообщения адмиралом К.Н.Посьет лично председателю общества. [9] [9,3]

Журнал «Железнодорожное дело» являлся не только органом VIII отдела РТО, но и русских железных дорог. На его страницах велась полемика по различным техническим, экономическим, коммерческим вопросам в области железнодорожного хозяйства. Журнал пользовался успехом и многие редакции, в том числе зарубежные, предлагали VIII отделу обмениваться изданиями. В заседании VIII отдела 21 декабря 1901 г. было рассмотрено 44 предложения различных редакций на обмен изданиями [10]

---

[6] Записки РТО – СПб., 1882, – вып.1, – С.36-70.

[7] Записки РТО – СПб., 1882, – вып.1, – С.36-70.

[8] РГИА, ф.90, оп.1, д. 522, лл. 55-57. Правила для издания VIII отделом печатных органов по железнодорожным вопросам.

[9] РГИА, ф.90, оп.1, д. 522, л.20.

[10] Записки РТО – СПб., 1901, – вып.4, – С.180.

По всем центральным вопросам, касавшимся железнодорожного строительства, VIII отдел по запросам правительственных органов или по собственной инициативе высказывал свое мнение в печати и на технических беседах.

При РТО и обществе содействия русской торговле и промышленности были организованы специальные комиссии, долго работавшие над обсуждением вопросов о направлении и стоимости Сибирской железной дороги. Некоторые генерал-губернаторы стали интенсивно хлопотать о постройке отдельных участков Западно-Сибирской ж.д.: Владивосток-Раздольное- Никольское-Анучино- порт Буссе.

Еще в 1858 г предлагалось вести Сибирскую железную дорогу из Саратова через Киргизские степи на Семипалатинск, Минусинск, Селенгинск, на Амур и далее в Пекин.

Гораздо более практический характер имело предприятие Кокорева и К° в 1862 г., предлагавшее соединить бассейны Волги и Оби, этих двух исполинских рек Европейской России и Сибири.[11]

Только в тесном общении развивались Европейская Россия и Сибирь.

В 1887-1890 гг. в РТО обсуждался вопрос о выборе направления трассы Сибирской железной дороги, о необходимости строительства которой для обеспечения государственных интересов России с целью удержания за собой вновь присоединённой территории (имеется в виду присоединение Амурской, Приморской областей и Уссурийского края в 1850 г.) заявляли в конце 50-х гг. XIX в. генерал-губернатор Восточной Сибири Муравьёв-Амурский, в 1875 г. министр путей сообщения генерал-адмирал К.Н.Посьет, в 1882 г. министр государственных имуществ Н.П.Игнатьев.[12]

Но каждый раз на это у правительства не находилось средств.

В РТО рассматривался проект инженера Островского о направлении Великой Сибирской железной дороги: Москва, Рязань, Спасск, Уфа, Златоуст, Челябинск, Петропавловск, Омск, Канск, Томск, Мариинск, Ачинск, Красноярск, Иркутск.[13]

---

[11] Сибирь и Велика Сибирская железная дорога, – СПб., 1893, – С.278.

[12] РГИА, ф.90, оп.1, д. 502, л.25; Паталеев А.В. История строительства великого Сибирского железнодорожного пути. – Хабаровск, 1951, – С.7.

[13] Сибирь и Великая Сибирская железная дорога, – СПб., 1893, – С.282.

Учитывая грандиозность строительства и величину финансовых затрат, в РТО для изучения всех подробностей, касающихся определения направления Транссибирской магистрали и для обработки собранных в связи с этим VIII отделом материалов была создана специальная комиссия «По вопросу о железной дороге через всю Сибирь» под председательством А.Н. Горчакова из 45 человек, в которую входили, в том числе, проф. Н.А. Белелюбский, проф. М.И. Герсеванов, Я.Н. Гордиенко, С.М. Житков, И.В. Мушкетов, М.Н. Анненков, представители министерств, научных обществ, заводчики. Комиссия образовала 3 подкомиссии: по выбору наиболее целесообразного направления, выработке технических условий, изысканиям. [14]

Бюро комиссии предложило к обсуждению свое, так называемое, среднее направление: от Златоуста через Челябинск, Троицк, Кустанай, Атбасарск, Семипалатинск, Бийск, Кузнецк, Минусинск, Нижнее-Удинск, Иркутск и, по обходе Байкала с Юга до берегов Шилки или Аргуни с тем, чтобы воспользоваться далее водными путями до берегов Тихого океана.

Поводом к постановке вопроса в РТО послужило также сообщение контр-адмирала Н.В.Копытова «О наивыгоднейшем направлении магистральной и непрерывной всероссийской великой восточной железной дороги», сделанное на технической беседе в VIII отделе 18 декабря 1887 г., в котором автор отстаивал южное направление: от Оренбурга через Орск, Семипалатинск, Бийск, Минусинск, Нижнеудинск до Владивостока.

Опыт строительства железных дорог в иностранных государствах и в других районах России не мог быть механически использован, т.к. условия грунта и климата в районах сооружения этой дороги не встречались еще в железнодорожной практике.

Русские инженеры должны были самостоятельно разрешить сложнейшие теоретические и практические задачи, чтобы предложить правительству вполне обоснованные и солидные доводы в пользу направления трассы и условий её строительства.

Большое внимание уделила комиссия технической стороне вопроса. В результате работы комиссии были выработаны технические условия на прокладку трассы дороги (ширина колеи, полотна, величина уклона, радиусы закруглений, предельная длина непрерывного уклона в различных случаях, число главных путей, поперечный и продольный профиль земляного полотна); установлены типы станций, путевых построек и путевых знаков, проведены расчеты водоснабжения,

---

[14] РГИА, Ф.90, оп.1, д. 502 лл.22-55. Список членов комиссии, исчисление расходов и доходов по строительству и эксплуатации Сибирской железной дороги.

обеспечения подвижным составом, телеграфом, предусматривалось строительство железнодорожных мастерских.[15]

Следует отметить, что споры о южном и северном направлении дороги продолжались долго и велись не только в РТО. «Северяне и южане, – писал А. Суворин, - потратили столько слов в печати и в ученых обществах, что число их превосходит в несколько раз число пассажиров, которые проедут в 100 лет по Сибирской железной дороге. Многие ораторы, говорящие за то или иное направление дороги, состоят на жаловании у предпринимателей и получают выходные очень значительные.[16]

Опубликования результатов работы комиссии РТО по поводу выбора направления Транссибирской магистрали ждали с нетерпением сторонники обоих направлений: северного и южного.

31 марта 1888 г. Н.А.Сытенко после доклада «О великом Сибирском пути в связи с правительственными изысканиями» ознакомил членов РТО при согласии К.Н.Посьета, с официальными материалами, выступая за северное, так называемое правительственное направление трассы: от Златоуста через Челябинск, Курган, Ишим или Петропавловск, Омск, Канск, Колывань, Томск, Ачинск, Красноярск, Нижнеудинск, Иркутск, Сретенск, Владивосток до Графской или порта Буссе. [17]

Развернулась дискуссия относительно направления трассы Транссибирской магистрали. 18 членов комиссии высказались за северное (правительственное) направление (М.В. Аничков, Н.А. Белелюбский, М.И. Герсеванов, Н.А. Иосса, И.В. Мушкетов, Н.А.Сытенко, А.А. Тилло и др.), 2 члена за южное (Н.В. Копытов и А.К. Сиденснер), 5 членов за среднее направление (В.О. Генценштейн, А.Н. Горчаков, П.А. Меньшиков, А.С. Петлин, И.И. Рихтер).[18]

Оценив все предложения, комиссия РТО приняла решение направить Сибирскую железную дорогу в северном направлении через Челябинск, Курган, Омск, Красноярск, Нижнеудинск, Иркутск, Владивосток, Графскую.[19]

---

[15] Труды комиссии ИРТО по вопросу о железной дороги через всю Сибирь. – Спб.. 1889, № 41, – С.6..

[16] Очерки и картинки. Собрание рассказов, фельетонов и заметок Незнакомца (А. Суворина). – СПб.,1875, кн.1, – С. 128.

[17] Сибирь и Велика Сибирская железная дорога, – СПб., 1893, – С.277—303.

[18] Труды комиссии ИРТО по вопросу о железной дороги через всю Сибирь. Спб.. 1889, № 41, С.7.

[19] Сибирь и Велика Сибирская железная дорога, – СПб., 1893, – С.277—303.

Великая Сибирская железная дорога, - крупнейшая в мире железная дорога, соединившая европейскую Россию с Дальним Востоком, строилась в 1891-1916 гг. Протяженность дороги от Челябинска до Владивостока составила 8,3 тыс. км. Сооружение Транссибирской магистрали велось одновременно с Западным и Восточным участками: Уссурийская железная дорога (1891-1897 гг.), Западно-Сибирская железная дорога (1892-1896 гг.), Забайкальская железная дорога, (1895-1900 гг.). Китайско-Восточная железная дорога (1897-1901 гг.), Кругобайкальская железная дорога (1899-1905 гг.). Амурская железная дорога (1908-1916 гг.). Сооружение Транссибирской магистрали велось под руководством инженеров О.П. Вяземского, Н.П. Меженинова, Н.А. Белелюбского, В.А. Заболоцкого, А.В. Ливеровского, К.Я. Михайловского и др. По темпам, объемам работ, по природным условиям, в которых велось строительство, Транссибирская магистраль не имела аналогов в мире.

Стоимость строительства с 1891 по 1913 гг. составила 1455413000 рублей (в ценах 1913 г.) Сооружение Транссибирской магистрали соединило европейскую часть России с Дальним Востоком, способствовало экономическому освоению края, укреплению позиций России на Дальнем Востоке

Кашицина В.В.

к.м.н. Федеральное Казенное Учреждение «Главное бюро медико-социальной экспертизы по Республике Мордовия» министерства труда и социальной защиты населения Российской Федерации
_vkashitsina@yandex.ru

ОЦЕНКА СОСТОЯНИЯ ИНВАЛИДНОСТИ ВСЛЕДСТВИЕ САХАРНОГО ДИАБЕТА У ВЗРОСЛОГО НАСЕЛЕНИЯ РЕСПУБЛИКИ МОРДОВИЯ ЗА ПЕРИОД С 2009 ПО 2013 ГОДЫ

Распространенность сахарного диабета как в мире, так и в России носит характер эпидемии. В рамках 5-летнего проекта и последующих исследований получены данные, которые свидетельствуют о росте распространенности заболевания в России.[1,15] Несмотря на поддержку государства в виде целевых программ по профилактике диабета, у большинства больных развиваются осложнения, которые ограничивают возможности человека в различных сферах жизнедеятельности. Поэтому инвалидность вследствие сахарного диабета является одной из актуальных проблем.

В период с 2009 по 2013 годы в Республике Мордовия количество впервые признанных инвалидов (ВПИ), вследствие сахарного диабета составило – 432 человека, в среднем по 86 человек в год. Среди болезней эндокринной системы, расстройства питания и нарушения обмена веществ, которые явились причиной инвалидности, на сахарный диабет отведено 88,0%. В структуре первичной инвалидности в республике по нозологии удельный вес инвалидов вследствие сахарного диабета равен в среднем за пять лет – 1,8%, что соответствует восьмому ранговому месту. Уровень ВПИ с данной патологией за период исследования незначительно снизился (на 16,7%) с 1,2 случая на 10 тыс. взрослого населения республики до 1,0.

Среди инвалидов вследствие сахарного диабета, которым группа инвалидности установлена впервые в сроки с 2009 по 2013 годы, на долю лиц трудоспособного возраста приходится 41,9%, (181 чел.), причем на долю ВПИ молодого возраста (от 18 до 44 включительно) –13,7% (59 чел.), среднего возраста (женщины от 45 до 54 лет включительно, мужчины от 45 до 59 лет включительно) – 28,2% (122 чел.). Уровень инвалидов трудоспособного возраста невысокий – 0,6 случаев на 10 тыс. соответствующего населения республики. Доля инвалидов пенсионного возраста – 58,1% (251 чел.), за пять лет их удельный вес уменьшился на 3,8%. Интенсивный показатель составил в 2009г. – 2,6‰, в 2010г. – 3,2‰, в 2011г. – 2,2‰, в 2012г. – 2,7‰, в 2013г. – 2,2‰, всего уровень инвалидов данной возрастной категории снизился на 15,4%.

Распределение первичных инвалидов вследствие сахарного диабета по возрасту и группам инвалидности в Республике Мордовия за период с 2009 по 2013 годы представлено в таблице 1.

Таблица 1

Распределение первичных инвалидов вследствие сахарного диабета по возрасту и группам инвалидности в Республике Мордовия за период с 2009 по 2013 годы.

год	Трудоспособный возраст						Пенсионный возраст					
	I группа		II группа		III группа		I группа		II группа		III группа	
	Абс число	Уд. вес (%)	Абс число	Уд. вес (%)	Абс число	Уд. вес (%)	Абс число	Уд. вес (%)	Абс число	Уд. вес (%)	Абс число	Уд. вес (%)
2009	0	-	6	7,3	26	31,7	4	4,9	24	29,3	22	26,8
2010	0	-	2	1,7	54	46,2	9	7,7	23	19,7	29	24,8
2011	0	-	4	5,3	29	38,2	2	2,6	12	15,8	29	38,2
2012	2	2,4	3	3,7	24	29,3	7	8,5	17	20,7	29	35,4
2013	0	-	7	9,3	24	32,0	6	8,0	17	22,7	21	28,0
всего	2	0,5	22	5,1	157	36,3	28	6,5	93	21,5	130	30,1

Согласно данным, систематизированным в таблице 1, при распределении ВПИ вследствие сахарного диабета наибольший удельный вес приходится на инвалидов третьей группы – 66,4% (287 чел.), из них распределение по возрастам относительно стабильно: трудоспособного возраста – 54,7% (157 чел.), пенсионного возраста – 45,3% (130 чел.). На долю инвалидов второй группы приходится 26,6% (115 чел.), однако, из них 80,9% (93 чел.) соответствуют пенсионному возрасту и 19,1% (22 чел.) – трудоспособному возрасту. Удельный вес инвалидов первой группы невысокий – 6,9% (30 чел.), распределение их по возрастам отклоняется в сторону лиц пенсионного возраста – 93,3%, на лиц трудоспособного возраста приходится 6,7%.

Уровень инвалидов первой группы вследствие сахарного диабета за анализируемый период с 2009 по 2013 годы варьирует в пределах 0,05-0,08‰. Интенсивный показатель для инвалидов второй и третьей групп относительно стабильный и находится на уровне 0,4‰ и 0,7‰ соответственно.

Количество повторно признанных инвалидов (ППИ) вследствие сахарного диабета в Республике Мордовия за пять лет наблюдений составило 1679 человек (3,0%), что в структуре повторной инвалидности соответствует седьмому ранговому месту. При распределении повторных инвалидов по возрасту – преобладают лица трудоспособного возраста – 70,3% (1181 чел.), на долю лиц пенсионного возраста приходится 29,7% (498 чел.). Среди инвалидов вследствие сахарного диабета, которым группу инвалидности установили при переосвидетельствовании, удельный вес инвалидов I группы составил 6,9% (116 чел.), причем 75,9% (88 чел.) из них представлены лицами старше трудоспособного возраста. Уровень инвалидов II группы равен – 18,3% (306 чел.), из которых 53,9% приходится на лиц трудоспособного возраста. Больше всего инвалидов III группы – 74,9% (1257 чел.), которые представлены в основном лицами трудоспособного возраста – 78,5% (987 чел.). Высокий процент повторных инвалидов трудоспособного возраста обусловлен наличием у больных данной возрастной категории реабилитационного потенциала, более восприимчивого к рекомендуемым реабилитационным мероприятиям, оцениваем которые лишь при очередном освидетельствовании.

Выводы: Таким образом, в структуре первичной инвалидности в республике по нозологии инвалиды вследствие сахарного диабета расположены на восьмом ранговом месте (1,8%);

среди первичных инвалидов преобладают лица пенсионного возраста – 58,1%;

среди ВПИ наибольший удельный вес приходится на инвалидов третьей группы – 66,4%;

в структуре повторной инвалидности ППИ вследствие сахарного диабета занимают седьмое ранговое место (3,0%);

среди повторных инвалидов преобладают лица трудоспособного пенсионного возраста – 70,3%;

среди ВПИ наибольший удельный вес приходится на инвалидов третьей группы – 74,9%.

Литература:

1.Сунцов Ю.И., Болотская Л.Л., Маслова О.В., Казаков И.В. эпидемиология сахарного диабета и прогноз его распространенности в Российской Федерации//Сахарный диабет 2011№1 с.15-18.

Коротова С.В., Фаткуллина И.Б.
ГБУЗ Республиканский перинатальный центр, врач акушер-гинеколог

АНТЕНАТАЛЬНАЯ ГИБЕЛЬ ПЛОДА: ПУТИ ПРОФИЛАКТИКИ НЕБЛАГОПРИЯТНОГО ИСХОДА

В современном мире отмечается высокая частота мертворождений (2,65 млн.), в том числе, связанных с антенатальной гибелью плода (1,46 млн.) (Bhutta Z. A. et al., 2011; Pattinson R. et al., 2011). Частота мертворождения варьирует в различных странах. Так, в Финляндии она составляет 2/1000, а в Пакистане – 40/1000 родов. Данное осложнение гестации влечет за собой не только репродуктивные потери, но в некоторых случаях может служить источником угрозы здоровью и жизни женщины. Именно по этому совершенствование тактики ведения беременности и родов у данной категории беременных невозможно без тщательного анализа и изучения тонких патогенетических реакций, происходящих в организме женщины и приводящих к внутриутробной гибели плода.

Имеется множество классификаций причин, в том числе, пять основных, которые, по мнению ряда авторов, должны стать «мишенью» для целенаправленного воздействия с целью снижения антенатальной гибели и мертворождения (Lawn J. L., Blencowa H., Pattinson R. et al., 2011).

Цель исследования. Провести анализ причин случаев антенатальной гибели плода, выявить факторы риска.

Методы исследования. Проведен ретроспективный анализ 65 случаев антенатальной гибели плода по обменным картам и историям родов. Основную группу составили 65 пациенток, беременность которых закончилась антенатальной гибелью плода в сроке 28 – 41 неделя. В контрольную группу вошли 30 беременных с физиологическим течением беременности. Анализ проводился по триместрам беременности.

Результаты и их обсуждение. Возраст женщин с антенатальной гибелью плода колебался от 17 до 44 лет, в среднем составил в основной группе 28,5± 1,3 лет, а группе сравнения – 29,3±1,3. В основной группе преобладали женщины славянской национальности 42 (64,6%), в отличии от первой группы во второй группе 53,3%(16) составили женщины бурятской национальности. Первобеременных в 1 группе было 19(29,2%), во второй группе 7 (23,3%). Из 65 пациенток основной группы – 41,5% (27) первородящие и 58,5% (38) повторнородящие. В контрольной группе 30%(9) первородящих и 70% (21) повторные роды. Из общего числа пациенток в 1 группе 50.8 % (33) не состояли в браке, что позволило предположить влияние хронического стресса на психоэмоциональный статус беременной. В группе сравнения 70% (21) были замужем. Среди вредных привычек в основной группе преобладало табакокурение –

12,4%(8), злоупотребление алкоголем встречалось у 4,6%(3). В группе сравнения вредных привычек не зарегистрировано. В 72,3% случаев у беременных обеих групп был отягощенный акушерский анамнез. У 43% женщин в анамнезе 1 и более артифициальных аборта, самопроизвольный выкидыш чаще регистрировался у пациенток основной группы 21,5% (14), в контрольной группе у 10% (3). Оперативные вмешательства на матке после кесарева сечения были у 6(9,2%) женщин в основной группе, у 6 (20%) в контрольной группе. Воспалительные заболевания органов малого таза перенести 9,2% (6) женщин основной группы, в контрольной группе указания на перенесенные ВЗОМТ не было. Гинекологические операции в анамнезе (энуклеация миоматозных узлов, внематочная беременность, малое кесарево сечение) были отмечены у 12,3%(8) беременных 1 группы и у 16,7%(5) – 2 группы. Экстрагенитальные заболевания встречались у 1 группы в 58,8% случаев, у 2 группы – 46,7%. Гестационный период протекал с обострением заболеваний сердечно -сосудистой системы в 9,2%(6) у женщин беременность, которых закончилась антенатальной гибелью плода. В группе сравнения сердечно - сосудистое заболевание было у 1(3,3%) женщины. Заболевания мочевыделительной системы чаще встречались в контрольной группе у 20% женщин, в основной группе у 9,2%. У 13,9% в 1 группе протекала на фоне ожирения, во 2 группе у 3,3%. Другие экстрагенитальные заболевания (эндокринные, респираторные, пищеварительной системы) значимых отличий между группами не имели.

Выводы. На основании проведенного исследования нами выделены факторы риска и определены основные механизмы антенатальной гибели плода. На наш взгляд, все факторы риска в изучаемой проблеме, можно разделить на модифицируемые (например, масса тела женщины; курение и алкоголь; инфекции, передаваемые половым путем; лечение соматической патологии до наступления беременности и др.) и немодифицируемые (наследственные болезни, ВПР, многоплодная беременность и др.). Полученные данные свидетельствуют о том, что к группе высокого риска по вероятности возникновения антенатальной гибели плода относятся женщины, русской национальности в возрасте 28,5 ±1,3, с наличием вредных привычек, низким социальным статусом, чаще не состоящие в браке, с отягощенным акушерско-гинекологическим анамнезом и наличием хронических очагов инфекции. Нами предложены практические рекомендации, направленные на профилактику антенатальной гибели плода. Основные это профилактика инфекций, обследование и санация женщины, рациональное наблюдение за развитием и состоянием плода.

Литература:

1. Баринова И. В., Гурьева В. М., Петрухин В А. и др. Клннико-морфологическая характеристика плаценты при артериаль¬ной гипертензии // Материалы 9-го Российского форума «Мать и дитя». – М., 2009.- Т. 2.- С. 34 – 36

2. Гусак Ю. К. Антенатальная гибель плода. Анализ и перспективы / Ю. К. Гусак, В. Г. Чикин, А. В. Новикова // Актуальные вопросы акушерства и гинекологии. – М., 2001-2002. – Т.1. – Вып. 1. – С. 23-29.

3. Стрижаков А.Н. Внутриутробная задержка развития плода (СЗРП) //Материалы V Рос. Форума «Мать и дитя»:Тезисы докл. – М., 2003. – С. 179-180.

4. Туманова В. А., Баринова И. В., Барыкина О. П., Аксенова А. А. Диагностическое значение гистологического исследования плаценты при антенатальной гибели плода // Матер. 8-го Рос. форума «Мать и дитя».- М. , 2006 .- С. 270.

5. Barros F. C. Global report on preterm birth and stillbirth (3 of 7): evidence for effectiveness of interventions / F.C. Barros, Z.A. Bhutta, M. Batra et al. // BMC Pregnancy Childbirth. – 2010. – Vol. 10, Supp.1. – P. 3.

6. Cheng W. W., Lin S. Q. Analysis of risk factors for uteroplacental apoplexy complicating placental abruption // Zhonghua Fu Chan Ke Za Zhi.- 2008.- Vol. 43.- N 8.- P. 593 - 596.

7. Chu S. Y., Kim S. Yr Lau J. Maternal obesity and risk of stillbirth: a met analysis // Am J Obstet Gynec.- 2007.- Vol. 197.- N 3 .- P. 223—228.

8. McClure E.M., Saleem S., Pasha O., Goldenberg R. L. Stillbirth in developing countries: a review of causes, risk factors and preven¬tion strategies // J Matern Fetal Neonatal Med.- 2008.- Vol. 16.- N 1.- P. 8 – 12

9. Fretts R.C. Etiology and prevention of stillbirth // Am J Obstet Gy¬nec.- 2

10. Zetterstrom K., Lindeberg S. N., Haglund B.f Hanson U. The asso¬ciation of maternal chronic hypertension with perinatal death in male and female offspring: a record linkage study of 866,188 wom¬en // BJOG.- 2008.- Vol. 115.- N 11 . – P.1436-1442.

Кокоев Л.А.
аспирант кафедра фармакологии с клинической фармакологией СОГМА
Дряева Э.Г.
старший лаборант кафедры фармакологии с клинической
фармакологией СОГМА
Цопанов У.О.
студент 4-го курса СОГМА
kokoevlev15@mail.ru

ИЗУЧЕНИЕ АНТИКАНЦЕРОГЕННОЙ АКТИВНОСТИ ПОЛИСАХАРИДОВ АИРА БОЛОТНОГО НА МОДЕЛИ КАНЦЕРОГЕНЕЗА ПЕЧЕНИ И ПИЩЕВОДА, ИНДУЦИРОВАННОГО У КРЫС ДИЭТИЛНИТРОЗАМИНОМ (ДЭНА)

Химиопрофилактика - одно из перспективных направлений в профилактики злокачественных новообразований [5, 49], целью которого является выявление и внедрение в клиническую практику биологически активных соединений обладающих антиканцерогенным действием, способных подавлять канцерогенез на разных стадиях его развития. Одними из таких соединений являются полисахариды аира болотного[1, 215]. В ряде экспериментальных исследованиях выявлена способность водорастворимых полисахаридов корневища аира болотного ингибировать развитие злокачественных новообразований [3, 23].

Целью настоящего исследования явилось изучение химиопрофилактической активности полисахаридов аира болотного на модели канцерогенеза печени и пищевода, индуцированного у крыс N-диэтилнитрозамином (ДЭНА).

Материалы и методы исследования. Исследование проведено на крысах самцах линии Вистар с исходной массой 170-200 г. опухоли печени и пищевода индуцировали введением с питьевой водой ДЭНА в дозе 100 мг/л. Животные были разделены на 2 группы. Крысы контрольной группы получали только канцероген, а крысы опытной группы, наряду с канцерогеном, получали с кормом полисахариды аира болотного. Для определения возможных механизмов антиканцерогенной активности полисахаридов аира болотного исследовали состояние системы перекисное окисление липидов - антиоксидантная защита (ПОЛ-АОЗ) в динамике канцерогенеза. Интенсивность перекисного окисления липидов оценивали по концентрации малонового диальдигида (МДА) [2, 463] в эритроцитах и по концентрации гидроперекисей в сыворотке крови. Состояние антиоксидантной системы оценивали по активности каталазы и супероксиддисмутазы (СОД) глутатионпероксидазы [4, 69]

Результаты исследования. В ходе эксперимента были получены данные о повышении содержания малонового диальдигида и гидроперекисей в крови животных контрольной группы в динамике канцерогенеза, что свидетельствует об усилении процессов ПОЛ. При этом отмечено начальное напряжение в функционировании ферментативного звена антиоксидантной системы, с последующим снижением активности каталазы и СОД. Выявлено, что момент появления новообразования происходит на фоне стойкого подавления ферментов антиоксидантной защиты. В группе животных, получавших наряду с канцерогеном полисахариды аира болотного, подобных изменений в системе ПОЛ, не отмечено. Выявлена прямая корреляция между положительной динамикой системы ПОЛ - АОЗ при применении полисахаридов аира болотного и антиканцерогенной активностью препарата, которая проявлялась в снижении частоты возникновения неопластических изменений и более поздней малигнизации в тканях печени и пищевода.

Результаты проведенного исследования свидетельствуют о наличии у полисахаридов аира болотного антиканцерогенной и антиоксидантной активности, что позволяет сделать вывод о необходимости его дальнейшего изучения и внедрение в качестве средства химиопрофилактики злокачественных новообразований.

Литература

1. Н. Н. Бакал. Исследование параметров выделения полисахаридного комплекса из аира болотного.// Материалы всероссийской 71 итоговой студенческой научной конференции им. Н.И. Пирогова. – Томск: 2012,- с. 215.

2. Камышников В.А. Клинико – биохимическая лабораторная диагностика: Справочник. В 2 т. Т. 2.- Минск: Беларусь. 2003.- 463 с.

3. Лопатина К.А., Гурьев А.М. Влияние водорастворимых полисахаридных комплексов растительного происхождения на эффективность цитостатической терапии перевиваемых опухолей // Актуальные проблемы экспериментальной и клинической фармакологии: Материалы конференции. Томск, 2005. С. 23-25.

4. Мальцев Г.Ю. Методы определения содержания глутатиона и активности глутатионпероксидаза в эритроцитах / Г.Ю. Мальцев, Н.В. Тышко // Гигиена и санитария.- 2002.- №2.- с. 69-72.

5. Разина Т.Г. Фитопрепараты и биологически активные вещества лекарственных растений в комплексной терапии злокачественных новообразований (экспериментальное исследование): автореф. дис. на соиск. учен. степ. д-ра биол. наук: спец. 14.00.25 / Разина Татьяна Георгиевна; НИИ фармакологии Томского научного центра СО РАМН. - Томск: 2006.

Макарова К.А.

аспирантка, Московский педагогический государственный университет (МПГУ)

kseniyamakarov@yandex.ru

ВЛИЯНИЕ ЭКОЛОГИЧЕСКОГО ТУРИЗМА В НАЦИОНАЛЬНЫХ ПАРКАХ РОССИИ НА СОСТОЯНИЕ ОКРУЖАЮЩЕЙ СРЕДЫ

Немногим более 30 лет назад на территории современной России началась формироваться *сеть национальных парков (НП).* В настоящее время она представлена 46 особо охраняемыми природными территориями (ООПТ). Последние из них созданы в 2013 г.: Берингия, Онежское Поморье и Шантарские острова. Они относятся к федеральным учреждениям, которые финансируются из федерального бюджета. Суммарно российские НП занимают 12,08 млн га или 0,7% территории страны. Один из наиболее рациональных видов природопользования в НП – это *экологический туризм.* Согласно Концепции развития ООПТ до 2020 г. [2] вовлечение НП в данный вид туристско-рекреационной деятельности одна из основных задач, стоящих перед федеральными, региональными и местными властями, а также администрациями НП.

В наши дни любая экономическая деятельность обязана осуществляться в согласии с условиями *неистощительного природопользования*. В этой связи сфера туризма, в особенности экотуризма, уникальна, т.к., с одной стороны, она находится в колоссальной зависимости от благоприятного состояния каждого из компонентов природно-территориальных комплексов различного ранга и окружающей среды в целом, с другой, развитие туристско-рекреационной деятельности в туристской дестинации способно принести как положительный, так и негативный эффект экологическому состоянию освояемой территории.

В России за экологическую и экономическую безопасность страны отвечает Федеральная служба по надзору в сфере природопользования (Росприроднадзор) [6]. Она осуществляет надзорные и контролирующие функции по соблюдению российского законодательства и международных принципов ведения хозяйственной деятельности, которые прописаны в Рио-де-Жанейрской по окружающей среде и развитию, Квебекской по экологическому туризму и Йоханнесбургской декларациях по устойчивому развитии. Помимо этого, Росприроднадзор следит за организацией и функционированием ООПТ.

Развитие экотуризма в НП – на территориях с федеральным охранным статусом – возлагает на её организаторов повышенную ответственность. Грамотно выверенная организация экотуризма в НП способствует *многоаспектной охране природы.* Во-первых, получаемые финансовые средства за счёт аренды, платы за вход, оказания услуг, продажи сопутствующих товаров и благотворительных взносов могут быть направлены на целевые проекты по защите и сохранению природных комплексов НП. Во-вторых, те же средства позволяют усилить экопросветительскую работу с различными категориями населения, тем самым привлекая внимание к местным и региональным проблемам и воспитывая экологически ответственное поведение граждан.

Бурное неконтролируемое развитие туристской деятельности, далёкой от «заповедей» экологического туризма, на территории НП способно привести к отрицательным последствиям. Во-первых, прямое негативное влияние возникает из-за *антиэкологичных действий самих туристов* и *превышения или недооценки предельно допустимой рекреационной нагрузки* на каждый конкретный участок НП. Особо остро стоит проблема антропогенного загрязнения среды твёрдыми бытовыми отходами, а также химическое и шумовое загрязнение. В результате страдают такие компоненты природной среды как почвы, вода, растительный и животный мир, которые находятся в тесной взаимосвязи друг с другом. С такими трудностями столкнулись многие наиболее посещаемые российские НП, например, Башкирский, Прибайкальский, Приэльбрусье, Самарская Лука и Сочинский [3]. Решение проблемы лежит в области повышения сознательности граждан путём экопросвещения, проведения разнообразных экологических акций, а также сбором и переработкой отходов. Во-вторых, косвенное негативное воздействие оказывает *чрезмерное размещение туристской инфраструктуры* непосредственно на территории самих охраняемых природных территориях, без применения экологически ориентированных технологий. Здесь важно, по возможности, отдать приоритет размещению туристской инфраструктуры в приграничной с НП зоне, параллельно способствуя развитию сельскому туризму и устойчивому жизнеобеспечению местного населения.

Неоднозначные суждения научных экспертов, природоохранных активистов и сотрудников ООПТ вызвали поправки в федеральный закон «Об ООПТ» в декабре 2013 г. [1]. Опасения за сохранность природных комплексов вызваны пунктами, позволяющими государственным заповедникам при получении положительного решения государственной экологической экспертизы понижать свой статус до НП. Эту норму ланируется применять для учреждений уже пользующихся популярностью у туристов и имеющих, соответственно, значительную рекреационную нагрузку на охранные ландшафты. Понижение статуса ряда заповедников может облегчить их посещение туристами и активизировать развитие экологического туризма, но может и привести к деградации неповторимых природных комплексов. Крупнейший российский учёный эколог и экономист, первый министр охраны окружающей среды и природных ресурсов РФ В.И. Данилов-Данильян назвал этот шаг «экологическим преступлением» [5] и высказал обеспокоенность коммерциализацией охранной деятельности. В начале февраля 2014 г. призывы общественности были услышаны: президент поручил Правительству до 1 июля этого года разработать закрытый перечень заповедников для их возможного перевода в статус НП. Пока Министерство называет лишь четыре наиболее вероятных кандидата на попадание в этот список: Тебердинский, Командорский, Гыданский и заповедник Столбы.

Один из теоретиков туризма Й. Криппендор, отмечал стремление туризма привлекать всё больше новых «нетронутых цивилизацией» территорий, называю эту индустрию «пожирателем ландшафта» [4, 225]. Это крайне опасно, особенно при организации туристско-рекреационной деятельности в НП. Избежать этого поможет *грамотная система управления НП* с использованием *экологического менеджмента* и *геоинформационного экологического мониторинга* территориальных туристско-рекреационных систем НП. Целесообразно отдать приоритет развитию именно экологическому туризму с устойчивыми видами рекреационных занятий, необходимо разработать и неукоснительно соблюдать предельно допустимые рекреационные нагрузки для каждой функциональной зоны НП, а также рационально осваивать «туристские» функциональные зоны НП: рекреационную, познавательного туризма, хозяйственного назначения и обслуживания посетителей.

Литература (источники)

1. Федеральный закон РФ от 14 марта 1995 г. (ред. от 28.12.2013) № 33-ФЗ «Об особо охраняемых природных территориях».

2. Концепция развития системы особо охраняемых природных территорий федерального значения на период до 2020 г. / утверждена распоряжением Правительства РФ от 22 декабря 2011 г. № 2322-р.

3. Богданов Е. В. Антиприродное наследие человечества // Заповедное братство. – Смоленск: ООО «Принт-Экспресс». – 2010. – №2 (15). – С. 1, 8-9.

4. Воскресенский В.Ю. Международный туризм. – М.: ЮНИТИ-Дана, 2006. – С. 225.

5. Берсенева А. Куда начальству хочется в баню? В заповедник // Газета.Ru. –2014. – 23 января. [Электронный ресурс]. URL: http://www.gazeta.ru/social/2014/01/22/5860497.shtml (дата обращения 22.02.14).

6. Федеральная служба по надзору в сфере природопользования / официальный сайт [Электронный ресурс]. URL: http://rpn.gov.ru/ (дата обращения 22.02.2014).

Кот М.А.
аспирант Санкт-Петербургского государственного университета

ПРОЕКТ ТЕХНОЛОГИИ СОЗДАНИЯ СПЕЦИАЛИЗИРОВАННОГО ТОПОГРАФИЧЕСКОГО ПЛАНА ЖЕЛЕЗНОДОРОЖНОГО НАЗНАЧЕНИЯ

Потребности народного хозяйства в топографо-геодезических материалах на протяжении многих лет удовлетворялись как учреждениями государственной геодезической службы, так и многими организациями различных министерств и ведомств. Разносторонность возросших требований к содержанию карт, темпам и качеству топографического обеспечения народного хозяйства привели к выводу о необходимости разделения топографических карт и планов на основные и специализированные.

Основные крупномасштабные планы составляются в полном соответствии с инструкцией по топографическим съемкам в крупных масштабах, с изображением всех контуров и объектов местности, в соответствии с действующими Условными знаками. Специализированные топографические планы создаются с целью решения различных инженерных задач в разных отраслях народного хозяйства.

При составлении специализированных планов может быть изображена не вся ситуация местности, а только необходимая, применены нестандартные сечения рельефа, может быть предъявлена более высокая или несколько заниженная точность изображения контуров и рельефа местности, и др. [1].

Содержание карт, создаваемых для железнодорожной отрасли, определяется в основном требованиями заказчика и существующими нормативными документами. Специализированные топографические планы необходимы в первую очередь при переходе изыскательских работ и изучения местности к стадиям строительства, проектирования и эксплуатации железных дорог, отсюда и масштабы их, как правило, 1:2 000 и крупнее.

Предложенный тип специализированного плана требует разработки соответствующей технологии, содержащий, в том числе и единую систему условных знаков для объектов железнодорожного хозяйства. Проект технологии создания специализированного топографического плана железнодорожного назначения включает в себя следующие этапы: подготовительные работы, производство топографо-геодезических работ, обработка полученных данных, создание топографических планов, получение оригиналов основного и специализированного планов.

На этапе подготовительных работ составляется программа изысканий, производится сбор, анализ и обобщение имеющихся архивных и иных картографических, топографо-геодезических, данных аэрофото- и спутниковой съемки и других материалов, находящихся на ответственном хранении в государственных и ведомственных фондах. Совместно с заказчиком подготавливается техническое задание на производство топографо-геодезических работ, оговариваются дополнительные требования к содержанию плана и отчетной продукции.

На втором этапе при производстве топографо-геодезических работ основной упор делается на тщательное обследование положения и состояния существующего пути, искусственных сооружений и прочих железнодорожных объектов. Полевые работы на изысканиях при содержании железных дорог и проектировании дополнительных путей включают разбивку пикетажа, нивелирование, съемку поперечных профилей, плана линий и путевого развития раздельных пунктов и др. [3].

Картографирование территории не мыслится без использования современных дистанционных, цифровых методов, систем спутникового позиционирования, технологий, обеспечивающих оперативное получение, хранение, обработку информации. На этом этапе необходимо сделать анализ геодезических методов съемки железных дорог, рассмотреть современные системы определения пространственного положения железнодорожного пути с использованием ГНСС. Например, В.М. Жидов, 2010 г., в своих исследованиях рассмотрел вопросы создания и исследования системы геодезического контроля пространственного положения железнодорожных путей с использованием спутниковых технологий, инерциальной аппаратуры и одометра [2]. В работе была доказана нецелесообразность использования спутниковых систем в отдельности от инерциальных для определения пространственного положения и геометрических характеристик железнодорожного пути ввиду недостаточной точности.

На третьем этапе происходит обработка полученных полевых материалов, начатая в экспедиционных условиях. Выполняется расчет плана существующего пути и его проектного положения, составляются поперечные профили, трассируются участки обходов и др. Часть материалов изысканий передаётся в специализированные отделы.

Четвёртый этап состоит из создания основного и специализированного топографических планов. Основной план изготавливается как первичный с использованием действующих условных знаков, утвержденных ГУГК в 1986 г. [5]. Специализированный план железнодорожного назначения вычерчивается с использованием дополнительных условных знаков (рис. 1). Предлагаемый тип плана отличается от других работ в этом направлении. Картографирование ведётся с учетом определённых особенностей, железнодорожная система на изысканиях рассматривается как целостная территориальная единица, состоящая из элементов хозяйственного комплекса.

В настоящее время в проектных организациях прослеживается тенденция к отображению элементов железнодорожной системы с помощью дополнительных условных знаков взятых из разных источников, встречаются знаки, изготовленные неизвестными авторами. Возникает

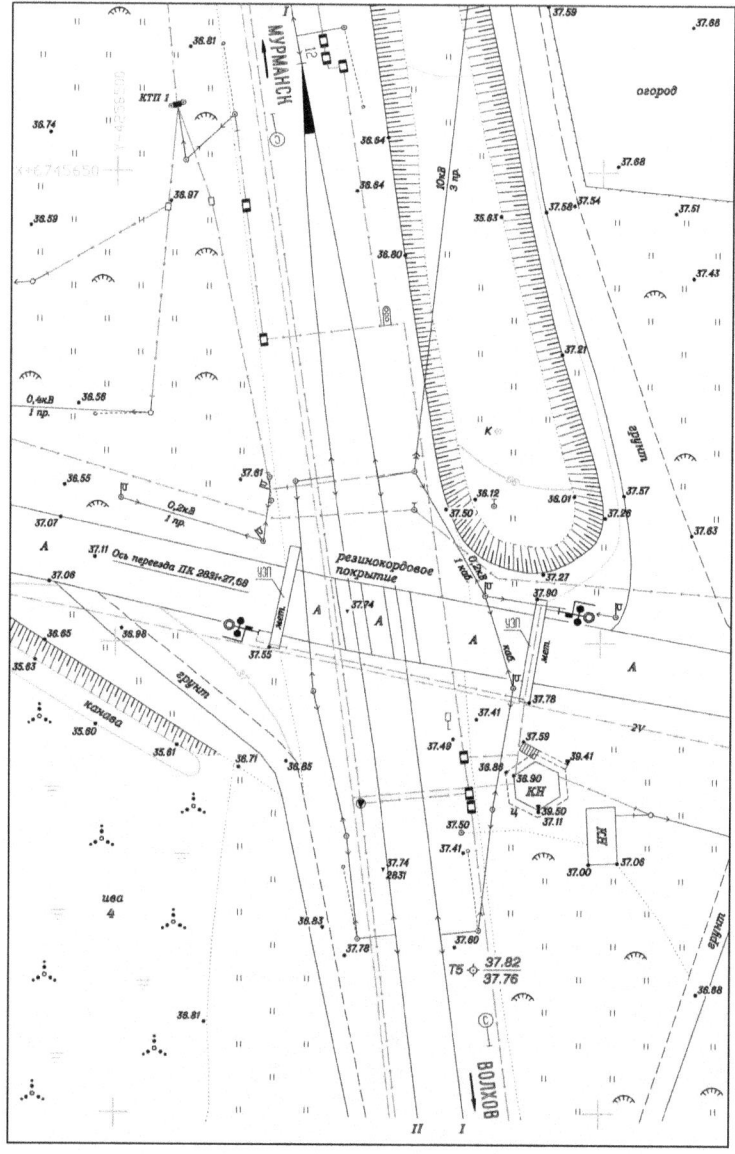

Рис. 1. Фрагмент специализированного топографического плана железнодорожного переезда в масштабе 1:500; воспроизведён с уменьшением.

У С Л О В Н Ы Е З Н А К И (дополнительные)

Шлагбаум автоматический со светофором переездной сигнализации с дополнительной светофорной головкой бело-лунного или зеленого цвета

УЗП   Устройство закрытия переезда

Релейный шкаф

Распределительная муфта кабеля СЦБ

Светофор карликовый, одиночный

Предупредительный сигнальный знак - свисток

37.74
2831   Отметка головки левого рельса по направлению Волховстрой-Мурманск
Пикетажное значение по оси I пути

I, II   Номер пути

12   Одиночный, несимметричный стрелочный перевод с показанием центра и номера

МУРМАНСК   Направление пути на конечные или ближайшие станции участка

Ось переезда ПК 2831+27,68   Пикетажное значение по оси переезда

СХЕМА РАСКЛАДКИ РЕЗИНОКОРДОВЫХ ПЛИТ

рельс   6 шт.
        II   12 шт.
рельс   6 шт.

        А

рельс   6 шт.
        I   12 шт.
рельс   6 шт.

1.36 м.

0.20 м. бет.
3.00 м.   0.57 м.
            1.09 м.

ПРИМЕЧАНИЯ

1. План составлен по материалам изысканий, выполненных институтом "Ленгипротранспуть" в ноябре-декабре 2011 года.

2. Система высот Балтийская. За исходную принята отм. 34.856 Марки б/н, расположенной на кардонном камне мурманского устоя моста через р. Свирь.

3. Система координат 1963 г. За исходные приняты пункты триангуляции "Плесса", "Самострой", "Лепручей".

4. Пикетаж разбит по оси I пути и увязан с пикетажем продольного профиля выполненного институтом «Желдорпроект» в 1986 году. За начало разбивки пикетажа принято пикетажное значение оси моста через р. Свирь на ПК2839+72,25.

5. Подземные коммуникации нанесены по данным эксплуатирующих организаций.

Рис. 2. Легенда специализированного топографического плана.

необходимость разработки единой таблицы условных знаков, проверки соответствия новых знаков определенным требованиям, зависящих от характера картографируемых явлений, взаимного сочетания знаков. Решение задачи именно в этом аспекте позволит обеспечить системную организацию информации по отображению железнодорожных элементов.

В легенде специализированного плана показываем дополнительные используемые условные обозначения путевого хозяйства, которых нет в действующих Условных знаках, описание (справку) - схема раскладки резинокордового покрытия и общая информация по объекту (Рис. 2).

При компьютерном составлении специализированного плана для реализации его содержания основываемся на разработанной классификации железнодорожных объектов, предложенной в сборнике условных знаков министерства транспортного строительства в 1973 г. [4]. В набор существующих логических слоёв добавляем дополнительные слои: пути и парки, стрелочные переводы, путевые обустройства, сигналы и путевые знаки, устройства локомотивного хозяйства, искусственные сооружения, сооружения связи и СЦБ.

На последнем, пятом этапе происходит получение оригиналов основного и специализированного топографических планов. Печать планов, запись на электронный носитель, подготовка отчетов для сдачи материалов в комитет по архитектуре и градостроительству, заказчику.

Топографические планы могут обеспечить достоверность и большую информативность при отображении железных дорог и сооружений при них, полноту передачи отраслевой специфики, если их содержание специализировать в этом направлении и разработать единую технологию создания специализированных планов одновременно с основными планами универсального назначения.

Литература

1. Верещака Т.В. Топографические карты: научные основы содержания.- М.: МАИК «Наука/Интерпериодика», 2002. - 19 с.

2. Жидов В.М. Разработка и исследование системы геодезического контроля пространственного положения железнодорожных путей: Автореф. Дис. канд. техн. наук. М., 2010. - 42 с.

3. Кантор И.И. Изыскания и проектирование железных дорог. М.: ИКЦ «Академкнига», 2003. - 288 с.

4. Условные знаки для топографических планов масштабов 1:1000 и 1:2000, продольных профилей и инженерно-геологических карт железных дорог - М.: Главтранспроект, 1975. - 80 с.

5. Условные знаки для топографических планов масштабов 1:5 000, 1:2 000, 1:1 000, 1:500. - М.: ФГУП «Картгеоцентр», 2004. - 286 с.

Верхотуров А.А., Мелкий В.А., Белянина Я.П., Еременко И.В.
Сахалинский государственный университет
vamelkiy@mail.ru, ussr-91@mail.ru

ИССЛЕДОВАНИЯ ОПТИЧЕСКОЙ ПЛОТНОСТИ ИЗОБРАЖЕНИЙ МЕСТНОСТИ, ПОКРЫТОЙ ЛЕСНОЙ РАСТИТЕЛЬНОСТЬЮ НА САХАЛИНЕ ДЛЯ СОСТАВЛЕНИЯ КЛАССИФИКАТОРА

Космические изображения лесопокрытой территории Сахалина после трансформации с целью географической привязки к картографической основе в среде ArcGIS 9.2 мы обрабатывали с помощью программного пакета ERDAS. Контролируемая классификация спектральных характеристик всех пикселов изображений лесопокрытой территории на о. Сахалине выполнялась в трех зонах электромагнитного спектра: «зеленой», «красной» и «ближней инфракрасной». Для этого на изображении выделялись пикселы в пределах эталонных тестовых участков, на которых ранее выполнялись также наземные исследования. В результате для каждой территории были определены тестовые участки, обладающие совокупностью спектральных признаков, входящих в один класс пикселов на цифровом снимке (рис. 1). После этого все изображение было разделено на спектральные классы (кластеры), которые априори соответствовали определенной растительной формации с вполне определенной степенью нарушенности растительного покрова.

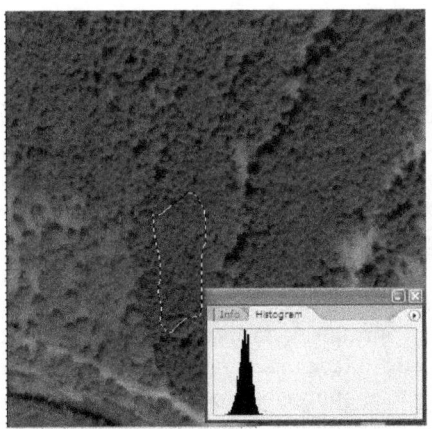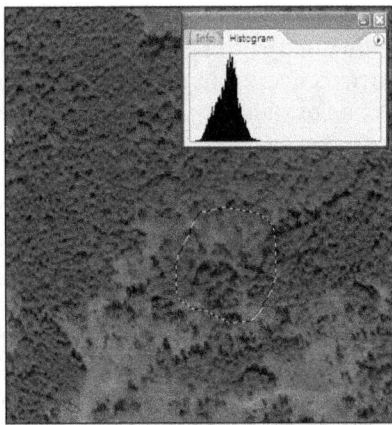

Рис. 1. Примеры выделения тестовых участков темнохвойных лесов
в процессе дешифрирования космического изображения территории Сахалина:
а – елово-пихтовый зеленомошный; б – елово-пихтовый мелкотравный.

Анализ схем распределения оптической плотности, полученных в результате автоматизированной классификации, показал, что снимки, выполненные в красной зоне наиболее информативны для исследований растительности, чем в зеленой и ближней инфракрасной зонах. Изображение на отпечатках в зеленой зоне монотонное, обладает слабым контрастом, мало различается по оптической плотности.

В результате исследования кластеризованного изображения территории Сахалина, снятого в красной зоне спектра, была составлена таблица, в которой показано, какую оптическую плотность имеют изображения местности, покрытые растительностью различных формаций (табл. 1). Таким образом, получен классификатор для оперативного анализа данных дистанционного зондирования, ориентированный на анализ состояния растительного покрова в заказнике. Существует множество классификаторов. Наиболее известными являются LULC (*Land Use/ Land Cover Classification System*) Геологической службы США, *Michigan Land Use Classification* [1,123]. По ряду причин, ни один из существующих классификаторов не пригоден для анализа геоэкологического состояния растительного покрова на территории Сахалина: классификаторы, предназначенные для выделения растительных формаций Калифорнии или средней полосы европейской части России, не подходят для выявления формаций на Сахалине, где видовой состав растительности иной. Созданный нами классификатор уникален.

В результате исследования оптических характеристик изображений участков местности, занятых лесной растительностью, получен классификатор фитоценозов по оптической плотности для пихтово-еловых и каменноберезовых лесов Сахалина (см. табл. 1.).

Несмотря на то, что при изменении условий освещенности снимаемого участка и запыленности листовых пластин растений оптические характеристики будут отличаться от полученных в данном исследовании, можно констатировать существование вполне определенных отношений спектральной яркости различных растительных формаций, которая обусловлена при однородном составе древостоя неодинаковой сомкнутостью крон и, в следствие, другим набором растительности в нижних ярусах леса.

Значения спектральных признаков, характерных для эталонных участков можно использовать в качестве обучающих выборок для настройки программ распознавания, которые помогают отыскать все объекты относящиеся к одному классу пикселов в пределах цифрового снимка и выявить таким образом реальные природные объекты.

Таблица 1. Классификация фитоценозов на территории Сахалина по оптической плотности в красной зоне электромагнитного спектра (разработка авторов)

№ п\п	Фитоценоз	Оптическая плотность		
		Среднее значение	Медиана	Отклонение
Темнохвойные леса				
1	Елово-пихтовый зеленомошный	31,83	32	0,75
2	Пихтово-еловый папоротниково-зеленомошный	34,89	35	2,32
3	Еловый папоротниковый	33,83	33	1,91
4	Пихтово-еловый мелкоосочковый	35,23	33	3,92
5	Елово-пихтовый разнотравно-черничный	36,41	34	4,08
6	Елово-каменноберезово-пихтовый разнотравно-бамбучниковый	37,33	35	7,14
7	Елово-пихтовый разнотравно-крупнопапоротниковый	37,88	34	6,75
8	Елово-пихтовый мелкотравный	35,2	34	2,82
9	Пихтовый мелкотравно-зеленомошный	33,85	33	2,85
Каменноберезовые леса				
1	Каменноберезняк вейниково-рододендроновый	41,33	42	3,24
2	Каменноберезняк чернично-разнотравный	42,03	42	3,89
3	Каменноберезняк кустарниково-вейниковый	39,73	39	2,86
4	Каменноберезняк вейниково-бамбучниковый	40,88	42	3,29
5	Каменноберезняк бамбучниково-кедровостланиковый	39,42	40	2,09
6	Каменноберезняк мелкотравно-вейниковый	42,52	42	4,42

ЛИТЕРАТУРА

1. Чандра А. М., Гош С. К. Дистанционное зондирование и географические информационные системы. М.: Техносфера, 2008. – 312 с., 16 с. цв. вклейки.

Мелкий В.А., Верхотуров А.А.
Сахалинский государственный университет
vamelkiy@mail.ru, ussr-91@mail.ru

ФОРМИРОВАНИЕ КАРТОГРАФИЧЕСКОЙ ОСНОВЫ ДЛЯ КОМПЛЕКСНОГО АТЛАСА САХАЛИНСКОЙ ОБЛАСТИ

Комплексный атлас это всегда набор тематических карт, а в основе любой карты лежит картографическая математическая основа. В данной статье рассмотрены элементы математической основы, которые необходимо использовать при построении комплексного атласа Сахалинской области в современной геоинформационной среде. Среди профессиональных ГИС-пакетов в России широкое распространение получил программный продукт ArcGIS фирмы ESRI, который позволяет выбрать математическую основу для карт атласа.

Первым элементом картографической основы, которую следует выбрать является референц-эллипсоид. В разное время в разных странах принимались и законодательно утверждались для использования различные эллипсоиды – геометрические тела по форме наиболее приближенные к реальной фигуре Земли (геоиду). В настоящее время используются различные референц-эллипсоиды, параметры которых отличаются. Так в Германии используется – эллипсоид Бесселя, в Великобритании – Кларка, в США – Хейфорда, в России с 1946 г. – Красовского [1,12].

Постановлением Правительства Российской Федерации от 28 декабря 2012 г. № 1463 рекомендованы для использования новые параметры референц-эллипсоида – геодезической системы координат (ГСК-2011) (табл. 1) [2,1].

Таблица 1 – Параметры референц-элипсоидов Красовского и ГСК-2011

Референц-эллипсоид	Большая полуось	Коэффициент сжатия
Красовского	6378245 м	1:298,3
ГСК-2011	6378136,5 м	1:298,2564151

Исходя из выше сказанного, при формировании топографической основы атласа приняты параметры эллипсоида ГСК-2011. При настройке эллипсоида, в списке стандартных эллипсоидов (сфероидов) ArcGIS новый ГСК-2011 отсутствует. Поэтому необходимо дополнительно вводить необходимые параметры в систему.

Такой элемент математической основы, как картографическая проекция так же требует особого внимания при ее выборе для конкретной отображаемой на картах территории. Как известно картографическая проекция устанавливает соответствие между геодезическими координатами точек и их прямоугольными координатами на карте [3,43].

Главная задача, которая стоит при выборе проекции карт атласа, заключается в достижении наименьшей величины искажений длин, площадей, углов и их распределения по территории. Выбранная исходная проекция не будет константой в неизменном виде. Карты атласа всегда можно перепроецировать под конкретные нужды пользователя используя возможности ArcGIS.

В России для построения топографических карт часто используется поперечно-цилиндрическая проекция Гауса-Крюгера. Применяется также поперечная проекция Меркатора, эта проекция подобна проекции Меркатора, но при ее создании цилиндр разворачивается не вокруг экватора, а вокруг одного из меридианов. В результате создается равноугольная проекция, которая не правильно передает направления. По центральному меридиану искажения всех свойств объектов в данной проекции минимальные. Эта проекция наиболее подходит для картографирования территорий, протяженных с севера на юг [3,49].

Основные свойства проекции:
- равноугольная, сохраняются малые формы, искажение формы больших территорий увеличивается при удалении от центрального меридиана.
- искажение возрастает по мере удаления от центрального меридиана;
- локальные углы точны везде.
- точный масштаб вдоль центрального меридиана, если масштабный коэффициент равен 1,0. Если он меньше 1,0, то точный масштаб сохраняется на прямых линиях, расположенных на равных расстояниях по обе стороны от центрального меридиана.

Сахалинская область находится в пределах 24 и 26 зоны ($141°$–$157°$) проекции Гауса-Крюгера. Учитывая то обстоятельство, что территория острова Сахалин составляет большую часть области, целесообразно пропустить центральный меридиан с нулевыми искажениями по центральной части острова, а именно по $143°$.

Немаловажным элементом математической основы является масштаб карт атласа. Масштаб карты – степень уменьшения объектов на карте относительно их размеров на поверхности эллипсоида.

Карты в атласах целесообразно строить в едином масштабе или же чтобы они были кратными [3,173]. Поэтому для удобства пользователей при построении атласа, будут использованы четыре базовых масштаба: 1:1 000 000; 1:2 000 000; 1:4 000 000; 1:8 000 000. Картографическая основа электронного атласа первостепенно строится в масштабе 1:1 000 000 (рис. 1). При этом необходимо учитывать, что ArcGIS никак не ограничивает пользователей от применения более крупных или же более мелких масштабов, просто это будет отражаться на качестве, наглядности, а главное достоверности.

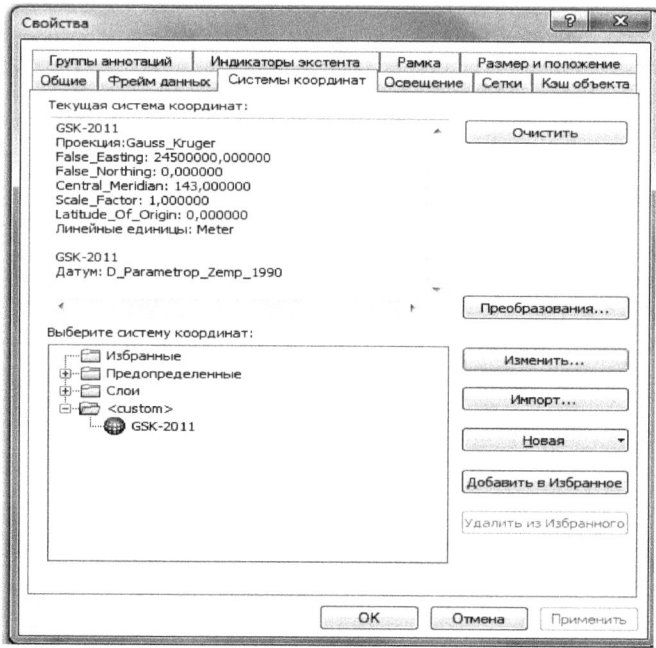

Рисунок 1 – Основные настройки параметров математической основы в ArcGIS.

Для получения карт более мелких масштабов геоданные подвергаются генерализации. В ArcGIS генерализацию можно проводить двумя способами. Первый осуществляется через свойства слоя в карте. Эту же операцию можно проводить и с группой слоев. Этим способом можно добиться того, чтобы определенный слой или группа слоев изображались исключительно в крупномасштабном диапазоне, и не перегружала карту в мелком масштабе.

Второй вариант генерализации – это использование атрибутивной выборки, как частного и более упрощенного способа генерализации. При этом можно избавиться, например, от коротких притоков речной сети или же от густоты изолиний на топографической карте.

В ArcGIS предусмотрено использование различных единиц измерений, но для удобства и обеспечения большей точности измерений по картам атласа за линейные единицы измерения принимаются метры.

Географически территория Сахалинской области ограничена параллелями 40° и 56° с. ш. и меридианами 138° и 162° в. д.

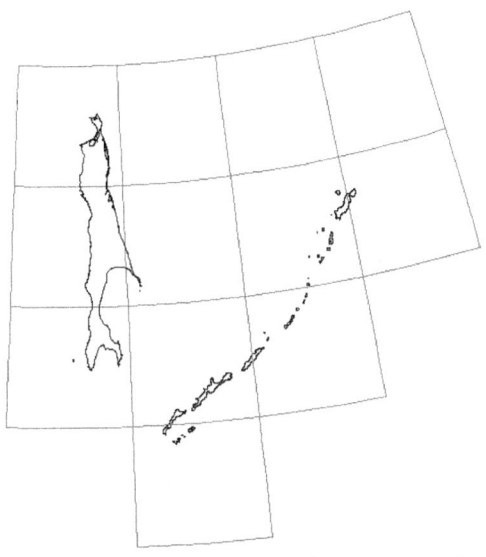

Рисунок 2 – Отображение береговой линии Сахалинской области в ArcGIS

Подготовить к печати карты атласа можно, как в ArcGIS, так и после экспорта изображения в других программах, например, CorelDRAW или Photoshop.

Таким образом, обоснованно выбраны все основные параметры математической основы, которые необходимо учитывать при создании атласа Сахалинской области в программной среде ArcGIS.

ЛИТЕРАТУРА

1. Попов В. Н., Чекалин С. И. Геодезия: Учебник для вузов. – М.: «Горная книга», 2007. – 518 с.
2. Постановление Правительства РФ от 28 декабря 2012 г. №1463 «О единых государственных системах координат» // Собрание законодательства РФ, 2013. – № 1. – 4 с.
3. Берлянт А. М. Картография. – М.: Аспект Пресс, 2002. – 336 с.

Лобанов Ю.Я.
профессор, доктор педагогических наук
Федункин А.В.
преподаватель СПВИ ВВ МВД РФ

РЕАЛИЗАЦИЯ ИНТЕГРИРОВАННОГО КУРСА «ОСНОВЫ ПРОФЕССИОНАЛЬНОГО ПОВЕДЕНИЯ БУДУЩИХ ОФИЦЕРОВ ВНУТРЕННИХ ВОЙСК МВД РОССИИ» КАК УСЛОВИЕ ФОРМИРОВАНИЯ ПРОФЕССИОНАЛЬНЫХ КОМПЕТЕНЦИЙ

В настоящее время меняется парадигма результата российского профессионального образования: с определения поуровневых требований - целей к подготовленности будущего специалиста на прогнозирование компетенций выпускника. Федеральный государственный образовательный стандарт высшего профессионального образования утверждает необходимость проектирования содержания предметных компетенций обучаемых и пересмотр содержания предметов с этих позиций.

Особенности профессиональной деятельности будущих офицеров внутренних войск должны найти отражение в содержании и дидактике профессионального образования. Формирование профессиональных компетенций в данном случае является интегрированным и обобщенным результатом профессионального образования, который формируется в процессе изучения всего комплекса учебно-профессиональных дисциплин, среди которых наиболее значительна роль интегрированных курсов.

Само понятие «интеграция» рассматривается в современной дидактике как органическое слияние содержания, методов и форм организации учебно-воспитательного процесса в целях достижения его эффективности.[1] Интегрированный курс способствует формированию широко эрудированной личности, обладающей целостным мировоззрением, способностью самостоятельно систематизировать имеющиеся знания и творчески подходить к решению различных профессиональных задач. Интеграция в противовес предметному обучению один из прогрессивных принципов построения учебных программ.

Развитие профессионального поведения будущих офицеров внутренних войск реализуется через систему педагогических условий процесса формирования профессионального поведения. Направления формирования профессионального поведения у курсантов представляют собой систему взаимосвязанных целей, форм, методов и средств подготовки совокупности условий, влияющих на их подготовку, а также механизм педагогических взаимодействий, направленных на достижение целей профессиональной подготовки компетентного специалиста. Одним из педагогических условий формирования профессионального поведения является дидактическое обеспечение процесса, которое состоит из программы и интегрированного курса «Основы профессионального поведения будущих офицеров внутренних войск».

Реализация интегрированного курса способствует формированию более высокого уровня знаний, чем обучение по традиционной методике, так как содержательная учебная информация курса предлагается обучающимся таким образом, чтобы:

– оптимальным путем привести их к усвоению учебного материала;
– «запечатлеть» в долговременной памяти способы познавательной деятельности
– в умелом использовании в профессиональной деятельности научных знаний, полученных с помощью интегрированного курса.

В основу проектирования и реализации интегрированного курса положен системный, аксиологический, деятельностный и модульный подход. При построении курса необходимо опираться на систему принципов дидактики (Ю.К. Бабанский, В.А. Сластенин, П.И. Пидкасистый и др.).

Содержание интегрированного курса способствует достижению следующих целей:

– развитие мотивации будущих офицеров к приобретению профессиональных компетенций;
– формирование ценностных ориентаций профессиональной деятельности;
– выявление и реализация профессионально-личностного потенциала обучаемых;
– формирование системного профессионального знания;
– развитие у студентов способности структурно-системного анализа;
– развитие коммуникативных навыков.

Курс представляет собой модуль, состоящий из нескольких подмодулей: «Профессиональная этика и служебный этикет», «Теория и практика разрешения конфликтов», «Русский язык в устном и письменном общении офицера», «Психология личности в правоохранительной деятельности», «Система обучения и воспитания военнослужащих». Каждый из подмодулей состоит из модульных элементов, в свою очередь элементы образуют системное единство не на основе их функционально-целевого сходства, а по принципу взаимодополняемости их функционирования, на основе углубления и развития внутрисистемных связей.

Основной целью подмодуля «Профессиональная этика и служебный этикет» является формирование индивидуальной позиции, которая необходима в ситуации профессионально-нравственного выбора.

Понимание значимости «морального закона» обеспечивает выработку навыков профессионально-этического восприятия реальности, а также повышает уровень общей и профессиональной культуры. Указанные моменты призваны содействовать формированию положительных качеств будущего офицера как эрудированного человека, осознающего свою социальную роль в обществе. Направленность подмодуля заключается в использовании сведений из области профессиональной этики в конкретных профессиональных и жизненных ситуациях. Элементы модуля реализовывались не только в форме лекционных занятий. Основное внимание уделялось практическим занятиям, тренингам, решению заданий, проблемных ситуаций, индивидуальных заданий, написанию рефератов, направленных на самоконтроль.

Включенный в интегрированный курс подмодуль «Теория и практика разрешения конфликтов» направлен на повышение уровня коммуникативной культуры, овладение способами профилактики конфликтных отношений, приобретение навыков самостоятельной оценки и оптимального разрешения межличностных, групповых конфликтов, возникающих в профессиональной деятельности.

Подмодуль «Теория и практика разрешения конфликтов» позволяет дать представление об основных положениях современных теорий и методик анализа, способов разрешения конфликтов, о принципах возникновения, развития и протекания конфликтных отношений как процесса в целом и о специфике конфликтов в профессионально деятельности будущего офицера внутренних войск МВД России. В своей будущей профессиональной деятельности офицер сможет распознавать и анализировать конфликтные ситуации, возникающие в служебной деятельности, выявлять потенциальных носителей конфликта, осуществлять профилактику конфликта в служебном коллективе; применять верные целесообразные решения, нацеленные на предотвращение и разрешение конфликтов. Особое внимание в данном подмодуле уделялось практике разрешения конфликтов, а также профилактике конфликтности и управления отдельными типами конфликтов в деятельности внутренних войск МВД России.

Общение – важная форма социально-психологического взаимодействия людей, которая соединяет конкретную деятельность людей с внутриколлективными процессами и межличностными отношениями. Поэтому основной задачей подмодуля «Русский язык в устном и письменном общении офицера» являлось овладение умениями и навыками правильной устной и письменной речи, организации эффективной речевой коммуникации, умения эффективного общения, знание приемов речевого воздействия, убеждения в профессиональной деятельности офицера. В профессиональном поведении важное место занимает общение. Путем общения осуществляется обмен информацией, формируются установки личности, ее позиция, правила и нормы поведения. Будущий офицер внутренних войск - руководитель нового типа, он должен на практике применять теоретические знания, глубоко осмысливать профессиональные ситуации, делать правильные выводы и умело влиять на формирование нравственного климата. Речь офицера должна обладать такими качествами, как: правильность, краткость, ясность, эмоциональность. Одной из единиц модульного элемента является официально-деловой стиль письменной речи, который связан с необходимостью документально закреплять правовые отношения. Для более эффективного закрепления учебной информации к каждой модульной единице разработаны контрольные вопросы.

В своей профессиональной деятельности будущему офицеру необходимо знание психологии личности. Ролевое общение в профессиональной деятельности ожидает от него не только компетентного выполнения служебных задач, но и чуткого, тактичного, внимательного, уважительного отношения. Успешность профессиональной деятельности во многом определяется тем, насколько психологически грамотно он будет общаться с коллегами, поддерживать деловые отношения, понимать свои цели, владеть психотехникой саморегуляции. Подмодуль «Психология личности в правоохранительной деятельности» знакомит обучаемого с психолого-правовым содержанием данного понятия, раскрывает процесс формирования личности, критерии ее оценки, черты, качества, факторы, типологии личности, дает понятие о психологической структуре и содержании личности. В повседневной деятельности на офицера возлагаются обязанности по воспитанию военнослужащих, принятию тех или иных мер, которые повлияют не только на формирование личности военнослужащего, но и на формирования воинского коллектива. В данном случае знание основ психологии становится необходимостью для дальнейшего педагогического взаимодействия. Само педагогическое взаимодействие реализуется системой обучения и воспитания военнослужащих. Педагогическое мастерство, профессионализм, педагогический такт, наблюдательность представляют определенную технологию, реализующую задачу обучения и воспитания военнослужащих.

Вопросы формирования педагогической культуры, составные части воспитания военнослужащих, психолого-педагогическая характеристика общения и совершенствование педагогической культуры отражены в подмодуле «Система обучения и воспитания военнослужащих». Психолого-педагогическое мышление является основой методического мастерства, педагогического такта, педагогической интуиции - всего того, что обеспечивает офицеру быстрое, обоснованное и правильное решение вопросов, возникающих в профессиональной деятельности.[2] Целями данного подмодуля являются: овладение знаниями о сущности психологопедагогических закономерностей обучения, воспитания, развитие психологической подготовки воинского коллектива, эффективное использование средств воздействия на подчиненных.

В качестве классификационной характеристики интегрированного курса «Основы профессионального поведения будущих офицеров внутренних войск МВД России», определили следующее:

по уровню применения - разработанный интегрированный курс является частью образовательного процесса ВУЗа;

по концепции усвоения – развивающим, потому что в процессе формирования профессионального поведения используются все этапы деятельности, рассматриваемые в теории развивающего обучения: планирование, организация, реализация целей и анализ результатов;

по характеру содержания – воспитывающий, формирующий и профессионально-ориентирующий.

Таким образом, интегрированный курс рассматривается как система социально-психологических, общепедагогических и дидактических процедур взаимодействия сторон образовательного процесса, направленная на реализацию содержания, методов, форм и средств процесса формирования профессионального поведения будущих офицеров, адекватная целям профессионального образования и формированию профессиональных компетенций будущих офицеров внутренних войск.

Литература

1. Безрукова В.С. Педагогическая интеграция: Сущность, состав, механизмы реализации // Интеграционные процессы в педагогической теории и практике. – Свердловск 1990. С. 5-25

2. Методика преподавания военной педагогики и психологии – Учебное пособие – М.: - 1993г. С. 6

Голосова О.М.

доцент, кандидат педагогических наук, МИИТ

АКТУАЛЬНЫЕ АСПЕКТЫ ПРИМЕНЕНИЯ ВИДЕОМАТЕРИАЛОВ В ПРОЕКТНЫХ МЕТОДИКАХ ПРИ ОБУЧЕНИИ ИНОСТРАННОМУ ЯЗЫКУ

Целью инноваций в современном образовании является обеспечение такого уровня подготовки студентов, который способствовал бы развитию потенциальных возможностей восприятия всего нового.

В современном обществе все студенты имеют доступ в интернет. При этом возрастает значимость визуальной культуры общения на иностранном языке. Процесс приобретения студентами личного опыта общения с иноязычной лингвокультурой требует создания ситуаций практического использования языка как инструмента межкультурного познания и взаимодействия. В связи с этим назрела объективная необходимость интегрирования информационных технологий в учебный процесс, позволяющих вовлекать студентов в ситуации межкультурной коммуникации, так как на сегодняшний день глобальная сеть Интернет предоставляет широкий выбор возможностей для вступления обучаемых в аутентичное межкультурное взаимодействие с представителями изучаемого языка.

Изучение иностранного языка – весьма продолжительный и трудоемкий процесс, требующий определенного усердия, систематичности, правильного построения и наполнения занятий. Поэтому важной задачей преподавателя является создание реальных и воображаемых ситуаций общения на занятиях, используя для этого различные методы и приемы работы (ролевые игры, дискуссии, творческие проекты и т.д.). Наряду с этим важно дать студентам наглядное представление о жизни, традициях, языковых реалиях стран изучаемого языка. В последние годы все более широкое распространение в практике обучения, в том числе и в обучении иностранным языкам находит метод проектов.

Популярность метода проектов обусловлена тем, что в силу своей дидактической сущности он позволяет решать задачи развития творческих возможностей учащихся, умений самостоятельно конструировать свои знания и применять их для решения познавательных и практических задач, ориентироваться в информационном пространстве, анализировать полученную информацию. Метод проектов в процессе изучения иностранного языка позволяет интегрировать различные виды иноязычного речевого общения для решения определенных информационных, исследовательских проблемных задач. Проектная деятельность ставит учащегося в ситуацию реального использования изучаемого языка, дает возможность переместить акцент с лингвистического компонента на содержательный и сосредоточить их внимание не на языке, а на проблеме, способствуя осознанию целей и возможностей изучения иностранного языка, включая процесс освоения иностранным языком в продуктивную творческую деятельность.

Этой цели может служить использование различных видеоматериалов, что способствует индивидуализации обучения и развитию мотивации речевой деятельности студентов. При использовании фильмов на занятиях по изучению иностранного языка развиваются два вида мотивации: самомотивация, когда фильм интересен сам по себе, и мотивация, которая достигается тем, что студенту будет показано, что он может понять язык, который изучает. Это приносит удовлетворение и придает веру в свои силы и желание для дальнейшего совершенствования.

Еще одним достоинством видеофильма является сила впечатления и эмоционального воздействия на студентов. Поэтому главное внимание должно быть направлено на формирование личностного отношения к увиденному. Успешное достижение данной цели возможно лишь, во-первых, при систематическом показе видеофильмов, а во-вторых, при методически организованной демонстрации.

Следует отметить, что использование видеофильмов в проектной деятельности - это не только еще один источник информации. Использование видеофильма способствует развитию различных сторон психической деятельности обучаемых и, прежде всего, внимания и памяти. Во время просмотра возникает атмосфера совместной познавательной деятельности. В этих условиях даже невнимательный студент становится внимательным. Для того, чтобы понять содержание фильма, необходимо приложить определенные усилия. Так непроизвольное внимание переходит в произвольное, а интенсивность внимания оказывает влияние на процесс запоминания. Использование различных каналов поступления информации (слуховой, зрительный, моторное восприятие) положительно влияет на прочность запечатления страноведческого и языкового материала.

Таким образом, психологические особенности воздействия учебных видеофильмов на учащихся (способность управлять вниманием каждого учащегося и групповой аудитории, влиять на объем долговременной памяти и увеличение прочности запоминания, оказывать эмоциональное воздействие на учащихся и повышать мотивацию обучения) способствуют интенсификации учебного процесса и создают благоприятные условия для формирования коммуникативной (языковой и социокультурной) компетенции студентов.

Все более расширяющаяся тенденция к увеличению роли и места в образовании новейших средств информационных технологий позволяет выявить новую возможность использования метода проектов в образовательном процессе, еще одну возможность создания естественной языковой среды – организации совместных международных телекоммуникационных проектов, и вместе с этим, возможность решения проблемы повышения мотивации учащихся к изучению иностранного языка. Выполнение сетевых проектов, основанное на контакте учащихся с представителями другой культуры, предполагает наличие в системе обучения социокультурного компонента. Социокультурная составляющая международного проекта способствует обогащению лингвистических, страноведческих и лингвострановедческих знаний, развитию языковой и речевой наблюдательности, языковой культуры. Все это может стать хорошим стимулом для углубления знаний о собственной стране, что, в свою очередь, способствует повышению мотивации в изучении иностранного языка.

Очевидно, что использование фильмов при подготовке проектов по иностранному языку раскрывает широкие возможности для активной работы в процессе формирования речевых навыков и умений студентов и делает процесс овладения иностранным языком привлекательным для студентов на всех этапах обучения. Эффективность использования видеофильмов зависит не только от точного определения его места в системе обучения, но и от того, насколько рационально организована структура занятия по проектной методике, как согласованы учебные возможности фильма с задачами обучения.

Особое значение имеет стадия защиты проектов, на котором происходит анализ проектной деятельности, включающий само – и взаимооценку (рефлексия). Подводятся итоги совместной работы студентов, дается качественная оценка проделанной работе. Отрабатывается шкала индивидуальных ценностей, в которой результаты не только своего, но и труда других людей приобретают особую значимость, что способствует повышению личной уверенности у каждого участника проекта, развивается умение правильно оценивать себя и других.

Подводя итог изложенного, можно утверждать, что использование видеофильмов при обучении иностранным языкам по проектной методике позволяет более полно реализовать целый комплекс методических, дидактических, педагогических и психологических принципов, повышает эффективность решения коммуникативных задач, развивает разные виды речевой деятельности студентов и формирует устойчивую мотивацию иноязычной деятельности.

Список использованной литературы

1. Инновации в общеобразовательной школе. Методы обучения. Сборник научных трудов. Под ред. А.В.Хуторского. - М.: ГНУ ИСМО РАО, 2006. - 290 с.

2. Мартьянова Т.М. «Использование проектных заданий на уроках иностранного языка» (Иностранные языки в школе. - 2000. - №4) 19

3. Моисеева О.М. Опыт проектного обучения иностранному языку в средней школе (на материале фр. языка): Автореф. дис. канд. пед. наук: 13.00.02. - Моск. пед. гос. ун-т им. В.И. Ленина, 1994. – 16 с.

4. Новые педагогические и информационные технологии в системе образованияд. Под ред. Е.С. Полат – М., 2000

5. Полат Е.С. Метод проектов на уроках иностранного языка. - Иностранные языки в школе - № № 2, 3 - 2000 г.

6. Современные педагогические и информационные технологии в системе образования: Учебное пособие. Е. С. Полат , М. Ю. Бухаркина. — М.: Издательский центр «Академия», 2007.

Гзирьян Р.В.
аспирант, Северо-Кавказский федеральный университет
Rubengziryan@yandex.ru
Денисенко В.С.
аспирант, Северо-Кавказский федеральный университет
Vadim.den7@mail.ru

МУЗЫКА КАК СРЕДСТВО ЭСТЕТИЧЕСКОГО ВОСПИТАНИЯ СТУДЕНТОВ ПЕДАГОГИЧЕСКИХ СПЕЦИАЛЬНОСТЕЙ В ПРОЦЕССЕ ЗАНЯТИЙ РИТМИЧЕСКОЙ ГИМНАСТИКОЙ

В эпоху Возрождения, как и в настоящее время, важнейшей особенностью музыки как вида искусства является возможность передачи духовного содержания жизни человека. В среде специалистов бытует мнение о том, что музыка появилась из звуков природы – шелеста листьев, свиста ветра в тростнике, шума морской волны, водопада, пения птиц и др.

Однако возникновение музыки, по мнению В.И. Петрушина, имеет более глубокий смысл. Любое чувство и настроение человека, имеющие особый эмоциональный тон, нуждались в особом выражении в музыке, поскольку она – один из способов общения людей [4]. Гегель отмечал, что музыка «имеет своим предметом звучащую душу», что она есть искусство чувства, которое непосредственно обращается к самому чувству, а музыкальное произведение возникает из недр души и насквозь пронизано многообразием душевных переживаний и эмоций» [6].

Целью статьи является рассмотреть эстетическое воздействие на студента посредством музыки, некоторые виды музыки (классическая и легкая) их сущность и взаимосвязь, привести характерные различия классической и легкой музыки.

В последние годы наметился новый подход к изучению музыки в рамках взаимодействия систем: «музыка – слушатель», «музыка – общество», то есть, образно говоря, изучение музыкальных явлении не с «внутренней стороны», а с «внешней». В этой связи следует особо подчеркнуть, что до настоящего времени музыка, как составляющая ритмической гимнастики, рассматривалась с так называемой внешней стороны, что определяло ее место в большей степени как своеобразный придаток телесным движениям с основной функцией создания ритмового фонда, под который подстраиваются двигательные действия занимающихся. В данном случае не следует принижать значимость во многом субъективного фактора, обозначаемого словосочетанием «нравится» музыка и «не нравится». Субъективизм заключается, прежде всего, в том – кому она по нраву. Прежде всего, преподавателю, проводящему занятие, который в определенной степени «принуждает» занимающихся к восприятию подобранной им музыки, которая, как правило, подбирается без учета статистического интереса, и как мы полагаем, без предполагаемого решения задач духовного развития занимающихся. В данном случае уместно привести тот факт, что в современных учебных планах физкультурных вузов не предусмотрено получение будущими специалистами хотя бы элементарных знаний в области музыкальной ритмики. Музыка в современных занятиях ритмической гимнастикой есть, прежде всего, ритмический фон и в меньшей степени возможность эстетического восприятия и наслаждение ею.

Известно, что музыка есть источник всего эстетического и духовного, которая находит свое проявление практически во всех сферах жизнедеятельности.

Всю музыку как искусство условно можно разделить на классическую и легкую. Одна из них с определенной долей условности предназначена для общения человека с самим собой, а другая – для общения с другими людьми. Каждая из них удовлетворяет одинаково важные человеческие потребности: одна – в уединении, другая – в общении.

Деление на музыку «духовную» и «бездуховную» возникло еще в средние века. В Западной Европе и в России к бездуховной относили музыку, исполняемую на народных гуляниях и карнавалах жонглерами и скоморохами. В противовес этой, так называемой «низкой» музыке, исполняемой бродячими музыкантами, к «высокой» и «духовной» музыке относилась та, которая звучала в соборах во время богослужений. Противоположность эстетического содержания этих двух направлений заключалась в том, что «при всем мастерстве профессиональных композиторов и исполнителей, культивировавших грегорианскую литургию, их музыка отличалась оторванностью от жизни и абстрактностью, а то, что производили народные музыканты, было связано с непосредственной жизнью народа и наполнено живым человеческим чувством» [5], а также сохранением и использованием песенно-танцевальных ритмов и интонаций, звучащих повсеместно в жизненном обиходе [2].

Однако, признавая различия музыки классической и легкой, необходимо учитывать то обязательство, что эти жанры развились из синкретизма, т.е. определенной слитности, нерасчлененности фольклорного искусства в результате потребностей общественной практики. Все нынешние жанры серьезной музыки в свое время произошли от простых песенно-танцевальных жанров. В процессе эволюции музыкальных стилей, жанров наблюдалось естественное стремление человека к самосовершенствованию и саморазвитию. Поэтому вполне естественно стремление человека приобщиться к более глубокому эмоциональному и эстетическому содержанию музыки, что и определяет динамику духовного развития человека, формирующего себя из рядового любителя музыки в активного потребителя ее ценностей.

Характерные различия классической и легкой музыки
(по В.И. Петрушину)   Таблица 1.

№ п/п	Классическая музыка	Легкая музыка
1	Высокая сложность	Низкая сложность
2	Наиболее существенная роль среди выразительных средств принадлежит мелодии и гармонии	Наиболее существенная роль среди выразительных средств играет ритм
3	Наибольшее значение имеют крупные формы	Преобладают мелкие формы
4	Художественный образ, как правило, динамичен	Художественный образ преимущественно статичен
5	Восприятие носит сосредоточенный и углубленный характер	Воспроизведение часто бывает рассеяно-поверхностным
6	Направленность переживания - интровертированная (обращенная внутрь)	Направленность переживания — экстравертированная (обращенная вовне)
7	Разрядка музыкального переживания осуществляется в образах фантазии и представлений	Разрядка переживания может осуществляться в активном движении
8	Музыкальное произведение требует, чтобы слушатель «поднялся до его уровня»	Музыкальное произведение обращено к потенциальным возможностям слушателей
9	Музыка отделена от повседневной жизни, не создается для организации ее фона, но является самоцелью для решения эстетических задач	Музыка неотделима от повседневной жизни, которой она нередко служит фоном для решения внеэстетических задач
10	Музыка приобщает слушателя к вечным идеалам всего человечества по принципу «везде и всегда»	Музыка приобщает индивида к жизни в непосредственном социальном окружении по принципу «здесь и сейчас»
11	Выразительные средства стремятся к оригинальности и самобытности	Выразительные средства имеют тенденцию к унификации
12	Наибольшую ценность в глазах слушателей имеют старые произведения	Наибольшую ценность в глазах слушателей имеют новые произведения
13	Популярность музыки во многом обусловлена личностью композитора	Популярность музыки во многом обусловлена исполнителем

14	Самосознание личности концентриру-ется в индивидуальном переживании	Самосознание личности растворяется в коллективном переживании

В восприятии жанров классической и легкой музыки обнаруживаются и существенные различия, которые заключаются в том, что классическая музыка для своего постижения требует глубокой сосредоточенности, аналитического размышления по поводу вызываемых музыкой переживаний, т.е. «работы духа», а легкая для общения с другими людьми.

Анализ различий классической и легкой музыки (табл. 1) позволяет увидеть диаметральные разрывы по всем параметрам: по эстетическому содержанию, выразительным средствам, уровню восприятия, уровню воздействия и предназначения и т.д.

Представленные в таблице характерные различия, на наш взгляд, в известной степени отражают соотношение классической и легкой музыки. Однако в ряде позиций – сравнений трудно согласиться с автором, дающим необоснованно жесткую характеристику возможностям легкой популярной музыки (позиция 2). Трудно согласиться с тем, что популярная музыка именно «часто» бывает рассеянно-поверхностной, как и с тем, что она характерна направленностью переживания обращенной только вовне [1]. Не вполне корректно, на наш взгляд, определяются различия по позициям 12, 14. В то же время представленное сравнение отображает действительно существующие негативы в так называемой популярной музыке, к примеру, в «рок» и «металл» направленности, которые не способствуют решению задач формирования эстетичности в процессе занятий ритмической гимнастикой. Тем не менее, вероятно нет необходимости приводить массу примеров «классики» популярной легкой музыки, которая, безусловно, может способствовать решению задач формирования духовного компонента физической культуры личности. Легкая музыка видимо так и называется, поскольку легко, душевно воспринимается внутренним миром человека. А популярность мелодий определяется ёмким понятием «нравится многим». Другое дело, по какому признаку нравится. Важнейший из них, на наш взгляд, наличие в мелодии предпосылок вызывания в человеке положительных эмоций, хорошего настроения, желания отразить содержание музыки выразительными движениями.

Важность определения рационального музыкального жанра подчёркивается ещё и широким спектром применения средств ритмической гимнастики, значительным количеством занимающихся, а также тем, что студенты педагогических специальностей, как будущие педагоги, являются проводниками знаний в обществе, поэтому нерационально подобранный музыкальный жанр может способствовать неточному восприятию сознанием самих движений. Средства ритмической гимнастики для девушек будущих педагогов выступают одним из основных средств физической подготовки, как фундамента формирования их профессионального здоровья, а для юношей и девушек будущих педагогов в области физической культуры могут быть существенными факторами, повышающими эффективность процесса физической подготовки и формирования профессионального здоровья [3].

Исследование особенностей познаний эстетических ценностей музыки, в частности в свете характерных различий классической и легкой музыки (табл. 1), даёт основание сделать некоторые частные заключения. Приоритетная роль в формировании духовности человека и эстетичности в историческом аспекте принадлежит сфере классической музыки. Не умоляя социального значения легкой, популярной музыки как народной, познание ее ценностей в аспекте понимания как средства ритмической гимнастики весьма целесообразно осуществлять, прежде всего, на модели классической музыки, что, видимо, облегчает путь познания легкой музыки.

В произведениях классических академических жанров охват спектра эмоциональных состояний действительно шире и объемнее, чем в произведениях легких жанров. К примеру, в содержании любой классической симфонии на всем ее протяжении композитор стремится отразить весь модальный спектр, образующий ядро эмоциональной сферы человека. В жанрах легкой музыки подобная глубина и смена переживаний достигается реже.

Литература

1. Анисимов С.Ф. Вестник МГУ. Серия 7. Философия. / №1. – 2001. – С. 26-36.

2. Грудницкая Н.Н. Формирование знаний у студентов факультета физической культуры на основе современных информационных технологий: дисс. канд. пед. наук / Н.Н. Грудницкая. – Ставрополь. – 2002. – 124 с.

3. Курысь В.Н., Денисенко В.С., Гзирьян Р.В. О возможностях формирования профессионального здоровья будущих педагогов // Материалы докладов III международной научно-практической конференции «21 век: фундаментальная наука и технологии» 23.01.14 – 24.01.14, г. Москва, – научно-издательский центр «Академический», – 2014. – №2. – С. 57-60.

4. Петракова Т.И. Гуманистические ценности образования в процессе духовно нравственного воспитания подростков. Автореферат диссертации на соискание ученой степени доктора педагогических наук. Москва – 1999. С.

5. Петрушин В.И. Музыкальная психология / В.И. Петрушин. – М.: 2007. – 176 с.

6. Петрушин В.И. Теоретические основы музыкальной психотерапии / В.И. Петрушин // Журнал нервопатологии и психиатрии им. С.С. Корсакова. – 1991. – №3.

Денисенко В.С.
аспирант, Северо-Кавказский федеральный университет
Vadim.den7@mail.ru

САМОСТОЯТЕЛЬНАЯ ФИЗИЧЕСКАЯ ПОДГОТОВКА СТУДЕНТА ВЫСШЕГО СПОРТИВНОГО УЧЕБНОГО ЗАВЕДЕНИЯ КАК ОСНОВА ЕГО САМОРАЗВИТИЯ

В современной теории и практике физической культуры существует проблема формирования в сознании студента высшего учебного заведения сферы физической культуры осознанной мотивации к самостоятельным занятиям физическими упражнениями. Речь идёт о таком режиме выполнения физических упражнений, целью которого является гармоничное развитие организма студента. При этом необходимо чётко дифференцировать занятия такого рода физическими упражнениями и занятия спортом. Физическое упражнение является основным средством физической культуры, доказано, что систематические, регулярные занятия физическими упражнениями оздоровительной и общеразвивающей направленности имеют огромную ценность для организма человека. Они благотворно влияют на показатели работы функциональных систем, что призвано обеспечить высокую работоспособность, необходимую для учебной, а затем и профессиональной деятельности, в нашем случае в сфере физической культуры [5, 53]. Под спортом, в свою очередь понимают организованную по определённым правилам деятельность людей, состоящую в сопоставлении их физических или интеллектуальных способностей, а также подготовку к этой деятельности и межличностные отношения, возникающие в её процессе [2, 147]. Исходя из этого определения, можно сделать вывод о том, что спорт, будь то профессиональный, массовый или спорт высших достижений подразумевает обязательную специфическую составляющую – соревновательную деятельность человека. Таким образом, занятия физическими упражнениями в процессе спортивной тренировки направлены с одной стороны на овладение техникой соревновательных упражнений, а затем и на её совершенствование, а с другой на развитие определённых физических способностей организма согласно запросам техники изучаемых упражнений. Главной целью спортивной тренировки является достижение максимально высокого спортивного результата, но никак не подготовка организма к плодотворной будущей профессиональной деятельности. К сожалению, зачастую занятия спортом ведут не к оздоровлению организма, а к снижению функциональной прочности органов и систем организма.

Профессиональная подготовка студента спортивного вуза носит в своей основе двухкомпонентный характер и включает в себя интеллектуальный и телесно-двигательный виды подготовки. Можно полагать, что эти виды имеют паритетный по профессиональной значимости характер (включая цели, задачи, взаимосвязь и взаимовлияние) [1, 109]. Согласно результатам проведённого анализа учебного плана подготовки бакалавров по направлению 034300.62 Физическая культура, профиль подготовки «Спортивная тренировка», доля часов, выделяемых на самостоятельные занятия в период обучения студента в вузе, составляет более 32% от общего количества часов. Однако осуществление физической подготовки студента вуза сферы физической культуры возможно только в рамках самостоятельных занятий по практическим дисциплинам. Доля часов, выделяемых на самостоятельные занятия по данным дисциплинам, составляет более 34% от общего количества часов. Важность этого вида занятий трудно переоценить, так как в рамках аудиторных занятий просто невозможно уделить внимание каждому проблемному вопросу преподаваемой дисциплины, а также сформировать необходимые для будущей педагогической деятельности преподавателя оптимально высокие показатели развития физических способностей, особенно важными из которых целесообразно считать силу, скоростно-силовые способности и выносливость. Формирование здоровья студента всегда ассоциировалось с его силовой подготовкой. Это и понятно, ибо сила как физическое качество является базовым, на основе которого развиваются другие физические способности человека. Целенаправленное развитие силовых способностей юношей должно осуществляться, не только в период общего среднего образования, что в определенной степени предполагает программа предмета «Физическая культура», но и в период высшего профессионального образования. Преподавателю физической культуры в университете как никому известны трудности, да и практическое отсутствие возможностей для организованной и целенаправленной силовой подготовки своих студентов [3, 106].

Специфика профессиональной деятельности бакалавра физической культуры, базирующаяся на интеллектуальной деятельности (преподавание теоретического материала), практической деятельности (образцовая демонстрация ученикам изучаемых упражнений) и практико-методической деятельности (овладение учащимися телесно-двигательными технологиями) [6, 35] должна основываться на самостоятельной личной физической подготовке и подготовленности педагога, потребностную модель которой целесообразно формировать в период обучения в вузе.

Умения самостоятельной организации собственной физической подготовки должны формироваться в процессе аудиторных занятий и период обучения, вместе с тем очень важно формировать и осознанную мотивацию и потребность в непрерывных по содержательной сущности самостоятельных занятиях. Под мотивацией в нашем случае целесообразно понимать побуждение к действию, основанное на динамическом процессе психофизиологического плана, управляющим поведением человека, определяющим его направленность, организованность, активность и устойчивость, что в совокупности определяет способность человека деятельно удовлетворять свои потребности [4, 25]. Таким образом, только мотивированные самостоятельные занятия физическими упражнениями могут выступить прочным фундаментом самосовершенствования и саморазвития студента.

Изложенные соображения основаны на результатах изучения состояния проблемы, собственных наблюдений и умозаключений автора. Взгляды и позиции носят преимущественно гипотетический характер и требуют специального углубленного научного исследования и подтверждения изложенных соображений в специально организованном педагогическом исследовании.

Литература

1. Денисенко В.С. Развитие двигательных способностей будущего специалиста в области физической культуры как проблема формирования его профессиональной компетентности // Сборник материалов международной студенческой научно-практической конференции 31.03.11. – 02.04.11. г. Ростов на Дону. – ПИЮФУ, 2011, 106-111.

2. Курамшин Ю.Ф. Теория и методика физической культуры. Учебник. М.: Советский спорт, 2003. 464 с.

3. Курысь В.Н. Основы силовой подготовки юношей: учеб. пособие. – М.: Советский спорт, 2004. – 264 с.

4. Маслоу А.Г. Мотивация и личность. – СПб.: Евразия, 1999. – 478 с.

5. Теория и методика спортивной подготовки (гимнастика): учебное пособие / А.И. Яцынин, Е.В. Титаренко, О.В. Горбатых, Д.Н. Безлепкин, Н.Н. Грудницкая. – Ставрополь: Ставролит, 2010. – 284 с.

6. Труфанова Т.Е. Формирование знаний по физической культуре в процессе физического воспитания учащихся старших классов: Дисс. канд. пед. наук, Ставрополь, 2002, 180 с.

Кондратьева О.А.
аспирант кафедры лингводидактики и методики преподавания
иностранных языков Нижегородского государственного лингвистического
университета им. Н.А. Добролюбова
olga.aren@gmail.com

ЭВОЛЮЦИЯ ФУНКЦИЙ ПРЕПОДАВАТЕЛЯ ИНОСТРАННОГО ЯЗЫКА В ВЫСШЕЙ ШКОЛЕ И ЕЕ ОТРАЖЕНИЕ В ТЕРМИНОЛОГИИ
(на материале работ французских авторов)

Развитие педагогической науки и методов обучения иностранному языку закономерно влечет за собой и изменение всех концептуальных составляющих учебного процесса: смену приоритетных направлений, способов и приемов работы, совершенствование учебных пособий, изменение восприятия личности ученика и отношения к нему. Несомненно, все эти изменения отражаются и на деятельности преподавателя, который является ключевым элементом образовательного процесса. Меняется его статус в обществе, расширяется список его функций и задач, появляются новые нюансы осуществления профессиональной деятельности. Все это в свою очередь находит отражение в эволюции термина – самого названия профессии «преподаватель».

Нами был проведен анализ работ французских методистов, филологов и преподавателей, результаты которого позволяют наглядно проиллюстрировать влияние изменений в функциях преподавателя иностранного языка на употребляемые для обозначения этой профессии термины.

В самом начале своего оформления как отдельной науки методика преподавания ИЯ носила исключительно прикладной характер, поэтому наибольшие популярность и распространение получил грамматико-переводной метод, в основе которого лежало обучение грамматике. В период главенствования этого метода преподаватель был в первую очередь ученым-профессором (savant, professeur), высшей научной инстанцией для ученика (maître), источником и передатчиком научного знания (transmetteur de savoir). Он был объясняющей и контролирующей инстанцией, а ученик в свою очередь считался лишь потребителем уже готовой информации - «...consommateur d`un savoir qui lui est extérieur» [1,139]. Термин professeur, который в то время описывал все функции преподавателя ИЯ, до сих пор широко используется в методической литературе, однако необходимо помнить, что, по сути, он отражает лишь статус преподавателя как ученого.

В самом начале XX века в противовес грамматико-переводному появился прямой метод обучения ИЯ. Для него были характерны принципиальная одноязычность, упор на практическое применение речевых образцов и сильный акцент на обучении устной стороне речи и фонетике, в основе которого лежали повторение и имитация речи учителя. Ж.-П. Кюк и И. Грюка в качестве отличительных черт данного метода называют также постоянное повторение уже изученного, являющееся основой для изучения нового, и ориентацию на общий смысл фразы или текста, а не на детальное их понимание [1]. Прямой метод обучения ИЯ предполагал, что ученик не пассивно записывает лекции и учит правила, а многократно повторяет за учителем новые слова и выражения (отсюда: ученик – это тот, кто повторяет: élève – répétiteur). В этой методической системе преподаватель представлял собой образец в абсолютном смысле этого слова, его речь должна была звучать четко, понятно, фонетически правильно и красиво. В тот период он уже являлся не только источником знаний, но еще и технически совершенным механизмом, способным к многократному эталонному воспроизведению речевых образцов (professeur - «technicien»).

Во второй половине XX века начали развиваться такие методы обучения как аудиолингвальный и аудиовизуальный. В этих методах нашли четкое отражение представления лингвистов о языке как совокупности структур, а также психологическое учение о бихевиоризме. Отсюда суть обоих методов: представление языка через готовые формулы (часто в форме диалогов) и их заучивание с помощью технических средств обучения (лаборатория устной речи, магнитофон и т. п.). В этих методах абсолютный приоритет был отдан работе над устной речью с упором на постановку правильного произношения, что достигалось путем многократного повторения базовых речевых структур за диктором. Цель обучения достигалась за счет того, что технические средства обучения позволяли брать за образец речь носителей языка.

Аудиолингвальный и аудиовизуальный методы требовали от учащихся многочасовых тренировок, как в присутствии учителя, так и самостоятельных с помощью технических средств обучения. По сути, в функциях преподавателя, по сравнению с прямым методом, не произошло существенных изменений. Однако, сложность аппаратуры, строгая последовательность действий, большая доля упражнений, построенных на бесконечном повторении одних и тех же структур, отвели учителю довольно специфическую роль. В его деятельности, направленной в основном на «механическую» работу по четкой схеме и выполнение инструкций, практически полностью отсутствовал момент творчества (professeur-mécanicien).

Далее, начиная с 1980 года, в связи с развитием прагматического подхода в языкознании усилился интерес к коммуникативной функции языка. Объектом исследований стала речь во всей совокупности факторов её порождения. Это повлекло за собой настоящий переворот в методике преподавания языков, а именно, выработку и становление коммуникативного подхода. Его целью стало обучение общению на иностранном языке, приближенному к естественной коммуникации носителей языка. Умение общаться здесь не сводилось только лишь знанию языка, оно подразумевало также умение употреблять те или иные речевые единицы соответственно каждой конкретной коммуникативной ситуации.

Как только коммуникативный подход в обучении иностранным языкам начал набирать популярность, изменилось и отношение к личности ученика. Если раньше всё внимание ученых и преподавателей было сконцентрировано на знании как таковом, то теперь в центр образовательного процесса был помещен ученик. Это кардинально сместило многие акценты в процессе его взаимодействия с преподавателем. Например, эффективное обучение подразумевало активную роль учащегося на занятии, а преподаватель приобрел дополнительную функцию создателя коммуникативных ситуаций, провоцирующих активные действия и реакции ученика. Теперь его можно было уже назвать аниматором (professeur-animateur). Интересно, что однокоренное выражение être animé par qn до сих пор широко применяется к преподавателям и часто встречается в контексте программ конференций, семинаров, анонсов научных конгрессов и съездов (например, в словосочетании «conférence animée par qn»).

В итоге, список того, что должен делать преподаватель ИЯ от одной-двух функций вырос в разы: знакомство учеников с иноязычной культурой, передача им знаний о языке (включающая традиционное обучение грамматике, фонетике, переводу и пр.), грамотное использование современных технических средств на занятиях, умение организовать работу в классе. Термина professeur для обозначения преподавателя уже было недостаточно, так как он изначально не подразумевал такого количества разноплановых видов деятельности и описывал лишь часть из них.

С течением времени, с изменением социальной и политической ситуации, с реформами образования, с появлением каждой новой функции преподавателя, появлялись термины, отражающий данные изменения (éducateur, instituteur, instructeur, maître, pédagogue, professeur, moniteur, tuteur, formateur и другие), но не было того, который мог бы объединить в себе всё сразу. Однако потребность в таком термине была, поэтому после долгих поисков и дискуссий был найден термин enseignant, обозначающий одновременно все грани преподавательской деятельности: «l`enseignant est un formateur qui remplit toutes les fonctions et bien d`autres [1,244].

Помимо прочего, enseignant – это еще и эксперт в своей области (часто с функциями консультанта). Он же и chef d`orchestre в значении «менеджер» – человек, умеющий управлять и организовывать не только себя, но и других. Самостоятельность и организаторские способности, по мнению Изабель Грюки , в современном мире играют очень важную роль в образовательной деятельности: «L`enseignant doit savoir orchestrer – pas de recette, ni de règle générale malgré un manuel» [2,45].

Все эти изменения повлияли и на термин, обозначающий учащегося. Более современное его обозначение – apprenant – уже применимо не только к школьникам и студентам, но ко всем, кто учится в более широком смысле этого слова. Отсюда формулировка одной из новейших концепций в сфере высшего образования – обучение в течение всей жизни (apprentissage tout au long de la vie).

В начале XXI века на смену прежним концепциям постепенно приходит новая парадигма высшего педагогического образования, в частности, это касается подготовки преподавателя нового типа, способного быстро и легко адаптироваться к стремительно меняющимся условиям социума. В современной образовательной политике, а особенно в области обучения иностранным языкам, утвердилась направленность на подготовку автономной личности, способной к непрерывному самообразованию и саморазвитию, что как следствие диктует новые формы работы, новые приоритеты в работе преподавателя.

Также нужно отметить, что в связи с новым пониманием роли преподавателя, образовательный процесс считается скорее не передачей информации, а сотворчеством, результат которого в равной степени зависит от учителя и ученика. Для его описания тоже вводится новый термин – co-construction.

Профессор университета Новая Сорбонна Жан-Поль Нарси выделяет три основных требования к современному преподавателю. В первую очередь, он должен быть организатором процесса обучения и уметь управлять им (être organisateur et gestionnaire de formation). Затем, преподавателю необходимо выполнять функции советника для учащихся (être conseiller des apprenants). И, наконец, ему немаловажно быть собеседником для учащихся (être interlocuteur des apprenants) [4,112]. Различные функции современного преподавателя были также описаны коллективом ученых из Центра научных педагогических исследований г. Нанси. По их мнению, стремление учащегося к всё большей автономии определяет необходимость аналогичного стремления преподавателя. Ученый Анри Олек приводит в своих работах одно из наиболее полных определений: «l`enseignant est un formateur et un conseiller, qui doit bien sûr avoir des connaissances sur la langue et son fonctionnement, mais aussi savoir conduire un groupe et gérer des programmes, et surtout savoir ce qu`est l`apprentissage autodirigé. Il doit par conséquent faire preuve de savoir-faire technique mais avoir surtout un rôle de fournisseur de materiel»[3,81].

В заключение хотелось бы отметить, что в настоящее время в связи с реформами системы образования в нашей стране появляется стремление к европейским стандартам качества подготовки педагогических кадров для высшей школы. Надеемся, что опыт зарубежных коллег будет использован российскими высшими учебными заведениями для совершенствования подготовки конкурентоспособных специалистов и повышения эффективности образовательной системы в целом.

Литература

1. Cuq J.-P., Gruca I., Cours de didactique du français langue étrangère et seconde, Saint-Martin-d`Hères (Isère): PUG, 2003.

2. Gruca I., Littérature et FLE: bilan et perspectives, Les cahiers de l`ASDIFLE, №12, La Recherche en FLE, 2001, p. 44-56

3. Holec H., L`apprentissage autodirigé, une autre offre de formation, Education, Stratégies dans l`apprentissage et l`usage des langues, Conseil de l`Europe, 1996, p. 77-96

4. Narcy J.-P., Apprendre une langue étrangère, Editions d`organisation, 1990.

Цуканова Л.Д.
Московский государственный университет путей сообщения,
к.п.н., доцент

ТЕСТИРОВАНИЕ И ЕГО РОЛЬ В ПОЛУЧЕНИИ И ОЦЕНКЕ ЗНАНИЙ ПО ИНОСТРАННОМУ ЯЗЫКУ

Существующие традиционные формы контроля (экзамен и зачет) в силу своих недостатков (низкая обратная связь, высокая степень субъективности, растянутость и эпизодичность по срокам применения, низкая экономичность и др.) не могут должным образом управлять функционированием системы обучения студентов иноязычной речи.

Способ контроля, который, не имея упомянутых недостатков, обладает многими достоинствами экзамена и зачета - это, так называемая, методика тестирования. На современном этапе подчеркивается значение тестов как средства обучения. Функции тестов расширяются. Педагогические возможности новых информационных технологий позволяют использовать тесты не только как средство контроля, но и как средство обучения. [1, 292; 3, 181]

Рассмотрим некоторые вопросы, стоящие перед исследователем при решении проблемы применения тестирования в языковой подготовке студентов.

По структуре теста и способу оформления ответа тесты делят на избирательные и с конструируемым ответом. Обратимся сначала к вопросам дидактико-психофизиологических особенностей тестов, объектов тестирования и классификации тестов.

Дидактико-психофизиологические особенности тестов

Педагогика высшей школы выделяет, по крайней мере, два основных уровня педагогической деятельности: репродуктивно-адаптивный и моделирующий. Согласно этим уровням знания в процессе решения педагогических (а равно и методических) задач функционируют по-разному. Моделирующий уровень характеризуется помимо знания педагогом своего предмета и психологии его усвоения (что и составляет репродуктивно-адаптивный уровень) также и умением строить свою деятельность в соответствии с этими знаниями таким образом, чтобы, сообразуясь с конкретными условиями места и времени, добиваться наилучшего результата. Через такую систему заданий можно задавать студенту алгоритм обучающей деятельности. Роль подобной системы могли бы сыграть специальным образом организованные тестовые задания, так как тестирование помимо своей контролирующей функции имеет и *обучающую* функцию.[4, 16]

Обучающие тесты позволяют управлять мыслительной

деятельностью студентов. Они представляют собой важный промежуточный этап в работе по овладению материалом, развитию умений и навыков.[3, 181-185]

Как известно из психофизиологии, всякая мыслительная деятельность предварительно настроена на ожидаемый результат и его оценку по окончанию каждого действия. Психологическая особенность тестов состоит в том, что они наиболее полно "резонируют" в мыслительной деятельности своей оценочной сущностью. В этом же заключена и одна из граней мотивационной направленности в тестовом задании: у студента возникает потребность в восприятии учебного материала. Причем мотивы мыслительной деятельности не только чисто познавательные, но это и внешние мотивы (требования учебной дисциплины, регламент времени, одинаковость условий для всех), которые привносят в учебную деятельность дух соревнования, обостряют у студента чувство собственного достоинства, положительного честолюбия.

Рассматривая другие психологические характеристики мыслительной деятельности, можно увидеть, что тестовые задания играют также положительную роль в активизации и памяти, и внимания, и, что очень важно, готовят студента к творческой деятельности, развивая его творческий поиск.

Общая классификация тестов

Предлагаются следующие критерии для классификации: функции тестирования, объем материала, включенного в тестовые задания и периодичность тестирования.

Тесты могут быть: а) контрольные, б) контрольно-коррективные, в) самокоррективные, т.е. обучающие.

С помощью последних студент может после выполнения тестовых заданий сверить ответы с ключом, исправить ошибки, скорректировать свои знания, выявить в них пробелы, наметить пути их ликвидации и т.д.

Контрольно-коррективные тесты дают возможность преподавателю выявить степень усвоения конкретного раздела учебника; выявить типичные ошибки студентов и на основании их анализа наметить стратегию и тактику дальнейшего обучения и т.п.

Контрольное тестирование выявляет степень сформированности речевых умений на тот или иной момент времени.

В соответствии же с обучающей функцией тесты могут быть либо узконаправленными, т.е. организующими формирование конкретного умения, либо комплексными.

По следующему критерию, объему материала, тесты могут использоваться, во-первых, при работе с конкретной темой урока, во-вторых, после работы над целым разделом учебника и т.д., в-третьих, при более полном охвате программного материала, как составная часть экзаменационного билета.

По периодичности тестирования тесты можно разделить на текущие, итоговые и окончательно-итоговые. Так, например, текущим может быть самокоррективный, узконаправленный или комплексный тест при работе над конкретным вопросом или же после прохождения конкретной темы в курсе обучения иностранному языку. Итоговым может быть контрольный или контрольно-коррективный, комплексный тест после прохождения целого раздела; окончательно-итоговым - контрольный, комплексный тест, охватывающий, например, систему обучения грамматическому и лексическому аспектам языка и какому-либо виду речевой деятельности.

В зависимости от целевых и тактических соображений преподаватель выбирает тот тип теста, который в большей степени подходит для данных условий, времени и места.

Достоинства и преимущества тестирования

1. Благодаря стандартности и быстроте процедуры измерения обученности студентов, тестирование выступает формой выражения обратной связи в системе обучения иностранным языкам.[2, 121-125]

2. Тестирование обладает достаточно высокой экономичностью. Тест позволяет работать одновременно с большим контингентом обучаемых, результаты его выполнения устанавливаются быстро.

3. Тестирование обладает ярко выраженной диагностирующей функцией, что дает возможность сравнивать результаты обучения, как отдельных студентов, так и учебных групп; выявлять погрешности и недоработку при прохождении конкретных тем и разделов; диагностировать типичные ошибки.

Список литературы

1. Горшков А.П. Роль тестирования в получении и закреплении знаний студентов // Формирование гуманитарной среды в вузе: инновационные образовательные технологии. Компетентностный подход. – Пермь: Изд-во Перм. национального исследов. политехн. ун-та, Т.1, 2013. С.291-294.

2. Иванова Е.Ф. О требовании к тестовому контролю // Актуальные вопросы контроля в обучении иностранным языкам в средней школе: сборник научных трудов. М., 1986. С.121-125

3. Каплун О.А. Особенности обучающего тестирования и возможности его использования на занятиях по иностранному языку в вузе //Вестник Бурятского гос. ун-та, 2010, №15. С.181-185

4. Фоломкина С.К. Тестирование в обучении иностранному языку // Иностранные языки в школе. – 1986. - №2. – С.16.

Алексеев А.А.

кандидат психологических наук, профессор кафедры «Психология
развития и образования» РГПУ им. А.И. Герцена
alexprofpsy@mail.ru

Казикова Е.П.

магистрант 1 курса психолого-педагогического факультета РГПУ им. А.И.
Герцена
kaz444@yandex.ru

Таласбаева Е.С.

магистрант 1 курса психолого-педагогического факультета РГПУ им. А.И.
Герцена
blauerosen@mail.ru

Шевелев В.В.

магистрант 1 курса психолого-педагогического факультета РГПУ им. А.И.
Герцена
nyaka1991@mail.ru

АДАПТАЦИЯ ОПРОСНИКА STATISTICS ANXIETY RATING SCALE (STARS) НА ВЫБОРКЕ РОССИЙСКИХ СТУДЕНТОВ-ПСИХОЛОГОВ

Статья посвящена разработке русскоязычной версии опросника STARS. Представлен полный текст данного опросника на русском языке и его описание (цель, шкалы и т.д.). Также приведены некоторые эмпирические данные, полученные в зарубежных исследованиях STARS, и общие сведения, касающиеся проблемы «боязни статистики», взятые за основу для разработки и дальнейшей адаптации отечественной версии STARS.

В русскоязычной версии опросник называется *«Шкала оценки отношения к статистике и тревоги по поводу ее изучения»*. Он предназначен для диагностики ситуативной тревожности, связанной с различными аспектами изучения статистики, оперирования знаниями из данной области. В зарубежных исследованиях этот феномен обозначается термином «Statistics anxiety» (боязнь статистики) и применяется по отношению к студентам. Он изучается уже в течение нескольких десятилетий с помощью использования многочисленных методик [4, 2]. Однако опросник STARS, разработанный Cruise и др. (1985), является наиболее широко используемой методикой для диагностики боязни статистики в других странах [1, 69]. Отметим, что в отечественной психологии и педагогике этот конструкт и его исследования отсутствуют.

Под «боязнью статистики» подразумевается, как правило, особое чувство тревоги, испытываемое студентами, когда они сталкиваются со статистикой в любой форме (освоение курса статистики, сбор данных, их обработка и т.д.), сопровождающееся навязчивыми мыслями, дезорганизацией, психосоматическими реакциями [1, 69; 3, 82; 4, 2; 5, 319]. Установлено, что она свойственна 60-80% студентов и отрицательно коррелирует с академической успеваемостью[1, 69;3, 82]. При этом стоит отметить, что в опубликованных исследованиях, проведенных в разных странах, испытуемыми чаще всего являются студенты гуманитарных специальностей. Высказывается предположение, что качественное преподавание математики может поспособствовать ликвидации этой проблемы [3, 40].

По современным данным, применение статистических методов становится все важнее во всех учебных дисциплинах [4, 2], поэтому просто необходимым является разработка и адаптация русскоязычной версии STARS. Перевод оригинальной методики на русский язык выполнен авторами данной статьи с соблюдением всех обязательных требований. Формулировки некоторых пунктов (например, п. 9, 21) опросника были изменены в целях приближения их содержания к социокультурной и образовательной среде российских студентов. Текст опросника представлен в таблице 1. Основой для сопоставления психометрических данных нашего исследования с уже существующими будет являться шестифакторная структура STARS, признанная наиболее оптимальной для интерпретации данных в зарубежных исследованиях: (1) тревога по поводу занятий и экзамена по статистике (п. 1, 4, 8, 10, 13, 15, 21, 22); (2) тревога по поводу интерпретации статистических данных (п. 2, 5, 6, 7, 9, 11, 12, 14, 17, 18, 20); (3) тревога по поводу обращения за помощью (п. 3, 16, 19, 23); (4) важность статистики (п. 24, 26, 27, 28, 29, 33, 35, 36, 37, 40, 41, 42, 45, 47, 49, 50); (5) страх перед преподавателями статистики (п. 30,32,43,44,46) и (6) математическая Я-концепция (п. 25, 31, 34, 38, 39, 48, 51) [1, 70]. Выделены также 2 фактора второго порядка: один более тесно связан с тревогой, а другой более тесно связан с негативным отношением к статистике [3, 82]. Психометрические свойства STARS были проверены на студентах США, Великобритании, Южной Африки, Германии и др. В этих исследованиях надежность по внутренней согласованности колебалась от α = 0,64 до α = 0,94. Опросник чувствителен к культурным различиям, что отражается в различии средних показателей по подшкалам STARS в разных странах. Кроме того, в результате оценки надежности шкал, получены следующие значения коэффициента надежности: «важность статистики» = 0,91; «страх перед преподавателями статистики» = 0,69, «тревога по поводу занятий и экзамена по статистике» = 0,85; «тревога по поводу интерпретации статистических данных» = 0,86; «тревога по поводу обращения за помощью» = 0,72; «математическая Я-концепция» = 0,74. Конструктная валидность STARS была подтверждена значимыми корреляциями с другими методиками, измеряющими «боязнь к статистике» [2, 30].

Таблица 1.

Шкала оценки отношения к статистике и тревоги по поводу ее изучения

№	Пункты
	Оцените уровень вашей тревоги по шкале от 1 до 5.
	Я испытываю тревогу, когда:
1.	Готовлюсь к экзамену по курсу статистики.
2.	Интерпретирую смысл данных из таблицы в журнальной статье.
3.	Обращаюсь к своему преподавателю статистики с просьбой индивидуально объяснить материал, который мне непонятен.
4.	Выполняю лабораторную работу по статистике.
5.	Принимаю объективное решение исходя из цифровых эмпирических данных.
6.	Читаю статью в журнале, содержащую результаты статистического анализа.
7.	Выбираю подходящий анализ данных для своей научно-исследовательской работы (курсовой работы, ВКР и т. д.).
8.	Сдаю экзамен по курсу статистики.
9.	Читаю рекламные материалы о новой модели смартфона, содержащие числовые характеристики (число ядер процессора, объем встроенной памяти в гигабайтах, разрешения камеры в мегапикселях, емкость батареи в миллиампер-часах и т.д.).
10.	Вхожу в аудиторию, чтобы написать контрольную работу по статистике.
11.	Пытаюсь осмыслить величину вероятности, которую я получил в своих расчетах.
12.	Организую массив данных для введения их в компьютер.
13.	Обнаруживаю, что другой студент в нашей группе получил не такой ответ, как у меня в той же самой статистической задаче.
14.	Принимаю решение о том, отклонить или принять нулевую гипотезу.
15.	Просыпаюсь утром в день экзамена по курсу статистики.
16.	Обращаюсь к моим преподавателям с просьбой помочь разобраться в распечатке результатов статистического анализа данных.
17.	Оцениваю, каковы шансы выигрыша/проигрыша в лотерее.
18.	Наблюдаю за тем, как студент просматривает большое количество компьютерных распечаток из своего исследования.
19.	Обращаюсь к сотруднику лабораторно-вычислительного комплекса с просьбой помочь разобраться в распечатке результатов статистического анализа.
20.	Пытаюсь понять по аннотации журнальной статьи, какой вид статистического анализа использовался ее авторами.
21.	Узнаю, что в учебном плане по моей специализации есть курс статистики.
22.	Пересдаю экзамен по курсу статистики.
23.	Обращаюсь к сокурснику с просьбой помочь в понимании распечатки результатов статистического анализа.
	Укажите степень Вашего согласия с приведенными ниже утверждениями по шкале от 1 до 5:
24.	Я больше доверяю своей интуиции, чем объективным данным статистики.
25.	Я не занимался математикой долгое время и знаю, что у меня будут проблемы с освоением статистики.
26.	Меня интересует, зачем я должен делать все эти вещи по статистике, если в реальной жизни мне это никогда не пригодится.
27.	Статистические вычисления бесполезны для меня, поскольку нужны только ученым-исследователям, а моя область специализации связана с практической работой и не предполагает проведения научных исследований.
28.	Изучение статистики отнимает больше времени, чем оно того стоит.
29.	Я считаю, что статистика – это пустая трата времени.
30.	Преподаватели статистики разбираются в таких сложных теоретических вопросах и проблемах, что кажутся инопланетянами.
31.	Если я не понимаю математику даже на уровне средней школы, то как я могу освоить статистику?
32.	Большинство преподавателей статистики – это бесчувственные люди.
33.	Я так долго жил, не зная статистики, так зачем я должен изучать ее сейчас?
34.	Поскольку мне никогда не нравилась математика, я не представляю, как мне может понравиться статистика.

35.	Я не хочу изучать ничего, что связано с математической статистикой.
36.	Статистика – наука для людей, имеющих прирожденную склонность к математике.
37.	Изучение статистики – «головная боль», без которой я прекрасно могу обойтись.
38.	Мне не хватает мозгов, чтобы успешно пройти курс статистики.
39.	Мне бы нравилась статистика, если бы в ней не было столько формул.
40.	Я хотел бы, чтобы математическая статистика была исключена как обязательный предмет из моего учебного плана.
41.	Я не понимаю, зачем кому-то в моей профессиональной сфере нужна статистика.
42.	Я не понимаю, зачем мне «забивать» голову статистикой, если она не пригодится в моей карьере.
43.	Преподаватели статистики говорят на другом (непонятном) языке.
44.	Статистики в большей степени ориентированы на цифры, чем на людей.
45.	Я не могу сказать вам почему, но мне просто не нравится статистика.
46.	Преподаватели статистики говорят так быстро, что просто не успеваешь следовать за логикой их рассуждений.
47.	Простым смертным не под силу эффективно использовать статистические расчеты.
48.	На самом деле статистика не такая уж страшная вещь. Просто в ней слишком много математики.
49.	Поскольку в моей (будущей) профессии важны навыки понимания людей и эффективного взаимодействия с ними, я не хочу тратить время на статистику.
50.	Если я никогда не буду использовать математическую статистику, так почему я должен сдавать экзамен по этой дисциплине?
51.	Я слишком медленно думаю, чтобы до меня «дошло» содержание статистики.

В настоящее время нами проводится сбор данных на выборке студентов-психологов для оценки психометрических характеристик русскоязычной версии STARS и их сопоставления с данными зарубежных исследований. Предполагаемый объем выборки – 200 человек. В отличие от зарубежных исследований, где опросник распространялся в электронном варианте, мы предпочли осуществлять диагностику студентов с использованием печатного варианта опросника, контролируя процесс его заполнения, что позволит минимизировать влияние ошибки измерения на результаты.

Литература

1. Hanna D., Shevlin M., Dempster M. (2008). The structure of the statistics anxiety rating scale: A confirmatory factor analysis using UK psychology students. *Personality and Individual Differences*, 45, 68-74.

2. Liu S., Onwuegbuzie A., Meng L. (2011). Examination of the score reliability and validity of the statistics anxiety rating scale in a Chinese population: Comparisons of statistics anxiety between Chinese college students and their Western counterparts. *Journal of Educational Enquiry*, 11, 1, 29-42.

3. Papousek I., Ruggeri K., Macher D., Paechter M. et al. (2012). Psychometric Evaluation and Experimental Validation of the Statistics Anxiety Rating Scale. *Journal of Personality Assessment*, 94 (1), 82–91.

4. Teman E. D. (2013). Factorial invariance of the statistical anxiety rating scale across sex and students' classification. *Comprehensive Psychology*, 2, 1, 2-11.

5. Zeidner M. (1991). Statistics and mathematics anxiety in social science students - some interesting parallels. *British Journal of Educational Psychology*, 61, 319-328.

Овсянникова Т.Ю.
кандидат психологических наук, Астраханский филиал «Южно-Российский гуманитарный институт»
tu.ovsyannikova@yandex.ru
Тарханова Е.С.
ГБУЗ АО «Областная клиническая психиатрическая больница»
mis_katy@mail.ru

ДИНАМИКА РАЗВИТИЯ СИНДРОМА ЭМОЦИОНАЛЬНОГО ВЫГОРАНИЯ У РАБОТНИКОВ СКОРОЙ МЕДИЦИНСКОЙ ПОМОЩИ

Комплексный анализ определений синдрома эмоционального выгорания в отечественных и зарубежных исследованиях позволяет сделать вывод о том, что столь разные представления о данном явлении обусловлены разными подходами авторов к его рассмотрению и обращением к исследованию данного феномена в разных видах профессиональной деятельности, провоцирующих его развитие.

Руководствуясь системным подходом, мы посчитали возможным определить синдром эмоционального выгорания как сложноорганизованный комплекс состояний, где доминирующим является психоэмоциональное истощение, возникающее вследствие преобладания факторов внешней среды над внутренними ресурсами, снижающее адаптационные возможности организма и психики человека. Эмоции специалиста, призванные мобилизовать организм на защиту, подавляются, встраиваются в социальный контекст и постепенно становятся причиной разрушительных процессов для личности профессионала.

Процессуальный подход к исследованию синдрома эмоционального выгорания позволил увидеть данное явление в развитие, которое неоднородно по длительности и интенсивности протекания негативных эмоциональных реакций. Поэтому в исследованиях выделяется фазы, стадии, этапы развития.

Проведенный анализ синдрома эмоционального выгорания при помощи методики В.В. Бойко позволил выделить три группы по каждому показателю.

Распределение переменных симптомокомплекса показывает, что в первую очередь у работников скорой медицинской помощи выражена фаза «резистенции», на втором месте по выраженности находиться фаза «напряжения» и на третьем – фаза «истощения». Наибольшее количество лиц, по признаку «резистенции» относятся к 3-й и 1-ой группе, по признаку «напряжения» к 3-ей и 1-ой, по признаку истощения к 1-ой и 3-ей.

Распределение выраженности фаз выгорания наглядно показывает, что у испытуемых попавших в первую группу (синдром не сформировался) наиболее выраженной является фаза «истощения» (57,4) и «напряжение» (42,6), что может свидетельствовать о воздействие психотравмирующих обстоятельств, которые постепенно могут привести к возникновению психоэмоционального напряжения, запустить развитие синдрома эмоционального выгорания, а также вызвать общее ослабление энергетического тонуса и усталости организма.

Распределение данных во второй группе испытуемых свидетельствует о том, что наиболее выраженными являются показатели фаз «напряжения» (7,0) и «резистенции» (4,3). Полученные данные позволяют сделать вывод, что повторяющиеся с изматывающим постоянством и усилением психотравмирующие ситуации, связанные с профессиональной деятельностью работника скорой медицинской помощи вызывают перенапряжение психоэмоциональной сферы деятеля и запускает механизм психологической защиты с участием синдрома эмоционального выгорания, который позволяет экономно расходовать энергетические ресурсы и таким образом снижать нарастающее напряжения. Восстановление внутреннего состояния равновесия и психологического комфорта происходить путем полного или частичного исключения эмоций из профессиональной деятельности, что позволяет снижать травматическое воздействие внешних обстоятельств, сохранять внутренние энергетические ресурсы. Психологическая защита – эмоциональное выгорание пока еще способна справляться с нагрузками и защищать организм от разрушительной мощи негативной эмоциональной энергии и её воздействия на психофизическое самочувствие.

Распределение результатов в третьей группе выраженности фаз синдрома эмоционального выгорания позволяет сделать вывод, что наиболее выраженными фазами являются «резистенция» (76,5) и «напряжение» (50,4), также достаточно высокий показатель по фазе «истощение» (40,0). Полученные результаты позволяют сделать вывод, о том, что синдром выгорания у работников скорой медицинской помощи, попавших в третью группу, проявляется в форме психологической защиты, которая становиться неотъемлемым атрибутом личности, приводит к нарушению психосоматического здоровья. Психологическая защита – «выгорание» самостоятельно уже не справляется с перегрузками и напряжением вызванных выполнением профессиональных обязанностей, и энергия эмоций перераспределяется между другими подсистемами индивида.

Таким образом, из приведенных результатов наглядно видно, что синдром эмоционального выгорания у работников скорой медицинской помощи носит динамический характер. Развитие синдрома начинается с возникновения напряжения вызванного психотравмирующими факторами профессиональной деятельности, что в свою очередь может нарушать психосоматическое здоровье специалиста и истощать энергетические ресурсы. По мере накопления напряжения синдром эмоционального выгорания проявляется как психологическая защита, что позволяет работнику скорой помощи предотвращать негативное воздействие внешних факторов профессиональной среды на эмоциональную сферу и организм в целом, снижать напряжение, а также пусть и временно, но восстанавливать состояние внутреннего комфорта. На третьем этапе психологическая защита в форме синдрома выгорания становиться неотъемлемым атрибутом личности специалиста и проявляется в его дисфункциональных следствиях, что выражается в деформации личности, недобросовестном выполнении профессиональных обязанностей, негативном отношении к пациентам, а также в нарушении психосоматического здоровья. Психологическая защита – «выгорание» самостоятельно уже не справляется с перегрузками и напряжением вызванных выполнением профессиональных обязанностей, и энергия эмоций перераспределяется между другими подсистемами индивида.

Павлова А.И.

к.т.н., доцент, Новосибирский государственный университет экономики и управления, pavlova_ann2014@mail.ru

МОРФОЛОГИЧЕСКИЙ АНАЛИЗ РЕЛЬЕФА ДЛЯ ЦЕЛЕЙ АГРОЭКОЛОГИЧЕСКОЙ ОЦЕНКИ ЗЕМЕЛЬ С ПОМОЩЬЮ ГИС

Агроэкологическая оценка земель сельскохозяйственного назначения проводится для детального изучения эколого-ландшафтных условий территории: климатические, литолого-геоморфологические, почвенные и другие. Изучение структурно-геоморфологических особенностей рельефа является неотъемлемой частью научных исследований по агроэкологической оценке земель.

Морфологический анализ рельефа состоял в сравнительном изучении его внешнего облика, характеризуемого морфографическими (типы поверхностей и их ориентированность в пространстве) и морфометрическими (количественными) характеристиками.

Топографическая карта по-прежнему служит основным источником информации, необходимой для моделирования рельефа. Морфологическое соответствие на топографической карте дает возможность в процессе агроэкологической оценке установить формы рельефа, их расположение на местности, а также типологические особенности.

Это позволило на территории Омской области установить типы генетических поверхностей, с описанием элементов мезорельефа. К основным генетическим поверхностям отнесены: современная пойма р. Иртыш и ее притоков, озерно-аллювиальные равнины, Прииртышский увал, древняя долина, котловины. Дальнейшая детализация генетических поверхностей осуществлялась с выделением геотопов по методике А.Н. Ласточкина [1-3], доработанной применительно к задачам агроэкологической оценке земель.

Основная суть заключалась в выделении в пределах геоморфологических поверхностей элементарных поверхностей, или геотопов. Геотопы – это относительно однородные в морфологическом отношении участки земной поверхности на каждом определенном пространственном уровне [3]. А.Н. Ласточкин считает, что морфология изучаемых объектов отражает создавшие и преобразовавшие их процессы, имевшие место в прошлом, и определяет происходящие ныне и ожидаемые в обозримом будущем потоки и переносимые ими вещество и энергию. Участки, являясь результатом длительных процессов, влияют на процессы, протекающие в конкретные, в данные моменты времени. Таким образом, данные элементарные поверхности приобретает определенное, свойственное только ему, природное содержание, встречают потоки вещества и энергии, преобразуют и трансформируют их.

Изучение особенностей рельефа и его характеристик с помощью ГИС связано с одной из важнейших моделирующих функций, т.е. цифровым моделированием рельефа. В связи с этим на территорию Омской области разработаны среднемасштабные карты по основным морфометрическим показателям рельефа: углов наклона, вертикального расчленения, горизонтального расчленения гидрографической и долинно-балочной сетью, расчленения озерно-западинными формами рельефа, экспозиции склонов с помощью ПО Vertical Mapper ГИС MapInfo и авторской программы Morfometria.

Разработанные морфометрические карты рельефа позволили определить структурные линии рельефа, разделяющие геотопы, которые А.Н. Ласточкин [1] классифицировал на несколько типов: килевые, гребневые, линии вогнутого и выпуклого перегибов. Эти характерные линии устанавливаются методом пластики И.Н. Степанова [4]. Суть метода раскрывается в преобразовании континуума изогипс топографической карты в дисконтинуум путем соединения точек перегиба морфоизографой, как линией нулевой кривизны.

Таким образом, В работе применен морфологический метод для анализа рельефа при выделении операционно-территориальных единиц агроэкологической оценке земель (ОТЕ).

Необходимость картографирования ОТЕ обусловлена эколого-ландшафтным подходом к организации территории и является одной из важных задач настоящих исследовании, т.к. по отношению к ним осуществляется их последующая агроэкологическая оценка и типизация, а также их использование во внутрихозяйственной и стоимостной оценке земель сельскохозяйственного назначения. В качестве такой ОТЕ в системе агроэкологической оценке предложено использовать геотопы.

Такой подход позволил выделить границы элементарных поверхностей рельефа и выполнить для них количественный анализ относительно углов наклона поверхности, вертикального и горизонтального расчленения и др.

Список литературы:

1. Ласточкин А.Н. Рельеф земной поверхности.- Л.: Недра, 1991.- 340 с.

2. Ласточкин А.Н. Геоэкология ландшафта (экологические исследования окружающей среды на геотопологической основе). – СПБ: Изд-во СПБ ун-та,1995. – 279 с.

3. Ласточкин А. Н. Системно-морфологическое основание наук о Земле: (Геотопология, структур. география и общ. теория геосистем) / А.Н. Ласточкин; С.-Петерб. гос. ун-т. - СПб. : СПбГУ, 2002. - 762 с.

4. Степанов И.Н. Теория пластики рельефа и новые тематические карты.- М.: Наука, 2006.- 230 с.

Стасенко О.В.
доцент, кандидат социологических наук,
Северо-Кавказский федеральный университет
oksanastasenko@yandex.ru

ОТНОШЕНИЕ СОВРЕМЕННОЙ СТУДЕНЧЕСКОЙ МОЛОДЕЖИ К ИНСТИТУТУ БРАКА И СЕМЬИ

Проблемы семьи и семейно-брачных отношений постоянно находятся в центре внимания российского государства, поскольку семья представляет собой специфическое, во многом уникальное образование: малая группа и социальный институт одновременно. Молодые семьи составляют значительную часть российских семей. По последним официальным данным их насчитывалось более 6 миллионов [3], поэтому формирование государственной политики в отношении молодой семьи призвано охватить значительную часть населения страны.

В настоящее время в Российской Федерации под молодой семьей понимается семья в первые три года после заключения брака (в случае рождения детей – без ограничения продолжительности брака), в которой оба супруга не достигли 30-летнего возраста, а также семья, состоящая из одного из родителей в возрасте до 30 лет и несовершеннолетнего ребенка [1;7].

Семья является одним из главных социальных институтов, в рамках которого происходит рождение новых поколений, благодаря чему формируются основные социально–культурные процессы, осуществляется передача традиционной информации от родителей к детям. Эти основные функции семьи обеспечивают в обществе физическое воспроизводство населения, и способствует преемственности поколений, что является основой полноценного и прогрессивного развития общества.

Не маловажным для современного социума является изучение мнения современной молодежи о значимости института семьи в современном обществе. Студенческий возрастной период, с позиций физиологической и психологической готовности считается наиболее благоприятным для создания семьи и рождения детей, что особенно важно при выявлении отношения современных студентов к институту семьи и брака. Создание собственной семьи для каждого человека является показателем социальной зрелости. Из опыта повседневной социальной практики известно, что браки, заключённые в студенческие годы, в большинстве случаев демонстрируют высокую степень сплоченности, основанной на принадлежности обоих супругов к одной социально-демографической группе, характеризующейся общностью интересов, групповым самосознанием, специфической субкультурой и образом жизни.

Отношение к семье традиционно связано с гендерными, возрастными и этноконфессиональными характеристиками респондентов. Исследователями в разные годы проводился ряд социологических исследований направленных на выявление готовности современной студенческой молодежи к созданию семьи и к семейной жизни в целом [2,4,5] . На наш взгляд репрезентативными являются результаты социологического исследования проводимого в ФГАОУ ВПО СКФУ в 2014 г. Был проведен социологический опрос студентов 1-4 курса, целью которого являлось исследование отношения современной студенческой молодежи к институту семьи и брака. Студенты разных курсов были опрошены практически в равной пропорции (1 курс – 32,4%; 2 курс – 22,6%; 3 курс – 21,3%; 4 курс – 23,7%). В опросе приняли участие 53% девушек и 47% юношей. При анализе анкет на предмет этноконфессиональной принадлежности опрошенных было выявлено, что в опросе приняло участие 74,4% русских и 25,6% представителей других этносов. Результаты были следующими.

По мнению большинства студентов (82,8%) семья - это союз любящих людей. Семья как разумная кооперация (6,8%) и содружество единомышленников (5,3%), по мнению студентов, не самое распространенное явление. 2,7% студентов семью считают пережитком прошлого.

Представления об идеальной семье, в мнениях студентах изобилуют такими положительными характеристиками как: взаимопонимание, взаимоуважение, забота друг о друге (62,4%); верные друг другу супруги (43,7%); все здоровы (28,6%); полная семья (67,7%). Интересен тот факт, что 29,4% студентов считают идеальной семьей ту, где есть благополучие, обеспеченность и достаток, что свидетельствует о значимости для современного студента его социально-экономического положения в обществе.

По мнению 45,4% студентов для создания семьи необходимо, прежде всего, осознание личности готовности к вступлению в брак. Не маловажным фактором, способствующим созданию семьи, считается наличие работы и постоянного дохода (33,1%), а также отдельной жилплощади (13,1%). Не задумывались над тем, что необходимо для создания семьи 2,8% респондентов, являясь при этом в большинстве случаев студентами первых курсов. Поэтому такая позиция вполне понятна, так как молодые люди 17-18 лет еще не до конца осознают всю степень ответственности при создании собственной семьи.

При выявлении мнения студентов о том, на чью помощь должна рассчитывать современная молодая семья были получены следующие результаты. 47,1% студентов считают, что молодым семьям должны помогать родители и родственники. Однако 39,2% студентов считают, что при создании семьи молодые люди должны рассчитывать только на себя.

Мнения студентов (и юношей, и девушек) относительно того, какой возраст считается оптимальным для вступления в брак не много, но различается. Так большинство девушек (64,7%) считают оптимальным возрастом для создания семьи от 21 до 24 лет, юноши (44,1%) для подобного шага считают оптимальным возраст от 25 до 30 лет.

Ограничиться только одним ребенком собираются 8,2% респондентов, двумя - 41,1%. Троих детей собираются иметь 23,1% респондентов, при этом важно учитывать этноконфессиональную принадлежность респондентов и 12,4% опрошенных считают, что на количество детей в их семьях будет влиять материальное положение. Несколько обнадеживает тот факт, что намерение вообще не иметь детей ни указал, ни один респондент.

При исследовании причин распада семьи респонденты указывают, что основной причиной выступает измена супругов, ее отметили 46,6% респондентов. На втором месте по частоте - не сошлись характерами (21,4%), на третьем – бытовые проблемы (14,1%). Кроме названных, отмечены и такие проблемы, как нехватка денег и отсутствие интереса друг к другу.

К межэтническим бракам респонденты в целом относятся положительно. Так 54,8% студентов считают, что при создании ячейки общества национальность супругов не важна. Ответ: «Я «за», но родители «против» дают 8,8% респондентов. 7,7% респондентов считают, что вступление в брак представителей разных национальностей способствует укреплению межэтнических связей в обществе.

Итак, краткий анализ результатов социологического исследования готовности современной студенческой молодежи к созданию семьи и к семейной жизни свидетельствует о том, что в целом у большинства молодых людей внесемейные ценности превалируют над семейными. Среди причин, которые мешают молодым людям завести семью и детей находятся: учеба, работа, занятость. Ведущей причиной, которая мешает молодым людям завести семью и детей, являются материальные и финансовые трудности, что вполне оправдано, так как студенчество является социальной группой с особенными социально-экономическими характеристиками.

Литература

1. Коряковцева О.А., Рожков М.И. Комплексная поддержка молодой семьи. – М.: ВЛАДОС, 2008 – 204 с.
2. Лактюхина Е.Г. Молодая семья как феномен современного общества: опыт социологического осмысления // Казанская наука. – 2012. - №2. – С. 282-284.
3. Молодежь в России. 2010: Стат. Сб./ ЮНИСЕФ, Росстат. – М.: ИИЦ «Статистика России», 2010. – 166 с.
4. Орлова И.Н. К вопросу об актуальности ценностей семьи и брака для современной студенческой молодежи // Российский научный журнал. – 2011. - №25. – С. 237-243.
5. Соколова Е.В., Лобанова О.Б. Ценностные предпочтения современной молодежи России и Германии // Гуманитарный вектор. Серия: Философия, культурологи. – 2012. - №3. – С. 217-221.

Клименко Н. Н., Михайленко Н. Ю.
к.т.н., РХТУ им. Д. И. Менделеева; профессор, к.т.н.,
РХТУ им. Д. И. Менделеева
klimenko.muctr@gmail.com; glas@rctu.ru

ОПТИМИЗАЦИЯ СОСТАВА БЕЗОБЖИГОВЫХ ВЫСОКОКРЕМНЕЗЕМИСТЫХ МАТЕРИАЛОВ МЕТОДОМ МАТЕМАТИЧЕСКОГО МОДЕЛИРОВАНИЯ

В настоящее время в связи с возникшей проблемой рационального использования минерально-сырьевой базы основной задачей, определяющей развитие большинства отраслей промышленности, включая строительную индустрию, является создание и внедрение ресурсо– и энергоэффективных технологий и материалов. В области строительного материаловедения эта задача решается путем вовлечения в производство местного и техногенного сырья, перехода к менее энергоёмким технологическим процессам, сокращения количества операций в производстве материалов и изделий.

Проблема создания эффективных строительных материалов особенно актуальна в связи с увеличением объемов строительства в отдаленных регионах России, активно развивающихся в рамках программы Правительства РФ «Энергетическая стратегия России на период до 2030 года». Такие регионы имеют богатые запасы местного сырья и обладают техногенными отходами, использование которых в производстве строительных материалов и изделий позволит решить вопрос их утилизации.

К перспективным ресурсо– и энергоэффективным строительным материалам относятся безобжиговые высококремнеземистые материалы (ВКМ) с неорганическим связующим, например, жидким стеклом, производство которых не требует высокотемпературной обработки, имеет обширную сырьевую базу в различных регионах, способствует утилизации побочных промышленных отходов, не сопровождается выбросами CO_2 и образованием парниковых газов.

Однако безобжиговая технология композиций с инертным наполнителем и жидкостекольным связующим не обеспечивает достижения высоких эксплуатационных показателей материалов, прежде всего прочности и водостойкости. Для решения этой проблемы требуется научно обоснованная разработка соответствующих составов сырьевых смесей, оптимизация условий и параметров всех технологических стадий.

Целью работы являлась разработка высококремнеземистых материалов строительного назначения с повышенными эксплуатационными характеристиками на основе кварцевого песка, доменного шлака и жидкостекольного связующего с использованием энергоэффективной безобжиговой технологии.

Условием повышения эксплуатационных свойств материалов является оптимальное соотношение исходных компонентов в сырьевой смеси. Для моделирования сырьевой смеси по составу в системе «кварцевый песок – доменный шлак – жидкое стекло» использовали метод симплекс–решетчатого планирования эксперимента, который часто применяют при исследовании зависимости свойств материала от содержания индивидуальных компонентов [1]. Целью оптимизации состава являлось получение материала с максимальной прочностью, поэтому в качестве параметра оптимизации выбран предел прочности при сжатии. В соответствии с проведенными предварительными экспериментами содержание жидкого стекла в смеси ограничили следующими пределами: максимальное содержание не превышает 30 %, минимальное содержание – не ниже 15 %. Необходимым условием для применения метода симплекс-решетчатого планирования является равенство суммы всех компонентов 100 %, поэтому диапазон содержания кварцевого песка и доменного шлака составил 0 – 85 %. Таким образом, выбранная область исследования располагается в интервале концентраций: кварцевый песок – $0÷85$ %, доменный шлак – $0÷85$ %, жидкое стекло – $15÷30$ %. Поскольку выбранная область представляет собой четырехугольник, а для двумерного пространства симплексом является треугольник, то указанная область была разделена на два симплекса, т. е. на два треугольника.

Для описания свойств в исследуемой системе выбрано уравнение регрессии неполного третьего порядка, которое чаще всего используется в аналогичных случаях. Уравнения регрессии, полученные для описания исследуемой системы, имеют следующий вид для верхнего (1) и нижнего (2) треугольников соответственно:

$$Y = 17z_1 + 90z_2 + 24z_3 + 30z_1z_2 + 164z_2z_3 - 2z_1z_3 + 17z_1z_2z_3 \qquad (1)$$
$$Y = 23z_1 + 90z_2 + 74z_3 + 166z_1z_2 - 2z_1z_3 + 993z_1z_2z_3 \qquad (2)$$

В соответствии с матрицей планирования синтезированы образцы, на которых определяли предел прочности при сжатии. После проверки адекватности уравнений по критерию Стьюдента построена поверхность отклика на симплекс (рис. 1 а), т. е. изолинии механической прочности композитов (рис. 1 б). Для этого по полученным уравнениям регрессии (1, 2) рассчитали значения прочности на сжатие во внутренней области симплексов с шагом 0,1 % по псевдокоординатам и точки с одинаковыми значениями соединили изолиниями. Согласно полученным результатам, область оптимальных составов с максимальными значениями прочности на сжатие (110 – 120 МПа) ограничивается следующими концентрациями компонентов: кварцевый песок $15÷30$ мас.%, доменный шлак $45÷65$ мас.%, жидкое стекло $20÷25$ мас.%.

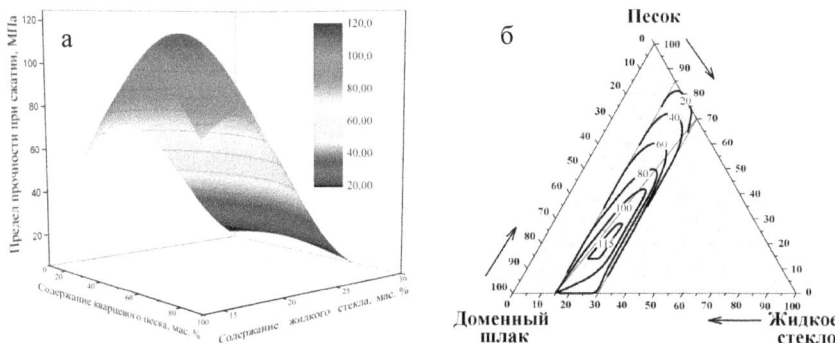

Рис. 1. Поверхность отклика на симплекс (а); изолинии предела прочности при сжатии (б) в системе «кварцевый песок – доменный шлак – жидкое стекло».

Повышение содержания песка в сырьевой смеси приводит к снижению прочности на сжатие, однако, полное исключение песка из состава также приводит к уменьшению прочности композиций. Это связано с природой кварцевого песка, который, благодаря повышенной прочности и микротвердости зерен, выступает в роли армирующего компонента вяжущей композиции, состоящей из доменного шлака и жидкого стекла. В этом случае основным компонентом, обеспечивающим набор прочности синтезируемых материалов, является доменный шлак, который в условиях тепловлажностной обработки проявляет гидравлическую активность, т. е. способность к самопроизвольному отвердеванию с получением искусственного камня. Жидкое стекло выступает в роли щелочного активатора доменного шлака, тем самым повышая его реакционную способность. В результате формируется прочный материал, армирование которого кварцевым песком позволяет повысить прочность еще на 20 %.

Таким образом, в результате проведенного моделирования сырьевой смеси по составу в трехкомпонентной системе «кварцевый песок – доменный шлак – жидкое стекло» с использованием математического планирования эксперимента показана возможность получения материалов с максимальной прочностью на сжатие до 110 – 120 МПа при содержании 15÷30 мас.% кварцевого песка, 45÷65 мас.% доменного шлака и 20÷25 мас. % жидкого стекла. Выявлено, что основной набор прочности идет за счет проявления доменным шлаком гидравлической активности. Жидкое стекло в данном случае выступает в роли щелочного активатора.

Литература:

1. *Лисовская Г.П.* Планирование эксперимента в технологии стекла. / Г.П. Лисовская. М.: Моск. хим.-технол. ин-т им. Д. И. Менделеева, 1979. – 48 с.

Левина А.В. - аспирантка, **Мальцева Л.А.** - д-р техн. наук
Уральский федеральный университет имени первого Президента России
Б.Н.Ельцина, Екатеринбург, Россия (mla44@mail.ru)

ФАЗОВЫЕ И СТРУКТУРНЫЕ ПРЕВРАЩЕНИЯ В АУСТЕНИТНО-ФЕРРИТНОЙ СТАЛИ 03Х13Н10К5М2ЮТ ПРИ ТЕРМОПЛАСТИЧЕСКОЙ ОБРАБОТКЕ

Аустенитно-ферритные стали находят широкое применение в различных отраслях современной техники. Они имеют ряд преимуществ перед аустенитными сталями – повышенный предел текучести, отсутствие склонности к росту зерна при сохранении двухфазной структуры, хорошая свариваемость и меньшая склонность к межкристаллитной коррозии. Однако промышленные дуплекс стали имеют ряд недостатков, такие как образование σ-фазы и 475-градусная хрупкость, которые накладывают существенное ограничение на технологические режимы их производства и области применения[1]. Разработанная нами новая аустенитно-ферритная сталь 03Х13Н10К5М2Ю2Т в связи с особенностями легирования лишена вышеуказанных недостатков промышленных дуплекс-сталей. Она содержат низкое содержание углерода ≤ 0,03%, пониженное содержание хрома до 13-14%, (по сравнению с 20-25% у промышленных дуплекс-сталей), дополнительно легирована никелем, кобальтом и алюминием. Известно, что состав многокомпонентных коррозионностойких сталей необходимо строго контролировать для поддержания сбалансированного содержания феррито- и аустенитообразующих элементов. Количество аустенита и феррита в дуплекс-сталях должно быть примерно в равных количествах. Поэтому уменьшение содержания хрома в дуплекс стали было скомпенсировано увеличением содержания другого сильного ферритообразующего элемента – алюминия для попадания в заданный структурный класс. Кроме того, есть данные [2], указывающие на то, что легирование алюминием подавляет процесс образования σ -фазы.

Ранее проведенными исследованиями [3] было показано, что высокопрочное состояние исследуемой аустенитно-ферритной стали достигается при проведении технологических операций, представляющих последовательность следующих операций: закалку на пересыщенный твердый раствор, деформацию и последующее деформационное старение.

Целью данной работы являлось изучение фазовых превращений и процессов структурообразования при термопластической обработке разработанной аустенитно-ферритной стали 03Х13Н10К5М2Ю2Т.

Исследования проводили комплексно с использованием методов металлографического анализа на микроскопе OLYMPUS JX-51 при увеличениях 500 крат; рентгеноструктурного фазового анализа на дифрактометре ДРОН-3 в кобальтовом K_α-излучении в интервале углов ϑ=12-70°, электронной микроскопии − на микроскопах JEM-200CX и JSM-5610LV. Терморентгеноструктурный фазовый анализ проводили с использованием температурной камеры AntonPaar HTK 1200N в интервале температур от 20 до 1100° С с шагом 100° С и экспозицией в каждой точке в интервале углов отражения θ = 12–70° в К-α медном излучении. Механические испытания проводили на испытательной машине Instron 3382 в соответствии с требованиями ГОСТ 1497-84, микротвердость − на твердомере ПМТ-3 при нагрузке 0,5 Н по результатам 10 измерений.

Следует отметить, что в данной стали аустенит является вторичной фазой, выделяющейся из δ-феррита при охлаждении. Соотношение между аустенитом и δ-ферритом сохраняется постоянным при нагреве под закалку в интервале температур 800…1050°С и составляет ≈ 50 : 50, но с повышением температуры нагрева выше 1100°С увеличивается и при 1300°С структура стали состоит практически из одного δ-феррита. Подавить выделения вторичного аустенита из δ-феррита не удается даже при резком охлаждении от 1300° С в воду. Получить δ-ферритную структуру на поверхности исследуемой аустенитно-ферритной стали удалось после лазерной закалке, при этом толщина слоя составляла ~ 550мкм. Следует отметить, что δ-феррит исследуемой стали обладает аномально высокой твердостью (≥ 500 HV), в то время как твердость аустенита невысокая (≈ 200 HV). Для установления причины столь высокой твердостью δ-феррита было проведено электронно-микроскопическое исследование закаленной от 1300° С (и 1000°С) в воду аустенитно-ферритной стали, которое показало, что высокая твердость δ-феррита связана с присутствием в кристаллах δ-феррита высокодисперсных равномерно распределенных частиц округлой формы интерметаллидной фазы (Fe,Ni)Al с решеткой типа В2. В аустените выделений интерметаллида не обнаружено, что является следствием несоответствия кристаллических решеток интерметаллида NiAl и аустенита. Исходя из наилучшего сочетания прочностных и пластических свойств и наиболее благоприятного соотношения фаз была рекомендована температура нагрева под закалку 1000°С с последующим охлаждением в воде. Аустенитно-ферритная сталь в закаленном состоянии мало склонна к старению, оптическая металлография не позволила выявить заметных структурных изменений в исследуемой стали при старении до температур старения 650 °С, однако наибольший прирост микротвердости (≈50 HV) наблюдается при температуре старения 500°С.

При старении выше 650 °С наблюдается появление неоднородности структуры как аустенита, так и δ-феррита, связанной с распадом твердого раствора (δ-феррита) и возможным частичным превращением δ→γ δ(присутствие данной фазы было подтверждено результатами физико-химического анализа осадка полученного из стали, закаленной от 1200 °С и состаренной при температуре 650°С). При нагреве выше 700° С наблюдается существенное увеличение аустенитной составляющей до ≈70 %.

Холодная пластическая деформация является одной из основных технологических операций формирующих высокопрочное состояние. Деформация вызывает интенсивное упрочнение исследуемой стали и после деформации волочением временное сопротивление разрыву σв возрастает почти вдвое по сравнению с закаленным состоянием и составляет порядка 1850МПа. Структура деформированной стали имеет типичный волокнистый характер, наблюдается значительное дробление зерен δ-феррита и наличие большого количества мартенсита деформации. Проведенные исследования показали, что аустенит исследуемой стали 03Х13Н10К5М2Ю2Т является метастабильным и при деформации порядка 80% практически полностью переходит в мартенсит деформации. На микродифракционных картинах с кристалла α-фазы видно радиальное расщепление рефлексов, которое свидетельствует о фрагментации кристаллов и увеличении азимутального угла разориентировки. Следует отметить, что на микродифракционных картинах α-мартенсита не наблюдается появления сверхструктурных рефлексов, так как последний является продуктом сдвиговой перестройки γ-фазы, в то время как в кристаллах δ-феррита хорошо видны выделения интерметаллидной фазы (Fe,Ni)Al, что подтверждается и анализом микродифракционных картин. Старение деформированной исследуемой стали при 500° С приводит к процессам распада, протекающим в обеих α/δ -твердых растворах и существенному повышению твердости и прочности стали, при этом микротвердость дополнительно возрастает ~ на 100-150 HV, а временное сопротивление разрыву σв составляет 2300-2500МПа. На электронно-микроскипических снимках видны кристаллы α/δ, имеющие ОЦК решетку с ярко выраженной сверхструктурой типа В2.

Проведенный терморентгеноструктурный фазовый анализ деформированной аустенитно-ферритной стали показал, что обратное α→γ превращение протекает в ней при нагреве выше температуры 550-600°С, что свидетельствует о стабильности ее структуры до указанных температур.

ЛИТЕРАТУРА

1.Вороненко Б.И. Современные коррозионностойкие аустенитно-ферритные стали (обзор)/ Б.И. Вороненко//МиТОМ,1997,№10.С.20-29.
2.Гуляев А.П. Новые низколегированные нержавеющие стали/ А.П. Гуляев, Т.А. Жадан. М.:Машиностроение.1972.104с.
3. Mal'tseva, L.A. Structure and strength properties of a corrosion-resistant austenitic-ferritic medical steel alter thermoplastic deformation./ L.A. Mal'tseva, 2011. Russian Metallurgy (Metally) 2011 (4). P. 307-313.

Никонов В.С.

аспирант кафедры информационных систем и математических методов в экономике экономического факультета Пермского государственного национального исследовательского университета
email: n_f@pisem.net

РЕАЛИЗАЦИЯ МОДЕЛИ СИСТЕМЫ КОНТРОЛЯ И УПРАВЛЕНИЯ IT-ПРЕДПРИЯТИЕМ НА ОСНОВЕ КОМПЛЕКСНЫХ МОДЕЛЕЙ СОТРУДНИКОВ

В предыдущей работе автором была описана комплексная модель пользователя на основе его поведения за компьютером [1]. Данная модель используется в рамках разрабатываемой системы контроля и управления деятельностью IT-компании Nixa Enterprise для оценки эффективности работы сотрудников.

В рамках работы над программной системой была создана ее математическая модель. Модель содержит не только описание основных блоков системы, но и описание принципов взаимодействия между ними, описание основных принципов обучения системы и распознавания модели пользователя.

Сопоставление (идентификация, распознавание) и обучение системы – многоуровневые процессы. На каждом уровне данные могут быть разбиты на составные части, обработаны по отдельности, и затем собраны воедино по окончании выполнения всех задач на текущем уровне.

Основное преимущество данной модели – использование нескольких уровней в рамках процессов обучения и распознавания. Данный подход не имеет аналогов и дает большую эффективность работы системы и большую точность идентификации, чего не могут достичь конкурирующие системы [2,87].

БИБЛИОГРАФИЧЕСКИЙ СПИСОК

1.   Никонов В.С. Об одном подходе к созданию комплексной модели пользователя персонального компьютера в рамках системы контроля и управления деятельностью IT-компании // Современные проблемы науки и образования. – 2013. – № 2; URL: www.science-education.ru/108-8693 (дата обращения: 13.08.2013).

2.   Никонов В.С. Nixa 3.0: Система распознавания пользователя персонального компьютера // Материалы III Студенческого регионального конкурса инновационных проектов по программе У.М.Н.И.К. 30-31 марта 2011, г. Пермь, 2011.

Щербенкова В.В.

Томский государственный архитектурно-строительный университет, студентка строительного факультета

E-mail: vika-tomsk@mail.ru

РЕКОНСТРУКЦИЯ ПРОИЗВОДСТВЕННОГО КОРПУСА ОАО "ИЗДАТЕЛЬСТВО "КРАСНОЕ ЗНАМЯ"" В Г.ТОМСКЕ

Объектом обследования является ОАО"Издательство "Красное Знамя"- крупнейший полиграфический комбинат Томской области, существовавший до 2010 года. В рассматриваемом здании размещалось полиграфическое производство.

Необходимость выполнения представляемой работы обусловлена требованием изменения функционального назначения корпуса с размещением на этажах офисных помещений вместо типографского оборудования, демонтажа технического этажа и устройства бассейна на отметке перекрытия верхнего этажа. При монтаже бассейна возникает необходимость устройства перекрытия без промежуточных опор, в виду невозможности применения типовых решений.

Проект разработан Ленинградским филиалом института «Гипрополиграф» и институтом «Новосибирский промстройпроект» министерства строительства СССР.

Сооружение представляет собой пятиэтажное трехпролетное здание каркасного типа, прямоугольной в плане формы с габаритными размерами по координационным осям 90,0×24,0 м. Отметка верха покрытия четвертого этажа 20.400 м, Отметка верха покрытия технического этажа – 25.200 м. Отметка пола подвала - – 4.800 м.

Жесткость и устойчивость здания в поперечном и продольном направлениях обеспечивается железобетонными рамами с жесткими узлами и вертикальными связями по колоннам. Кроме того, в створе колонн по всей длине здания установлены плиты распорки.

Колонны железобетонные, сплошного сечения размером 400 × 600 мм до отметки 10.800 м и 400 × 400 мм выше этой отметки, установлены с шагом 6,0 м.

Междуэтажные перекрытия и покрытие выполнены сборными из железобетонных ребристых плит шириной 1,5 м.

В поперечном направлении здания уложены ригели фигурного профиля с полкой внизу. На опорах выпуски рабочей арматуры ригелей посредством ванной сварки соединены с выпусками арматуры из колонн. Таким образом, реализовано жесткое сопряжение ригеля с колонной и обеспечена неразрезность сборного ригеля. Сборные ребристые плиты перекрытий и покрытия уложены на полки ригелей и приварены к ним посредством закладных деталей.

Фундаменты под колонны отдельно стоящие, столбчатые, на свайном основании. Инженерно-геологический разрез изученной площадки до исследованной глубины 20,0 м представлен аллювиально-озерными грунтами суглинистого, супесчаного и песчаного состава, различного природного сложения и сжимаемости.

Осмотр железобетонных конструкций перекрытий: железобетонных ребристых плит, и ригелей на отметке 20,4 м не выявил каких-либо дефектов, способствующих снижению прочности и жесткости конструкций.

а)   б)

Рис.1. Общий вид (а) и интерьер корпуса на участке размещения нового оборудования(б)

Не установлено нормальных и наклонных трещин, которые могли бы характеризовать снижение прочности конструкций при действии изгибающего момента и поперечной силы. Не выявлено также трещин в бетоне ребер плит вдоль рабочей арматуры, наличие которых могло бы говорить о коррозии арматуры. Также не установлено трещин вдоль рабочей арматуры изгибаемых конструкций на участках их опирания на ригели. Наличие данных дефектов могло бы свидетельствовать о нарушении сцепления между бетоном и арматурой.

Согласно СП 13 – 102 – 2003 [1] состояние железобетонных конструкций корпуса квалифицируется как **исправное.**

Определение прочности бетона несущих конструкций здания производилось с помощью электронного измерителя прочности материалов «ОНИКС 2.5», предназначенного для определения прочности указанных материалов на сжатие неразрушающим ударно-импульсным методом в соответствии с ГОСТ 22690–88 и ГОСТ 18113/07–86 при технологическом контроле качества, обследовании сооружений и конструкций.

Расчет пространственного каркаса выполнен с помощью проектно-вычислительного комплекса «SCAD». Комплекс реализует конечно-элементное моделирование статических и динамических расчетных схем, проверку устойчивости, выбор невыгодных сочетаний усилий, подбор арматуры железобетонных конструкций.

Поверочный расчет пространственного каркаса выполнялся на действие постоянных нагрузок от собственного веса конструкций, массы пола и массы стационарного оборудования, а так же на действие временных нагрузок, к которым относятся полезная нагрузка от перекрытия, снеговая и ветровая нагрузки [3].

Были проведены статические испытания свай с использованием гидравлических домкратов. Испытаниям подвергались сваи, расположенные в местах с наихудшими для данного объекта грунтовыми условиями, и в наиболее нагруженных участках. Свайное основание по условиям работы свай можно отнести ко II типу грунтовых условий, когда несущая способность висячих свай обеспечивается не только за счет трения грунта по боковой поверхности, но также и за счет сопротивления грунта под нижним концом сваи. Несущая способность по результатам испытаний составила 630 кН.

По результатам обследования технического состояния железобетонных конструкций корпуса, выполненным поверочным расчетам на основе фактических прочностных характеристик бетона, арматуры и действующих нагрузок, испытания свай, можно сделать следующие выводы.

1. В результате статического расчета пространственного каркаса получено распределение усилий в элементах и перемещения узлов пространственной рамы от различных видов и схем невыгодного приложения временной нагрузки. Согласно требованиям нормативных документов составлены неблагоприятные сочетания внутренних усилий в расчетных сечениях конструкций. При невыгодных сочетаниях расчетных усилий при фактических прочностных характеристиках материалов выполнена проверка несущей способности колонн первого этажа, ригелей и плит перекрытия на отметке 20,4 м [3].

2. Новое оборудование (железобетонный бассейн) может быть установлено на отметке 20,4 м после усиления ригелей, расположенных на участке его размещения.

СПИСОК ЛИТЕРАТУРЫ

1. СП 13-102-2003. Свод правил. Правила обследования несущих строительных конструкций зданий и сооружений/ Госстрой России.- М.: ГУП ЦПП, 2003. – 40 с.

2.Требования к проведению оценки безопасности эксплуатации производственных зданий и сооружений поднадзорных промышленных производств и объектов (обследования строительных конструкций специализированными организациями) РД.22-01.97 /АОЗТ «ЦНИИПРОЕКТСТАЛЬКОНСТРУКЦИЯ» им. Мельникова и ТОО ЭКЦ «МЕТАЛЛУРГ» по заданию ГОСГОРТЕХНАДЗОРА Росии.-М., 1997.-16с.

3. Кумпяк О.Г., Галяутдинов З.Р., Пахмурин О.Р., Самсонов В.С. Железобетонные и каменные конструкции. Учебник - М.: Издательство АСВ, 2011.- 672 с.

Саламонова И.С.

аспирант каф. Биотехнических систем, Санкт-Петербургский государственный электротехнический университет «ЛЭТИ» им. В.И. Ульянова (Ленина) (СПбГЭТУ)

АВТОМАТИЧЕСКИЙ АНАЛИЗ СПИРОГРАММ ПРИ ИСКУССТВЕННОЙ ВЕНТИЛЯЦИИ ЛЕГКИХ

Аппараты искусственной вентиляции легких (ИВЛ), наряду с кардиомониторами, являются основными жизнеобеспечивающими приборами, которыми оснащены все отделения реанимации и интенсивной терапии вне зависимости от профиля лечебно-профилактического учреждения. Основное назначение аппаратов ИВЛ – снабжать легкие пациента необходимой для дыхания газовой смесью и выводить из них углекислый газ и другие компоненты воздушной смеси. Данная функция аппаратов ИВЛ носит название «протезирование дыхания» и является абсолютно необходимой для сохранения жизни пациентам в раннем послеоперационном периоде, в коматозном состоянии и других клинических ситуациях, когда они не способны дышать самостоятельно.

Основными спирометрическими показателями, отражающими состояние дыхательной системы при ИВЛ являются: растяжимость C и сопротивление дыхательных путей R. Поэтому контроль этих параметров является одной из важнейших функций аппаратов ИВЛ.

Растяжимость определяется как способность к изменению объема V на единицу изменения давления P: $C=\Delta V/\Delta P$ и выражается в миллилитрах, деленных на сантиметр водяного столба. Снижение растяжимости лёгких, т.е. увеличение жесткости лёгких и грудной клетки, позволяет установить наличие рестрикции (неспособности лёгких расширяться из-за потери эластичности, слабости дыхательных мышц) и количественно оценить степень её выраженности. Сопротивление определяется величиной давления, которое необходимо приложить для проведения по дыхательным путям единицы газового объема F в единицу времени: $R=\Delta P/F$. Единица измерения сопротивления — сантиметр водного столба, умноженный на секунду и деленный на миллилитр [1, 13]. В случае обструкции (необратимого ограничения воздушного потока в дыхательных путях) увеличивается сопротивление дыхательных путей. Это позволяет выявить наличие данного вида дыхательной недостаточности у пациента.

Ранняя диагностика патологий органов дыхания основана на автоматическом анализе основных параметров внешнего дыхания, а также обнаружении существенных отклонений в заданных режимах ИВЛ. Такой анализ осуществляется по спирографическим кривым, включающим как скалярные функции (давление, поток и объем), так и двумерные функции, представленные в виде петель «объем-давление» (ОД) и «поток-объем» (ПО).

Одним из методов анализа по скалярным функциям заключается в расчете значений R и C с помощью системы уравнений:

$$\begin{cases} P(t_1) = F(t_1) R + \dfrac{V(t_1)}{C} \\ P(t_2) = F(t_2) R + \dfrac{V(t_2)}{C} \end{cases}.$$

Измерив поток F, давление P и объём V в моменты времени t_1 и t_2 и решив данную систему уравнений, можно вычислить сопротивление и растяжимость. Необходимо учитывать то, что оценка значений растяжимости и сопротивления осложняется неустойчивостью сигнала, помехами и наличием спонтанного дыхания. При этом само значение растяжимости меняется на протяжении фазы вдоха. Поэтому его необходимо оценивать по близко расположенным точкам. Для удаления помех было предложено использовать аппроксимацию полиномом [2, 72]. В результате проведенного исследования оказалось, что данный метод наилучшим образом удаляет помехи, связанные с особенностями аппаратуры и одинаковые для всех циклов вдоха, и не приводит к сглаживанию участков начала и конца вдоха. Для получения устойчивой формы сигнала необходимо выполнить процедуру скользящего усреднения циклов дыхания по N циклам, на которых не было отмечено ни существенных помех, ни проявлений спонтанного дыхания. В результате использования данного метода ошибка вычисления значений сопротивления и растяжимости составила от 4 до 7 %.

Анализ петель. Петля ОД является графической формой описания функциональной зависимости дыхательного объема V от давления P. Она одновременно отражает влияние двух физиологических параметров: растяжимости и сопротивления. Типичная кривая ОД при ИВЛ с управляемым объемом для одного дыхательного цикла изображена на рис.1. Точка А соответствует началу вдоха, точка В – концу вдоха, а величина V_T показывает дыхательный объем легких. Поскольку давление в конце выдоха должно поддерживаться на заданном уровне, кривая дыхания смещена вдоль оси давления P на положительную величину *PEEP* (Positive End-Expiratory Pressure). Линия, соединяющая две характерные точки кривой (А, В), задает направление основной оси петли. Наклон оси, равный углу α, характеризует величину динамической растяжимости дыхательной системы $C = tg\,\alpha$, а ширина петли r - величину сопротивления дыхательных путей R. Наблюдение за динамикой формы петли, положением кривой на плоскости, углом наклона α и шириной петли r позволяет косвенно судить об изменениях основных спирометрических показателей C и R, описывающих работу дыхания пациента.

Существуют различные способы описания формы петель. В работе [3, 76] приведен пример представления двумерных кривых в виде сигнатур. Преимуществом сигнатур является то, что описание двумерных петель сводится к более простым одномерным функциям. Также в данной работе предложены числовые характеристики спирографических петель, позволяющие обнаруживать существенные отклонения в заданных режимах ИВЛ и распознавать ранние формы развития патологий дыхательных путей. Кроме того, показана возможность косвенной оценки изменений динамической растяжимости и сопротивления дыхательных путей по числовым параметрам сигнатуры петель.

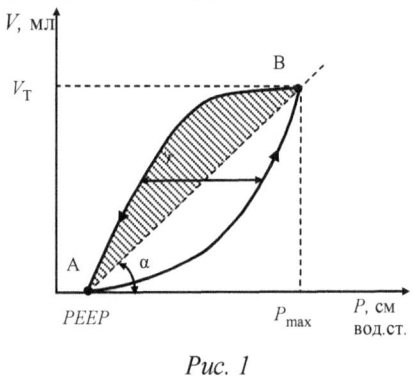

Рис. 1

Таким образом, были рассмотрены методы анализа по спирографическим кривым, которые могут использоваться для контроля за состоянием пациента. Описано преимущество подхода, основанного на сочетании процедур скользящего усреднения циклов дыхания и полиномиальной аппроксимации полученных усреднённых кривых.

Литература

1. Бурлаков Р.И., Гальперин Ю.Ш., Юревич В.М. Искусственная вентиляция легких (принципы, методы, аппаратура). М.: Медицина, 1986. — 240 с.

2. Калиниченко А.Н., Немирко А.П., Саламонова И.С. Использование полиномиальной аппроксимации для измерения показателей искусственной вентиляции лёгких. – Журнал «Биомедицинская радиоэлектроника» №11, 2013 г. – стр. 71-74

3. Манило Л.А., Немирко А.П., Саламонова И.С. Автоматический анализ формы спирографических петель при искусственной вентиляции легких. – Известия СПбГЭТУ «ЛЭТИ», № 8, 2013 г. – с. 73-78.

Райский В.В.
доцент, канд.техн.наук, Башкирский государственный университет
Васильев И.В.
доцент, канд.техн.наук, Башкирский государственный университет

ТЕПЛОФИЗИКА РЕЗАНИЯ И СТРУЖКООБРАЗОВАНИЕ ПРИ ОБРАБОТКЕ ЛЕЗВИЙНЫМ ИНСТРУМЕНТОМ

Современная механическая обработка предъявляет повышенные требования к режущей способности лезвийных инструментов: высокая износостойкость, прочность, стабильность режущих свойств при переточках, обеспечение требуемой шероховатости обработанной поверхности и ряд других специальных свойств. Для обеспечения требуемого качества инструмента необходима как модернизация существующих, так и разработка новых инструментальных материалов с прогнозируемыми свойствами. Из всего комплекса физико-механических свойств теплофизические характеристики инструментального материала является важнейшими для его режущей способности. Наиболее широко применяемыми инструментальными материалами в машиностроении являются твердые сплавы, представляющие собой композиционные материалы с резко нелинейными температурными зависимостями основных теплофизических свойств, что значительно осложняет контроль этих параметров, особенно на образцах малых линейных размеров, характерных для режущих твердосплавных пластин.

В настоящей работе излагаются результаты исследования влияния теплопроводности инструментальных твердых сплавов на характеристики стружкообразования при лезвийной обработке, проведенного с целью определения возможности оперативного контроля коэффициента теплопроводности инструмента при реальных температурах его эксплуатации.

Исследовались твердые сплавы вольфрамокобальтовой и титано-вольфрамокобальтовой групп с известными температурными зависимостями коэффициентов теплопроводности [1,45;2,82]. На первом этапе измерялась длина контакта стружки с передней поверхностью инструмента при продольном точении стали 12Х18Н10Т.

В результате проведенных исследований установлено, что при фиксированных режимах обработки и геометрии инструмента зависимости длины контакта по передней поверхности от коэффициента теплопроводности при рабочей температуре с достаточной точностью может быть линеаризована, как показано на рисунке 1. На втором этапе исследований аналогичная связь была установлена между коэффициентом теплопроводности инструмента и поперечной усадкой стружки.

Эти прямые были получены для весьма широкого диапазона изменения режимов обработки за исключением зоны интенсивного наростообразования (низкие скорости резания). Увеличение коэффициента теплопроводности инструментального материала при прочих равных условиях приводит к пропорциональному увеличению длины контакта стружки с передней поверхностью инструмента и коэффициента поперечной усадки стружки. Установленная закономерность позволяет, используя указанные линейные зависимости в качестве неких тарировочных прямых по ним определять неизвестные значения коэффициентов теплопроводности вновь разрабатываемых инструментальных твердых сплавов. Следует особо подчеркнуть, что коэффициенты теплопроводности определяются при температурах, соответствующих реальным температурам эксплуатации инструмента, что позволяет с большой надежностью прогнозировать режущую способность инструмента [3,2].

Полученные зависимости были получены при экспериментах с другими твердыми сплавами и обрабатываемыми материалами.

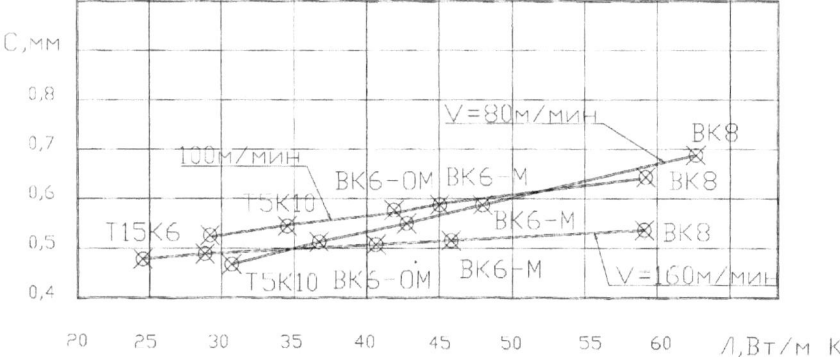

Рисунок 1 – Влияние коэффициента теплопроводности инструментальных
твердых сплавов на длину контакта резец-стружка при
точении стали 12Х18Н10Т

Литература

1. Свойства сплавов системы карбид вольфрама - кобальт. М.: Металлургия, 1971. 156 с.

2. Свойства сплавов системы карбид вольфрама - карбид титана - карбид тантала - карбид ниобия - кобальт. М.: Металлургия, 1973. 184 с.

3. Способ определения коэффициента теплопроводности инструментальных твердых сплавов. Авторское свидетельство №976782. 21.07.82. Васильев И.В. Макаров А.Д. Кривошей В.М.

Mohsen.Mohammed Neamah Mohsen
post-graduate student in Don State Technical University
Russia , Rostov-on-Don ,344000.E-mail: Mohammed.naima@gmail.com
AL-Fatla Sarmad Neamah Mohsen
post-graduate student in Czech Technical University In Brague
Czech Republic ,Braga , 12222.E-mail: sarmodi_n_1980@yahoo.com

ZIGBEE BASED WIRELESS SENSOR NETWORKS AND ITS APPLICATIONS

Based on the study of the characteristics of ZigBee technology, and the analysis of the structure of wireless sensor networks. Proposed a new reliable, flexible and inexpensive WSN system based on the ZigBee technology. Its structure that the MAC layer and the network layer of ZigBee been taken over wholly is given, and its node that integrates the WSN nodes and ZigBee module together, include both the hardware implementation and the software imple-mentationbased on TinyOS, is designed. At the end, analyzed the desired characteristics of the WSN system applied in industrial and proved that the new WSN system has a more vast range of prospects in the application in industrial.

1. ZIGBEE TECHNOLOGY

ZigBee is a new low rate wireless network standard defined by the ZigBee Alliance and based on the IEEE 802.15.4. The standard is aiming to be a low-cost, low power solution for systems consisting of unsupervised groups of devices in houses, factories and offices. Expected applications for the ZigBee are building automation, security systems, remote control, remote meter reading and computer peripherals [1]. Fig. 1 depicts the wireless spectrum in terms of two key performance characteristics -wireless radio range and data transmission rate. Contrasted with other wireless protocols such as Bluetooth, 802.11,and 802.15.3, ZigBee shows a wide range in communication distance and excellent ability in low rate transmission, for example the quick, short text transmission [2]. ZigBee takes full advantage of a powerful physical radio specified by IEEE 802.15.4. As be showed in Fig. 2, the IEEE defines only the Physical (PHY) and Medium Access Control (MAC) layers in its standards. For ZigBee alliances of companies worked to develop specifications covering the network/link, security and application profile layers so that the commercial potential of the standards could be realized [2].

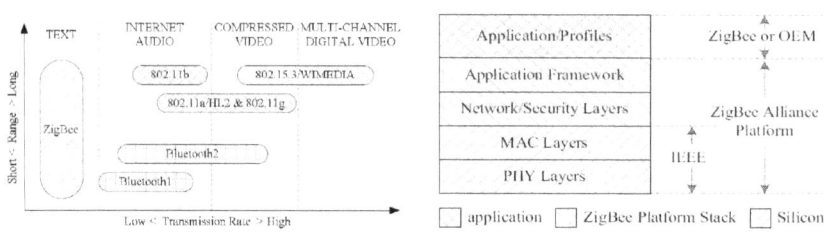

Fig. 1 The wireless landscape   Fig. 2 Component of ZigBee

Looking at ZigBee the key additions or differences in terms of the alliance mission statement are low power, networked, and open standard. The 802.15.4 standard also speaks of a 'Personal Operating Space' (POS) and 10m range but recognizes the possibility for greater range at lower data rates [2]. So with the drivers of simplicity, long battery life, networking capabilities, reliability, and low cost, ZigBee should be widely used in building automation, personal health care, consumer electronics, PC & peripherals, industrial control, residential/light and commercial control .

2. WSN BASED ON ZIGBEE
A. Wireless sensor network (WSN)

As shown in Fig. 3, the random distributed small nodes with sensor, the data processing unit and the connection module constitute network through a self-organizing way. By the sensors' detecting with hot, infrared, sonar, radar and the earthquake wave signal in the peripheral environment, nodes survey multitudinous we to be interested phenomenon including the temperature, the humidity, the noise, the light intensity, the pressure, the soil ingredient, the motion object size, the speed and the direction and soon. Using the multi-hop communication, the nods send the data to the Sink nodes. And finally by the long distance or .The temporarily established sink link, data of the entire area are transferred to the long-distance centers [3].

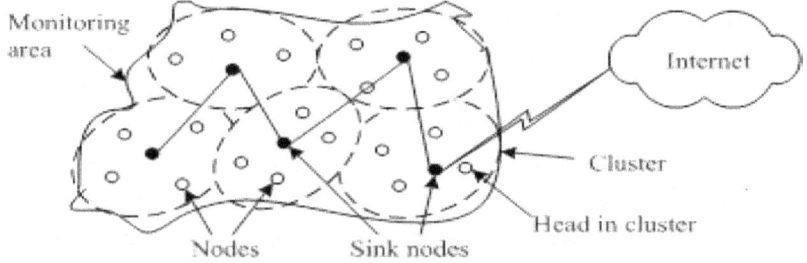

Fig. 3 Architecture of WSN systems

The architecture of the protocol stack used in the WSN combines power and routing awareness, integrates data with networking protocols, communicates power efficiently through the wireless medium, and promotes cooperative efforts of sensor nodes. The protocol stack are made up of physical layer, data link layer, network layer, transport layer, application layer, power management plane, mobility management plane, and task management plane . For its characteristics that autonomous and operate unattended, adaptive to the environment, WSN system is researched very hotly both in its structure strategy and application realization. And there are some limitations are exposed: sensor nodes' number, ability of communication power supply and ability of data processing are limited. So some improvement should be done to solve these problems of the WSN system, and ZigBee nicely provide a choice of its physical layer, data link layer, network layer, transport layer physical layer, data link layer, network layer, transport layer build up [2,3].

B. ZigBee's Topology

Fig. 4 shows the difference of topologies between Star network and Mesh network. The star network has the characteristics of:

- One central routing and control point;
- Single-hop-point to multi-point;
- All data flows through central point.
- While the mesh network is particular in:

- Multiple data paths;

- Multi-hop;

- Self configuring and self healing .

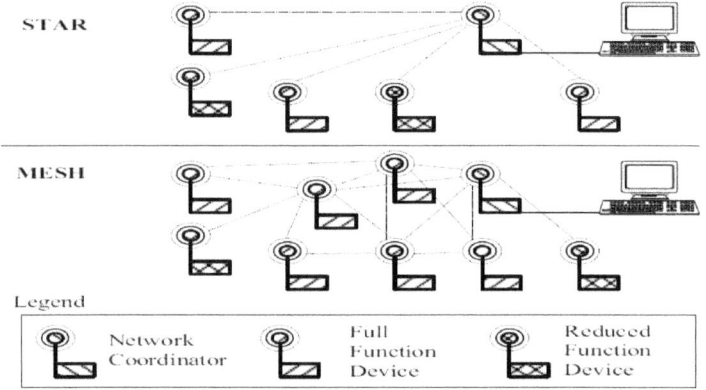

Fig. 4 Wireless network topologies

3. Industrial maintenance applications and structural monitoring

In the industrial maintenance applications the power and data cabling is challenging and expensive. Also the maintenance of the wires is laborious. The cabling of a measuring target is not even possible in some cases, e.g. in rotating axel strain gauge measurement. As structural monitoring systems grow in size, the cost of the monitoring system can grow faster than at a linear rate [4]. In some cases sensor networks with wireless instrumentation are the only way of solving these problems and are becoming more common also in industrial condition monitoring systems in spite of the drawbacks such as power supply problems and finite data bandwidth capacity. The signal processing and data transfer capacity of a wireless measurement system are typical bottlenecks in wireless sensor networks for example in frequency domain analysis of targets where high sampling rates are demanded. We have made research to find out possible ways to overcome these restrictions. One of the researched methods is additive random sampling to reduce the amount of data to be processed in wireless systems and to achieve more efficient signal processing. This means that savings in processing capacity and battery lifetime can be obtained. The main advantage of this method in a wireless system is the reduction of the data flow to be processed. This method however needs more complex signal processing at the base station or server side and requires also prior knowledge of the measured signal characteristics. Other data reduction method applied is to calculate RMS or other statistical values of the measurement signal in the sensor node and transmitting these pre-processed parameters instead of the raw measurement signal. The power consumption and the CPU performance requirements have been reduced by implementing some of these computationally intensive tasks on the FPGA.

3.1 Force / Strain monitoring of a rotating train wheel

An application example of this architecture is a wireless 20-channel strain measurement for a train wheel. This strain measurement system is shown in fig-ure 5. The measurement system is equipped with nanoNET radio technology for data transmission and measures and FIR filters four independent wheels simul-taneously at 750 Hz frequency. Data from the wheels is transmitted to a database via Ethernet by an SOC architecture-based receiver unit.

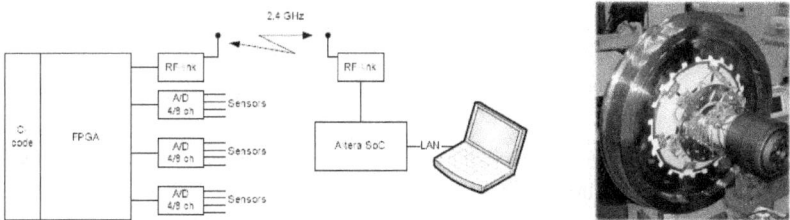

Fig. 5. Wireless 20-channel train wheel strain measurement system

In wireless TDMA style data transfer the network is synchronized by giving each node an individual time slot for transmission. In the nanoNET network the receiver node can send synchronization information for the sensor nodes by broadcast messages or time beacons. This technique enables also the measure-ments of the sensor nodes to be synchronized within microsecond accuracy. When the broadcast messages are used for the synchronization, they can be ap-plied with control information for the measurement nodes. In the application ex-ample the broadcast messages enable sending transmission requests, changing filter configuration parameters and receiving diagnostic information from the wheels.

And there are many other applications we can use WSN in it such us:-

➢ health monitoring and tracking of domestic animals.

➢ high speed recording of athlete performance .

➤ acoustic emission measurement for real time condition monitoring of bearings.

➤ health monitoring and tracking of domestic animals.

➤ high speed recording of athlete performance.

➤ power consumption optimization principles.

➤ wireless solutions for improving health and safety working conditions in industrial environments very.

➤ survey of wireless communications applications in the railway industry.

ZigBee technology is a new wireless protocol that widely used various areas for it excellent performance in reliability, power profile, capability, flexibility and cost. In this paper we have presented examples of wireless sensor networks for industrial and non-consumer monitoring applications. and we saw how widely we can use WSN in the industry field and how to use the benefits of such instruments in every field of our live.

REFERENCES:

1. Ondrej, S., Zdenck, B., Petr, Г., Ondrej, H., "ZigBee Technology and Device Design", International Conference on Networking, International Conference on Systems and International Conference on Mobile Communications and Learning Technologies, IEEE, April 2006 pp.129-139.
2. Bob Heile, "Emerging Standards: Where do ZigBee/UWB fit", ZigBee Alliance, ZigBee Alliance web site, June, 2004.
3. REN Feng-Yuan, HUANG Hai-Ning, LIN Chuang, "Wireless Sensor Networks" Journal of Software, Vol.14, Jul.2003. pp.1282-1291.
4. YU Hai-Bin, ZENG Peng and LIANG Wei, Intelligent Wireless Sensor Networks, Science publisher, Peking/China, 2006.

Mohsen.Mohammed Neamah Mohsen

post-graduate student in Don State Technical University

Russia , Rostov-on-Don ,344000.E-mail: Mohammed.naima@gmail.com.

AL-Fatla Sarmad Neamah Mohsen

post-graduate student in Czech Technical University In Brague

Czech Republic ,Braga , 12222.E-mail: sarmodi_n_1980@yahoo.com

A MODEL OF THE ENERGY CONSUMPTION OF WIRELESS SENSOR NETWORK NODES AND ITS APPLICATION FOR INCREASING OF THE OPERATION TIME OF THE NETWORK

This paper proposes a new model of wireless sensor networks and its application for optimization of power consumption of the network through the optimization of the links between nodes, taking into account the capacity of the power supply unit, the amount of information collected and transmitted by the node as well as range of a node that is defined by means of energy costs and its quantitative measure. This model can be used to optimize the structure of energy consumption in a wireless network in order to increase the operation time of the network (time until the first node failure happens due to battery exhaustion). The importance of the problem is discussed. The model is given in terms of graph theory. The detailed statement of the problem by optimization of the energy consumption of the network for longer operation time is given, and an approach to its solution based on the solution of the corresponding linear programming problem is described. An implementation of the solution in the form of a computer program is provided. Results of computer simulations are shown, and conclusions regarding the applicability of the technology in practice are given.

Versatility and ease of operation of wireless detector elements networks or wireless sensor networks (hereinafter referred to as WSN) resulted in their great attraction for researchers worldwide. Among the most acute problems emerging in regard with their use, one can note energy efficiency and fault tolerance issues.

Self-contained supply is at the same time both one of the main advantages of WSN and a serious problem. This is a consequence of necessity to change batteries regularly. Part of the problem is solved with an approach called Energy Harvesting –conversion of side mechanical, thermal or electromagnetic radiation energy into electric current to power the device. Widespread application of Energy Harvesting is a feature of devices developed under the trademark of EnOcean.

On the one hand self-contained supply of sensor network components is a serious problem since lots of special sensors (such as gas sensors) are characterized by high energy consumption in the context of systems development for monitoring industrial facilities sensor network components. On the other hand, EnergyHarvesting can be successfully applied with regard to a high level of electromagnetic and heat noise and vibrations produced by industrial equipment. The possibility of transforming vibration into electric current to supply a unit of a sensor network is shown, for example, in article [1].

It should be noted that the energy security issue of the network requires monitoring of current power status of all components in the network with the account for data paths and the physical location of components. The latter is required to maintain constant availability of all network components. This problem is investigated among others in [1-3].

Energy balance problem. One of the practical problems which are directly related with energy efficiency issues and stability of WSN is the increase of self-contained supply battery life of the network. Technologically, this can be achieved by 1) improving self-powering sources, 2) application of Energy Harvesting approach and 3) optimization of network power consumption. Let us consider the latter.

Energy consumption in WSN depends on the following factors: distance and obstructions between different components (i.e. their location in space relative to each other), amount of information and frequency of its transmission; power consumption of applied chips, sensors and other electronic components, logical structure of network comprising paths of data transfer from a component to a component.

When changing each of the parameters, the structure of energy consumption in the network and power consumption of each component will change. Energy optimization in this case is called *energy balancing*. An up-to-date overview of approaches to solving this problem is presented in [4-5].The ultimate goal of power consumption optimization is to improve self-contained network battery life. Let us consider what we understand as this notion. In the context of practical application, the most logical definition for time of self-contained network operation is mean-time-to-first-failure of any of its components due to exhaustion of a battery power source. This approach is widely used in studying the problem of energy balancing [6].

Model of functioning of a wireless sensors network. Power consumption optimization of the network requires an adopted model of its operation. There is a number of fairly complex models, for example [9], that take into account specific features of interaction protocols between components of the sensor network, their vulnerability. However it is enough to consider a simpler model described below in order to optimize power consumption of a fixed network.

Each network component may be connected to various sensors for the measurement of various parameters of the environment and the operation of industrial facilities respectively. Let us assume that a component transfers data about results of measurements at certain regular intervals T_C (data transfer period). The duration of data transfer t_c is constant at every session (it characterizes amount of data transferred). The model is vividly depicted in Figure 1. Gray color indicates time moments when a data transfer takes place.

| 0 | 1 | 2 | 3 | 4 | 5 | 6 | 7 | 8 | 9 | 10 | 11 | 12 | 13 | 14 | 15 | 16 | 17 | 18 | 19 | 20 | 21 | 22 | 23 | 24 | 25 | 26 | 27 | 28 | 29 |

Fig. 1. Model information transmission network node during the time t
= 30 seconds at T_c = 10 c, t_c = 2 c

In this model, time required to transfer data in the component during a time period t is calculated by the formula

$$T_{per} = ([(t - t_c)/T_c]+1) \cdot t_c$$

(brackets show an operation of retrieving the integer part).

For the purposes of this article we should consider the following simplified assessment:

$$t_{per (avg.)} = t_c \cdot t / T_c$$

In order to finally characterize a component, let us introduce one value – transfer time ratio $k_{t\,per.}$ (i.e. time portion required to transfer data from a component)

$$k_{t\,per.} = t_c / T_c$$

Obviously, power consumption of a component in data transfer depends on power that runs the transmitter and duration of its operation (as described above). Modern transmitters control power to ensure reliable data transmission to a component with minimum power consumption. Thus, the connection between two components is characterized with power of a transmitter of a node P_{per} where it is possible. This index depends in its turn on various factors where the essential one is the signal level at the receiving component, which directly influences the mutual placement of nodes.

A component is also characterized by power capacity C_P of a self-contained power supply (in W*c = J).

A set of components of metering and wireless data transfer which is described by the abovementioned parameters can be represented with the following graph (Figure 2). Each component corresponds to a couple of values ($k_{t.per}$, C_P) and each rib to a P_{per} value. In practice sometimes there can be occasions when P_{per} for data transfer may differ for two different directions, but in this article we will not consider them.

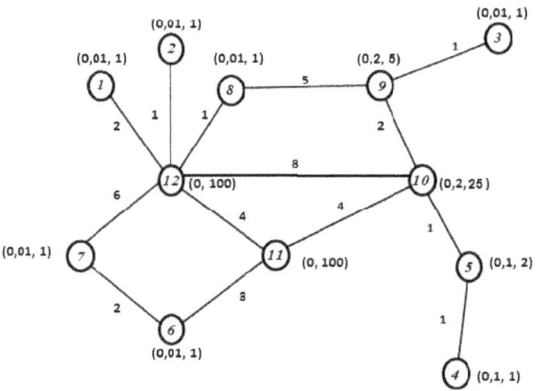

Fig 2. Example graph wireless sensor networks

If data is transferred from one component to others, then corresponding factors of transferring components are summed with its $k_{t.per}$ factor (let us denote the result as $k_{t.per.gen}$).

Average power consumption of a component e_{avg} (J) for time t is

$$E_{avg} = \underline{P}_{per} \cdot k_{t.per.gen} \cdot t.$$

If we assume that the capacity of a power supply at all components is the same the problem transforms into how to build a network so that each node $k_{t.per.gen}$ would differ from the average in the network as low as possible. However this formulation does not quite match with practice and common sense: retranslation components should be equipped with batteries of higher capacity to transfer greater amounts of information.

Therefore, the model needs also to take into account the capacity of the self-contained power supply of each component. Naturally, the practical use of the model will require corrections because of power consumption of data transfer.

It is assumed that a component can receive data from several components but can transfer data to an only one component, i.e. the network is a tree. In this model, there is a one drain and it is the root of the tree.

Average time of self-contained operation of a component can be found if we equate e_{avg} and C_P:

$$C_P = P_{per} \cdot kt_{per} \cdot t_{aut}$$

$$T_{aut} = C_P/(P_{per} \cdot kt_{per})$$

Then this problem comes down to finding a tree on the graph of network component connections such that minimum taut would be the greatest among all possible values. At that, the condition $k_{t.per.gen} <= 1$ must be fulfilled for every component. This problem can be solved with a computing machine.

Table 1

Runtime nodes before and after optimization

№ Node	$k_{t\,per.}$	C_P	Before optimization			After optimization		
			P	$k_{t.per.gen.}$	$t_{per\,(avg.)}$	P	$k_{t.per.gen}$	$t_{per\,(avg.)}$
1	0,01	1	2	0,01	50	2	0,01	50
2	0,01	1	1	0,01	100	1	0,01	100
3	0,01	1	1	0,01	100	1	0,01	100
4	0,1	1	1	0,1	10	1	0,1	10
5	0,1	2	1	0,2	10	1	0,2	10
6	0,01	1	3	0,01	33,33333	3	0,02	16,66667
7	0,01	1	6	0,01	16,66667	2	0,01	50
8	0,01	1	1	0,01	100	1	0,01	100
9	0,2	5	2	0,21	11,90476	2	0,21	11,90476
10	0,2	25	8	0,61	**5,122951**	4	0,61	**10,2459**
11	0	100	4	0,01	2500	–	–	–
12	0	100	–	–	–	4	0,03	833,333

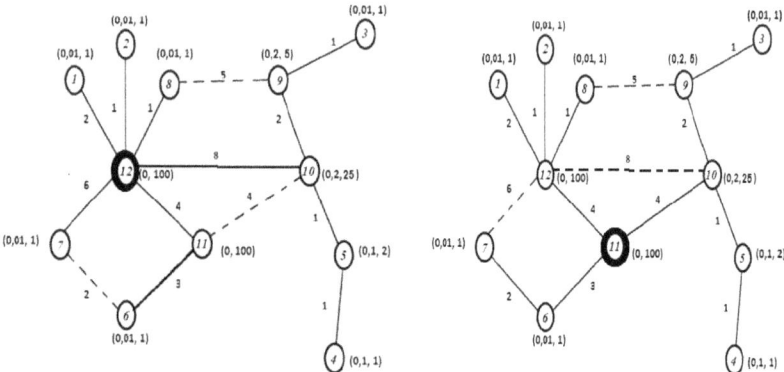

Fig. 3. Scheme to optimize the network after optimization

Fig. 4. Network Diagram

Conclusions. Proposed a new model of the wireless sensor network, taking into account the capacity of the power supply unit, the volume of collected and transmitted information node, energy communication between nodes and quantified. This model can be used to optimize the structure of energy consumption in a wireless network in order to increase the battery life of the network (time to first node failure due to network resource exhaustion power supply).

REFERENCES

1. Уитакер, М. Energy Harvesting. Новый этап в развитии автономных устройств /М. Уитакер, И. Бочарников // Компоненты и технологии. — 2010. — № 8. — С. 146–169.

2. Мочалов, В. А. Метод синтеза отказоустойчивой структуры сенсорной сети при наличии ограничений по размещению узлов сети в разнородном пространстве / В. А. Мочалов // T-Comm: Телекоммуникации и транспорт. — 2012. — № 10. — С. 71–75.

3. Киреев, А. О. Распределенная система энергетического мониторинга беспроводных сенсорных сетей / А. О. Киреев // Известия ЮФУ. Технические науки. — 2011. — Т. 118, № 5. — С. 60–65.

4. Energy consumption balancing (ECB) issues and mechanisms in wireless sensor networks (WSNs): a comprehensive overview / F. Ishmanov, A. S. Malik, S. W. Kim // European Transactions on Telecommunications. — 2011. — Т. 22. — С. 151–167.

5. Ефремов, С. Г. Задача увеличения времени автономной работы беспроводных сенсорных сетей в системах сбора данных и способ ее решения / С. Г. Ефремов, Л. С. Восков // Датчики и системы. — 2013. — № 4. — С. 2–6.

6. On balancing energy consumption in wireless sensor networks / F. Bouabdallah, N. Bouabdallah, R. Boutaba // IEEE Transactions on Vehicular Technology. — 2009. — Т. 58, № 6. — С. 2909–2924.

УДК: 621.315.616.98:625.861:625.06/.07

Танжариков П.А. - кандидат технических наук, профессор
Сарабекова У.Ж. – PhD докторант
Кызылординский Государственный Университет имени Коркыт ата,
Республика Казахстан
ulbolsyn.sar@mail.ru

ИСПОЛЬЗОВАНИЕ АСФАЛЬТО СМОЛИСТО ПАРАФИНИСТЫХ ОТЛОЖЕНИЙ В ПРОИЗВОДСТВЕ СТРОИТЕЛЬНЫХ МАТЕРИАЛОВ

В Республике Казахстан интенсивному развитию нефтегазовой отрасли отводится ведущая роль. Неизбежным следствием этого является рост техногенного воздействия на объекты природной среды. В районах разработки, добычи, транспортировки и переработки нефтяного сырья отмечаются нарушения естественного экологического равновесия. Проблема обеспечения экологической безопасности при обращении с твердыми отходами нефтедобычи является актуальной во всем мире, но особенно остро проявляется в Казахстане, практически в каждом нефтедобывающем регионе.

Технологические процессы добычи нефти разделяются на единичные процессы с соответствующими им производственными объектами, такими как эксплуатационные, нагнетательные и поглощающие скважины, групповые замерные установки, дозировочные установки и т.д. Для каждого вида деятельности характерны экологические аспекты и связанные с ними воздействия на окружающую среду. Так, нефтешламовые амбары, технологические резервуары и емкости, трубопроводный транспорт являются причиной около 50% негативных воздействии на окружающую среду, обусловленных образованием нефтеотходов.

Система обращения с отходами нефтедобычи должна включать следующие стадии: образование, раздельное накопление и сбор, транспортирование, переработку, обезвреживание и размещение в окружающей среде неутилизируемых остатков. В сложившейся практике обращение с нефтеотходами сводится к их совместному сбору, транспортировке и временному размещению качественно разных потоков отходов, что затрудняет их дальнейшее использование.

Проблема утилизации нефтеотходов существует во всех регионах нефтедобычи. В последние годы наметилась тенденция ее обострения и негативного влияния на окружающую среду.

Проведенный анализ условий образования, основных характеристик и воздействия на окружающую среду отходов нефтедобычи выявил главный недостаток существующего подхода к обращению с твердыми отходами нефтедобычи. Это ставит задачу минимизации образования твердых отходов нефтедобычи и необходимость ее решения путем дифференсированного подхода к качественно разным по составу и свойствам отходам. Необходимо выделять и использовать в качестве вторичного сырья категории нефтеотходов, обладающие полезными свойствами и содержащие ценные компоненты.

Утилизация отходов является одним из основных направлений в ресурсосберегающей технологии. Успешное решение вопросов утилизации приводит к тому, что взамен понятия «отходы производства» возникает более правильное – «вторичное сырье», имеющее отношение не только к основному производству, но и к системам регенерации, рекуперации и очистке промышленных выбросов.

В процессе производства нефтедобывающая отрасль способствует образованию и накоплению твердых отходов, в идее асфальто-смолисто-парафинистых отложений (АСПО). Возможность практического использования АСПО мало изучена и, до настоящего времени, еще не получили распространение экономически доступные технологии утилизации АСПО, которые бы в наибольшей степени использовали их ценные компоненты.

Необходима разработка методологических подходов, позволяющих решить проблему утилизации техногенных отходов не традиционными способами, а методами повышения потребительских свойств очистки от лишних примесей и компонентов концентрирования обезвоживания и другими способами обогащения с применением отходов в смежных областях производства. Такие подходы по вовлечению отходов в ресурсооборот должны быть положены в основу стратегии обращения с техногенными отходами и соответствующих технических решений.

Наш подход к утилизации асфальто-смолистого парафинного отложения (АСПО) в составе органоминеральных гидроизоляционных смесей основывался на создании материала, обладающего высокими физико-механическими показателями, с использованием доступных и недорогих компонентов. В экспериментальных исследованиях были использованы АСПО, отобранные с месторождении Акшабулак Кызылординской области.

Характеристика АСПО:

Групповой состав, масс.%

Асфальтены	3
Смолы	11,1
Масла:	
-парафино-нафтеновые углеводороды	52,3
-легкая и средняя ароматика	35,3
-тяжелая ароматика	5,6

Механические примеси	1,27
Вода	1,5
Сера	0,1
Физико-механические и химические свойства:	
-плотность, г/см^3	1,0
-температура размягчения по КиШ, ^{0}С	42,0
-температура плавления, ^{0}С	43-46

Проведенные исследования позволили установить оптимальное соотношение компонентов органоминерального гидроизоляционного материала в масс.%: глина - 43-47, песок – 15-20, известь – 10-15, АСПО – 20-25, резина – 2-5.

Материал оптимального состава имеет заданные физико-механические свойства: прочность при сжатии – 85-100кг/см^2, водопоглощение – 0,7-1,0%, коэффициент фильтрации – 0,95*10^{-10} - 2,0*10^{-10}м/с. Коэффициент фильтрации находится на уровне требований нормативных документов [2, 103-105; 3, 29-30], предъявляемых к средствам противофильтрационной защиты полигонов по обезвреживанию и захоронению любых видов отходов.

Результаты исследований показали, что при контакте образца гидроизоляционного материала с водой происходит экстракция нефтепродуктов. Продолжительность контакта образцов с водой (одна, две, три или четыре недели) существенно не влияла на содержание нефтепродуктов в визируемых пробах воды (0,60-0,70мг/дм^3). Это свидетельствует о том, что процесс экстракции происходит значительно быстрее. Увеличение времени контакта не влияет на экстракцию нефтепродуктов из материала. Этот положительный фактор может быть использован при эксплуатации гидроизоляционного экрана с применением разработанного материала.

Для определения оптимального состава предлагаемого органоминерального гидроизоляционного материала проведены лабораторные исследования физико-механических свойств образцов различных комбинаций состава. Массовое содержание компонентов в образцах материала изменяли в пределах %: АСПО – 9-25, глина – 40-60, песок – 10-25, известь – 5-20. Резина – 1-5, с шагом варьирования количества каждого ингредиента в составе смеси 5% и менее. Состав образцов предлагаемого материала результаты лабораторных исследований их свойств приведены в таблице.

Научное значение работы заключается в расширении возможностей увеличения гидроизоляционного материала производства с использование нефтяных отходов, как вторичного сырьевого запаса, в целях решения экологических проблем нефтедобывающих регионов Кызылординской области.

Результаты лабораторных исследований образцов предлагаемого органо-гидроизоляционного материала различного состава

№ п/п	Показатели	Состав, масс.%						
		Известь-20 Песок-10 Глина-60 АСПО-9 Резина-1	Известь-5 Песок-25 Глина-40 АСПО-25 Резина-5	Известь-15 Песок-15 Глина-43 АСПО-25 Резина-2	Известь-10 Песок-20 Глина-47 АСПО-20 Резина-3	Известь-15 Песок-15 Глина-45 АСПО-20 Резина-5	Известь-12 Песок-17 Глина-46 АСПО-22 Резина-3	Известь-12 Песок-15 Глина-43 АСПО-25 Резина-5
		1	2	3	4	5	6	7
1	Прочность при сжатии, кг/см^2	37	40	85	120	100	95	88
2	Водопоглощение, %	1,35	1,1	0,96	0,65	0,70	0,90	0,95
3	Коэффициент фильтрации, $1*10^{-10}$м/с	5,50	4,40	0,90	1,44	1,55	2,00	1,60

Разработанный в лабораторных условиях гидроизоляционный материала, отвечающий нормативным требованиям, подтверждается опытно-промышленными испытаниями и пилотным проектом.

Список литературы
1. Назарбаев Н.А. Стратегия «Казахстан-2030». Алматы: Білім, 1998. -130с.
2. Ручкинова О.И. и др. Утилизация асфальто-смоло-парафиновых отложений при производстве гидроизоляционного покрытия //Нефтяное хозяйства. 2003. –Вып. 3. -С.103-105.
3.Ручкинова О.И. и др. Экологическая безопасная утилизация твердых нефтеотходов //Защита окружающей среды в нефтегазовом комплексе. 2003. –Вып.4. – С.29-30.

Горн Д.И.
кандидат физико-математических наук, старший научный сотрудник,
Национальный исследовательский Томский политехнический университет
gorn_dim@sibmail.com

ПОЛУЧЕНИЕ СТИМУЛИРОВАННОГО ИЗЛУЧЕНИЯ В СТРУКТУРАХ КРТ С КВАНТОВЫМИ ЯМАМИ

Одним из перспективных направлений в области создания эффективных излучателей среднего и дальнего инфракрасного (ИК) диапазона является применение в качестве активной области излучателя наноструктур с квантовыми ямами (КЯ) на основе узкозонного твёрдого раствора $Cd_xHg_{1-x}Te$ (КРТ). Ещё в [1, 6869] было теоретически показано, что применение квантовых ям на основе КРТ может позволить снизить скорость безызлучательной Оже-рекомбинации в несколько десятков раз.

В данной работе мы рассмотрим имеющиеся на настоящий момент наработки по вопросу получения стимулированного излучения в ИК-диапазоне в структурах на основе КРТ с квантовыми ямами. Также нами будет проведён анализ представленных в рассмотренных работах экспериментальных данных и по возможности будет дана интерпретация наблюдаемого излучения. Теоретический анализ будем проводить на основании модели самосогласованного потенциала полупроводниковой гетероструктуры, основанной на совместном численном решении уравнений Пуассона и Шрёдингера для структуры с КЯ [2, 50].

В работе [3, 2026] представлены экспериментальные спектры наблюдения спонтанного и стимулированного излучения с максимумом спектральной характеристики на длине волны 2,85 мкм и 2,75 мкм соответственно. Авторами рассматривалась структура с множественными квантовыми ямами $Cd_{0,37}Hg_{0,63}Te$ (16,6 нм) / $Cd_{0,85}Hg_{0,15}Te$ (6 нм), состоящая из 30 периодов, выращенная методом МЛЭ. Накачка в эксперименте осуществлялась Nd:YAG лазером в непрерывном режиме. Оценочный расчёт даёт следующие результаты. Наиболее близким по энергии к наблюдаемым линиям люминесценции является излучательный переход $c_2 \rightarrow hh_2$ между вторым уровнем размерного квантования электронов и вторым уровнем квантования тяжёлых дырок. Этот переход осуществляется на длине волны 2,77 мкм при температуре 5 К и 2,73 мкм при температуре 60 К. Расчетное значение в хорошей степени согласуется с наблюдением при высокой температуре.

Авторами [4, 1210] рассматривалась структура с МКЯ $Cd_{0,33}Hg_{0,67}Te$ / $Cd_{0,55}Hg_{0,45}Te$ с толщиной ямы и барьера, соответственно, 10 и 7 нм. Структура, состоящая из 5 периодов находится в центре волноводного слоя КРТ с составом $x = 0,33$ мол. дол., образующего резонатор в структуре. Чтобы избежать чрезмерного нагрева образца, возбуждение люминесценции в структуре осуществлялось импульсным Nd:YAG лазером с модулированной добротностью. Расчёт в данном случае предсказывает переход $c_2 \rightarrow hl_2$ на длине волны 2,24 мкм между вторыми уровнями размерного квантования электронов и лёгких дырок.

В работе [5, 5286] описан порог лазерной генерации в структуре с МКЯ (образец # 1), состоящей из 5 периодов $Cd_{0,35}Hg_{0,65}Te$ (яма) / $Cd_{0,55}Hg_{0,45}Te$ (барьер) с толщиной ям и барьеров 15 и 10 нм, соответственно.

В работе [6, 6908] рассматривались структуры с градиентными слоями. МКЯ в данной структуре состояла из 5 периодов $Cd_{0,44}Hg_{0,56}Te$ (15 нм) / $Cd_{0,59}Hg_{0,41}Te$ (6,5 нм). Данная структура сравнивалась с гетероструктурой, включающей потенциальную яму с составом КРТ $x = 0,44$ и окружённой волноводным слоем с составом 0,7 мол. дол. Авторами было показано, что наличие в активной области структуры с МКЯ, а также градиентных слоёв существенно снижает порог лазерной генерации.

В работе [7, 1036] была изготовлена структура в виде резонатора Фабри-Перо, образованная постростовым нанесением диэлектрических зеркал на структуру с активной областью, состоящей из 5 квантовых ям $Cd_{0,32}Hg_{0,68}Te$ толщиной 14 нм, разделённых барьерами из $Cd_{0,6}Hg_{0,4}Te$ толщиной 10 нм. Авторам удалось получить лазерную генерацию в подобной структуре при комнатной температуре.

В работе [8, 1661] также сообщается о наблюдении стимулированного излучения в структуре с 5-периодной МКЯ $Cd_{0,59}Hg_{0,41}Te$ (14 нм) / $Cd_{0,75}Hg_{0,25}Te$ (10 нм) при комнатной температуре.

Все рассмотренные в данной статье публикации, посвящённые получению лазерного излучения в структурах с квантовыми ямами на основе КРТ, относятся к периоду 1989-1999 гг. Насколько известно авторам данной статьи, после этого работ в рассматриваемом направлении, описывающих результаты, отличные от приведённых выше, опубликовано не было. При этом также известно, что в настоящее время не существует промышленно производимых приборов оптоэлектроники, основанных на использовании квантовых ям и сверхрешёток КРТ. Исследования так и не дошли до получения приборно-ориентированной электролюминесценции и создания инжекционных лазеров, использующих все преимущества квантовых ям на основе КРТ.

Работа выполнена в рамках Программы повышения конкурентоспособности ТГУ.

Литература

1. Jiang Y. Carrier Lifetimes and Threshold Currents in HgCdTe Double Heterostructure and Multiquantum-Well Lasers / Y. Jiang, M.C. Teich, W.I. Wang // J. Appl. Phys. – 1991. – Vol. 69 (10). – P. 6869–6875.

2. Войцеховский А.В. Анализ спектров фотолюминесценции гетероэпитаксиальных структур на основе $Cd_xHg_{1-x}Te$ с потенциальными и квантовыми ямами, выращенных методом молекулярно-лучевой эпитаксии / А.В. Войцеховский, Д.И. Горн, И.И. Ижнин, А.И. Ижнин, В.Д. Гольдин, Н.Н. Михайлов, С.А. Дворецкий, Ю.Г. Сидоров, М.В. Якушев, В.С. Варавин // Изв. вузов: Физика. – 2012. – № 8. – С. 50–55.

3. Stimulated emission at 2.8 m from Hg-based quantum well structures grown by photoassisted molecular beam epitaxy / N.C. Giles, J.W. Han, J.W. Cook Jr., J.F. Schetzina // Applied Physics Letters. – 1989. – V. 55. – P. 2026-2028.

4. Stimulated emission from $Hg_{1-x}Cd_xTe$ epilayer and $CdTe/Hg_{1-x}Cd_xTe$ heterostructuers grown by molecular-beam epitaxy / K.K. Mahavadi, S. Sivananthan, M.D. Lange, X. Chu, J. Bleuse, J.P. Faurie // J. Vac. Sci. Technol. – 1990. – V. 8 (2). – P. 1210–1214.

5. Cavity structure effects on CdHgTe photopumped heterostructure lasers / J. Bleuse, N. Magnea, J.-L. Pautrat, H. Mariette // Semicond. Sci. Technol. – 1993. – V. 8. – P. 5286–5288.

6. Optical gain and laser emission in HgCdTe heterostructures / J. Bonnet-Gamard, J. Bleuse, N. Magnea, J. L. Pautrat // J. Appl. Phys. – 1995. – V. 78 (12). – 6908–6915.

7. II-VI infrared microcavity emitters with 2 postgrowth dielectric mirrors / C. Roux, P. Filloux, G. Mula, J.-L. Pautrat // Journal of Crystal Growth. – 1999. – V. 201/202. – P. 1036–1039.

8. Room-temperature optically pumped CdHgTe vertical-cavity surface-emitting laser for the 1.5 mm range / C. Roux, E. Hadji, and J.-L. Pautrat // Applied Physics Letters. – 1999. – V. 75 (12). – P. 1661-1663.

Демир Н.Г.
старший преподаватель кафедры англистики и межкультурной
коммуникации МГПУ (Московский городской педагогический
университет)
nataliedemir@mail.ru

СЛОВАРИ СИНОНИМОВ – НЕТОЧНОСТИ СОСТАВЛЕНИЯ И ВЛИЯНИЕ НА СОСТОЯНИЕ ЯЗЫКА И КУЛЬТУРУ РЕЧИ

Словари всегда являлись важным компонентом для уточнения информации, перевода и пр. В наше время необходимость использования словарей возросла в связи с увеличением количества заимствований, терминов и прочей лексике пополнившей современный язык. Однако стоит отметить тот факт, что требование и качество словарей синонимов и двуязычных значительно снизилось. Это утверждение было сделано на основе проведенного исследования некоторых словарей синонимов, а также двуязычных словарей. Для проведения исследования были взяты такие словари как: словарь синонимов З.Е. Александрова, краткий словарь синонимов К.С. Горбачевич и словарь синонимов русского языка А.П. Евгеньева. Словари были рассмотрены с точки зрения количества представленных синонимов, расположения синонимов в цепи (от наиболее распространенного к менее), наличие историзмов в синонимичной цепи, а также коннотативной особенности представленных синонимов.

Также, на основе проведенного нами исследования словарей относительно синонимов представляется возможным сделать выводы, касающиеся полноты толкований рассмотренными. Предпосылками работе такого рода явился тот факт, что словари различной направленности (синонимов, тезаурусы и т.д.) имеют тенденцию основывать и составлять толкования на основе современного состояния лексической единицы. Т.е. определение смысла, коннотации и вида, в том состоянии, котором она представлена совокупностью наложения смыслов и морфологических и прочих изменений, что в корне неверно. Толкование должно рассматриваться также с точки зрения диахронического анализа, в том числе в совокупности и контексте имеющихся синонимов и антонимов, появляющихся на протяжении развития языка и мышления в целом, а также с учетом исторических (внеязыковых) факторов.

Такой подход к составлению словарей синонимов приводит к набору слов, которых не связаны между собой. Таким примером было слово *пельмень* синонимичное лексеме *колдун*. Действительно, эти слова являются абсолютными синонимами (*колдуны* это белорусские пельмени), однако странно видеть его одним из звеньев подобной цепи синонимов: *Колдун – волшебник, маг, пельмень, чернокнижник.* Синонимичные цепи должны содержать только относящиеся к исходной лексеме (ее понятию) слова, а при наличии синонима не относящегося к этой «смысловой цепи», отделять их и выносить в отдельный синонимичный ряд.

В русскоязычных словарях мы наблюдали отсутствие «обратной ссылки» на слово, аналогичная ситуация была и со словарями синонимов английского языка, в последних наблюдалось большое количество заимствований из разных языков и культур, что указывает на более узкую специализацию и менее сложную систему деления волшебников в англоязычных культурах. Организация словарей имеет недостаток – неструктурированная организация лексических единиц, отсутствие разделение синонимов с учетом коннотации, а также полное исключение (или неуместное присутствие) синонима. Примером этому утверждению может служить ситуация со словом **баальник**: *знахарь, колдун,* подобное значение встретилось только в словаре Даля, где и было наибольшее число архаизмов. Однако при рассмотрении синонимов слова *колдун – балльник* отсутствовало.

По итогам анализа подачи информации в словарях удалось установить следующее: при составлении синонимичных рядов следует учитывать:

1. коннотацию;
2. толкование;
3. употребительность;
5. соответствие исконному смыслу термина (провести исследование);
6. аббревиатуры (следует выносить отдельно);
7. «личный» набор синонимов каждого термина, входящих в состав ряда.

Данные условия не соблюдены, результатом является сумбурное построение синонимической цепи, а также неясность в употреблении синонима.

Также, сопоставляя словари было зафиксировано еще одно различие между ними – различие на уровне словников. Значительное расширение словника РОС (180000 слов сегодня и, как отметил председатель Орфографической комиссии РАН проф. В.В. Лопатин, 200000 в ближайшие два года) не может не вызывать недоумение. За период 1956-1991 гг. в свет вышло 29 изданий ОСРЯ, количество слов в которых колебалось от 100000 до 110000. В предисловии к 13-му изданию специально указано, что изменение словника предполагает как введение одних слов, так и изъятие ряда других. Как сильно ни меняется сегодня жизнь, как много ни появляется новых предметов и явлений, сложно согласиться с тем, что за последние 5 лет в русский язык вошло 70-90 тысяч слов [Николенкова Н.В. МГУ им Ломоносова «орфографические словари русского языка сегодня и их соответствие действующим правилам русского языка» стр 2.] Также, содержание окказионализмов, (отнюдь не

XXI века), разговорных слов, просторечия, неуместных профессионализмов, включение в словарь не существующих в русском языке слов и пр. Перечислим лишь некоторые (значения неизвестных им слов читатели могут попытаться узнать сами, проведя серьёзные лингвистические исследования): *чепушистый, заднегрудь* и *среднегрудь, разыздеваться, севосмен, форсунья, формы носче, трясче и мерзче, нажинать, остервенить и окровенить*. Эти «странные слова» проникают в текст Правил-2006 [Правила русской орфографии и пунктуации. Полный академический справочник / Под ред. В.В. Лопатина. – М., 2006 стр. 37]. Хочется вспомнить, что несколько лет назад Людмила Граудина в статье «Язык – стяг, дружину водит, царствами ворочает» писала: «Новые, неудачно составленные слова могут также мешать пониманию и вредят чистоте и красоте речи. [журнал «Отечественные записки». 2002, № 1 стр. 14] Академик В.В. Виноградов говорил о влиянии «дурной моды» и нежелании разобраться в смысловых качествах разных слов». Так видно, что тенденции к снижению качества изучения слов была уже давно, что в настоящее время переросло в глобальную проблему, решения которой пока не наблюдается. Все это влияет на достоверность информации и дальнейшую историю языка в целом. Заимствования в неограниченном количестве, кальки, сленг в своей совокупности затмили основной словарный состав языка, который должен браться за основу при проведении любого исследования в области стилистики, языкознания и пр. Словари призваны хранить и преумножать историю и современное состояние языка, но в данный момент мы можем наблюдать обратное. Такое отношение к языку будет иметь серьезные последствия: искажение языка, истории, культуры и сознания общества. Т.о. работа со словарями должна проводиться с особой тщательностью и последовательностью.

Список литературы

1. Николенко Н.В. «Орфографические словари русского языка сегодня и их соответствие действующим правилам русского языка»;
2. Лопатина В.В. «Правила русской орфографии и пунктуации» - М., 2006;
3. Граудина Л.В. «Отечественные записки». 2002, № 1 стр. 14
4. Александрова З.Е. «Словарь синонимов русского языка» - М., 2003;
5. Горбачевич К.С. «словарь синонимов русского языка» - М., 2004.

Гасанова С.Х.
к.ф.н., доцент каф. ТОиТНЯО, ФНК, Даггоспедуниверситет
sapiyat@bk.ru

О НЕКОТОРЫХ ОРФОЭПИЧЕСКИХ ЭЛЕМЕНТАХ, НЕОБХОДИМЫХ В ПРОЦЕССЕ ОБУЧЕНИЯ РУССКОМУ ЯЗЫКУ ДЕТЕЙ – БИЛИНГВОВ

Обучение русскому языку в нашей многонациональной республике имеет исключительно важное значение. Оно определяется его ролью в жизни дагестанцев, чья современная жизнь немыслима без русского, общего для всех народностей многонациональной республики, языка.

Начальные классы являются самым важным и ответственным этапом в обучении русскому языку учащихся-билингвов.

Методисты при обучении детей неродному языку рекомендуют выработать у них фонематический слух, который поможет им анализировать и синтезировать (определить, из какого количества кинем и каким образом между собой связанных, состоит этот звук, разбить его на составляющие кинемы, а потом слить их в единый звук), звуки по тем постоянным признакам, которые характерны звукам данного языка. Н.С. Трубецкой говорил, что у носителей каждого языка есть свое «фонематическое сито»: «Слушая чужую речь, мы при анализе слышимого непроизвольно используем привычное нам «фонематическое сито» родного языка. Поскольку наше «сито» оказывается неподходящим для чужого языка, постольку возникают и многочисленные ошибки. Звуки чужого языка получают у нас неверную фонологическую интерпретацию, так как они пропускаются через «фонологическое сито» родного языка» [1,18]. Отсутствие развитого фонематического слуха для разграничения звуков русского языка у учащихся - дагестанцев приводит к тому, что они одинаково слышат звуки русского языка и своего родного языка, т.е. они уподобляют их близким им звукам родного языка. Они их как слышат, так и произносят. Поэтому и нужна целенаправленная работа по выработке у детей-дагестанцев фонематического слуха, способного четко определить разницу между звуками [л] и [л'], [и] и [ы], [у] и [о]. Такая работа по выработке прочных орфоэпических навыков русского языка у учащихся должна проводиться систематически методом имитации, сначала работа должна проводиться индивидуально с каждым учеником, затем с группой, с классом. Это возможно только при условии, если учитель в совершенстве владеет произносительными нормами русского языка. Ни учет артикуляции, ни самые совершенные технические средства не заменят живого слова учителя.

Следующий этап — это интонация.

Любое предложение в речи имеет интонационное оформление (интонация конца предложения, интонация законченности: интонация сообщения, вопроса, побуждения и т.д.). Именно поэтому интонация рассматривается как один из постоянных характерных признаков предложения.

Интонация занимает особое место среди свойств, характерных предложению, и ее трудно классифицировать как структурный или семантический признак. Так как она не только оформляет предложение и его разновидности, а также является средством выделения смыслового центра предложения, т.е. от интонации может зависеть семантика предложения. А в речи часто восполняет то, что недостаточно выражается лексико-грамматическим составом предложения.

Благодаря интонации не только соединения слов, но и отдельные слова приобретают значение предложения, что подтверждает мысль, что интонация является характерным признаком предложения, а не слова, словосочетания.

Исключительной интонацией могут различаться основные типы предложений, выделяемых по цели высказывания: повествовательные, вопросительные и побудительные: Поняли. Поняли? Поняли!

На первый взгляд интонация кажется нам простым, понятным явлением, как средство выражения чувств. На самом же деле интонация является сложным явлением, возникновение и функционирование которого связано с работой речевого аппарата, как и звуков речи. И сложность эту мы можем наблюдать у детей, для которых русский язык является неродным, которые говорят с особым, свойственным им акцентом. Интонация складывается из определенного сочетания движения тона, силы звука, тембра, длительности. Эти акустические характеристики интонации зависят от частоты и амплитуды колебания голосовых связок, от степени мускульной напряженности органов речи, от различной скорости смены артикуляции.

Интонация - звуковое средство языка, с помощью которого говорящий и слушающий выделяют в потоке речи высказывания и его смысловые части. С помощью интонации люди противопоставляют высказывания по их цели (повествование, волеизъявление, вопрос) и передают свое субъективное отношение к высказываемому.

Образование звуков и интонации - единый артикуляционно-акустический процесс. Звуки речи и интонация состоят из одних и тех же акустических компонентов: основного тона, тембра и интенсивности звучания. Одни качества и изменения этих компонентов существенны для звуков, другие — для интонации.

Таким образом, интонация - это различные соотношения количественных изменений тона, тембра, интенсивности, длительности звуков, служащие для выражения смысловых и эмоциональных различий высказываний.

Одним из интонационных средств является ударение. Для синтаксиса в первую очередь имеет значение не словесное, а фразовое, или логическое ударение, характеризующееся наибольшей громкостью, а также замедленным темпом произнесения выделяемого слова. Это ударение обычно подчеркивает слово, которое говорящий считает наиболее важным. Такое ударение может быть на разных словах, в зависимости от места такого ударения, предложение приобретает определенные различия в значении.

В отдельных случаях изменение места логического ударения резко меняет значение предложения. Например, в предложении *Работа полностью не выполнена* при ударении на слово *не выполнена* имеется значение: «работа выполнена частично, выполнена не полностью, не в полной мере». При ударении на слово *полностью* предложение приобретает значение, что работа совсем не осуществлена, не выполнена[2,13].

Широко распространено мнение, что русский язык - в отличие от ряда других языков - характеризуется свободным порядком слов. В какой-то мере это верно. В русском языке предложение одного и того же формально-грамматического состава допускает разный порядок слов. По-русски можно сказать: *Ольга приходила к нам. К нам приходила Ольга. Приходила к нам Ольга.* Каждая из этих фраз будет правильной, но только в определенных условиях контекста и ситуации.

В кодифицированном языке порядок слов служит главным средством выражения актуального членения. Возможность выразить актуальное членение с помощью интонации влияет на словорасположение. Нормы расположения слов или группы слов в предложении определяется синтаксическим строем предложения и его актуальным членением.

Если ребенок, изучающий русский язык, будет в школе и, если возможно, вне школы из уст учителя и других слышать грамотную, правильную русскую речь, с соблюдением интонации проговаривания предложений, с соблюдением орфоэпических норм, произношения звуков, звукосочетаний, грамматических форм, с соблюдением акцентологических норм русского языка, порядка слов в предложениях, то он будет находится в атмосфере русского языка, что является важным фактором для овладения учащимися - билингвами русской речи, культуры речи.

Литература

1. А.Н.Гвоздев О фонологических средствах русского языка, Сборник статей, М.—Л., Изд-во АПН РСФСР, 1949
2. Н.С.Трубецкой Основы фонологии, М., 1960

Андреева В.А.

доктор филологических наук, доцент кафедры немецкой филологии Российского государственного педагогического университета им. А.И.Герцена

valeryandreeva@gmail.com

Ози Э.В.

студентка магистерского отделения факультета иностранных языков Российского государственного педагогического университета им. А.И.Герцена

ossi@mail.ru

ГРАНИЦА КАК ФАКТОР СМЫСЛООБРАЗОВАНИЯ В ЛИТЕРАТУРНОМ НАРРАТИВЕ

Чтобы существовать в пространстве культуры, текст не может не быть отграниченным, замкнутым в себе, особым образом структурированным феноменом. Являясь артефактом, текст потенциально (целиком или частично) *воспроизводим* [1, 116-120]. Наличие семантических границы в тексте, обусловленных изначальной авторской установкой на создание некоего целого, которое завершено относительно его (авторского) замысла, обеспечивает *интерпретируемость* текста [там же].

Как бы парадоксально это ни звучало, именно наличие границ (материальных и семантических) делает текст потенциально открытым. Как писал Б.М.Гаспаров, «смысл всякого высказывания складывается на пересечении двух противоположных смыслообразующих сил. Осознанию высказывания как обозримого целого противостоит неисчерпаемость и летучая неустойчивость той мнемонической среды, в которой и благодаря которой такое осознание происходит; силам текстуальной интеграции, вызывающим взаимные притяжения между всеми элементами высказывания, противостоит открытость ассоциативных связей, расходящихся от каждого из этих элементов» [2, 318].

Представление о *потенциальной открытости* текста при погружении его в текущую смысловую среду связывается сегодня с понятием «дискурс», которое является ключевым (наряду с текстом) понятием современной когнитивно-дискурсивной парадигмы лингвистического знания.

Определяя дискурс, часто цитируют Н.Д.Арутюнову: «Дискурс – речь, погруженная в жизнь», где «речь» может быть без ущерба для определения заменена термином «текст». Это определение в силу своей афористичности может быть истолковано по-разному, однако, во всех аспектах рассмотрения дискурс (как погружение текста в жизнь) означает его разгерметизацию (то есть преодоление его границ). Можно говорить о трех аспектах рассмотрения дискурса.

Во-первых, текст, погруженный в жизнь, это *когнитивно-коммуникативное событие*, взятое во всей его полноте, то есть как процесс, выражение и продукт интеракции участников коммуникации, происходящей с помощью определенного кода в определенных социально-культурных и исторических условиях. В поле текста происходит взаимодействие автора и читателя на основе заложенной в тексте интерпретационной программы, которая может быть представлена как система средств прагматического фокусирования. С помощью этих средств имплицитный автор моделирует образ имплицитного (в другой терминологии – образцового) читателя и «руководит» чтением реального читателя. На интеракцию автора и читателя в поле текста существенное влияние оказывает совпадение их кодов (в том числе, художественных) и актуальный для каждого культурно-исторический контекст. Итак, дискурс, понимаемый как *когнитивно-коммуникативное событие*, выводит текст в коммуникативную ситуацию, реализуя заложенную в нем (потенциальную) открытость.

Во-вторых, дискурс может быть описан *как стратегия порождения и восприятия текстов*, специфический способ вербального представления мира или фрагмента мира, например, в виде сюжетно-повествовательных высказываний (нарративная стратегия), в виде высказываний, устанавливающих пространственные и количественно-качественные характеристики объектов действительности (дескриптивная стратегия) или фиксирующих причинно-следственные и иные логические связи между ними (ментативная стратегия). Наиболее точно такое понимание дискурса отражает термин *дискурсивная практика*. Этот подход преодолевает границу между языком как «вещью в себе» и речью, поскольку предполагает наличие наряду с кодом дискурсивных компетенций, позволяющих языковой личности «присваивать» язык и творчески его использовать.

В-третьих, в основу определения дискурса может быть положено единство интерпретации ключевого понятия в разных текстах, что позволяет объединять последние в нечеткие множества. Дискурс рассматривается как некое *когнитивно-тематическое пространство*, в котором формируются значимые на данном историческом этапе идеологические (смысловые) позиции, релевантные для определенного социума и выражаемые не в одном, а во множествах рассеянных в пространстве культуры высказываний/текстов, которые задают участникам коммуникации определенные субъектные позиции. Наиболее точно дискурс в этом значении следовало бы определить как *дискурсную формацию*. В этом аспекте дискурс преодолевает границы между текстами. Ключевыми понятиями являются здесь понятия итердискурсивности и интертекстуальности как частного случая последней.

Специфика тексто- и смыслопорождения в литературном нарративе, связанная с фактором границы, обусловлена его (нарратива) двуединой природой, для которой характерны «неслиянность и неразделенность двух событий»: «рассказываемого события» и «события рассказывания» [5, 8]. Иными словами, в нарративе следует различать дискурс *повествователя* как событие кодирования и внутренний *дискурс наррации* как событие взаимодействия персонажей (акторов) в условиях, сопоставимых с реальным миром.

Границы, структурирующие дискурс повествователя, связаны с феноменом перспективы. Нарративность как стратегия текстопорождения предполагает присутствие в тексте некой опосредующей инстанции. Эта инстанция располагается как между фикциональным миром и автором, так и между фикциональным миром и читателем. Задача опосредующей инстанции в повествовательном тексте состоит в формировании «места возникновения системы Я-здесь-теперь» (по К.Гамбургер), которое становится центром ориентации читателя в художественном мире. Систему границ, связанную с повествовательной перспективой, отражает категория фокализации, разработанная Ж.Женеттом, который выделяет три типа фокализации: нулевую, внутреннюю и внешнюю. В случае нулевой фокализации нарратор демонстрирует «всезнание», говоря больше, чем знает любой персонаж, речь идет о нулевой фокализации. При внутренней фокализации нарратор не обладает «всеведением», а может принимать точку зрения персонажа – говорить о том, что видит и чувствует персонаж, т. е. вести повествование «изнутри» повествуемого мира, принимая пространственно-временную, психологическую, оценочную и фразеологическую позицию персонажа. Наконец, возможен вариант, при котором повествователь говорит меньше, чем знает любой персонаж («внешняя фокализация») [3, 204-209].

Три степени «фокализации» Ж. Женетта детализируют известную оппозицию *неограниченной (*всеобъемлющей) и *ограниченной (концентрированной)* повествовательных перспектив: неограниченная перспектива = нулевая фокализация; ограниченная перспектива = внутренняя/внешняя фокализация. Если соотнести их с оппозицией синтактико-морфологических способов манифестации повествовательной перспективы («повествование от 1-го лица» / «повествование от 3-го лица), то окажется, что ограниченная и неограниченная повествовательные перспективы, а значит, не одна, а две или все три степени фокализации, могут быть реализованы как в повествовании от 1-го, так и в повествовании от 3-го лица.

Гарантом преодоления внутренних границ, связанных с типом повествовательной перспективы, является автор как творческий субъект (не путать с биографическим автором!), выявляющий себя в структуре и смысле художественного текста и транслирующий через повествуемый мир и его героев свое авторское послание.

Анализ внутреннего дискурса наррации заключается в выявлении ограничений (границ), лежащих в основе структуры повествуемого.
Как писал Ю.М.Лотман условием нарративности является как наличие семантической границы, так и присутствие в повествуем мире, *подвижного персонажа*, который совершает действие, направленное на преодоление

запрета на пересечение этой границы [4, 228]. Нарративное движение может быть представлено как система границ и актуализированных возможностей их преодоления подвижным персонажем. Его активные действия или бездействие создают сюжет, поскольку, переступая границу своего мира, он приводит в движение сопутствующие миры, нарушая своим присутствием установленные в них порядки.

Изложенные представления о тексто- и смыслопорождающем потенциале границы может быть основой анализа конкретного текстового материала.

Литература

1. Адмони В. Г. Система форм речевого высказывания. – СПб.: Наука, 1994.

2. Гаспаров Б. М. Язык, память, образ. Лингвистика языкового существования. – М.: Новое. лит. обозрение, 1996.

3. Женетт Ж. Фигуры III: Повествовательный дискурс // Женетт Ж. Фигуры. – М.: Изд-во им. Сабашниковых, 1998. – Т. 2.

4. Лотман Ю.М. Структура художественного текста // Лотман Ю. М. Об искусстве. – СПб.: «Искусство – СПб», 1998.

5. Тюпа В. И. Нарратология как аналитика повествовательного дискурса («Архиерей» А. П. Чехова). – Тверь: Изд-во Тверского государственного университета, 2001.

Емельянова А.И.
соискатель кафедры английской филологии
и методики преподавания английского языка Армавирской
Государственной Педагогической Академии
avtoannie@mail.ru
КРИСТАЛЛИЗАЦИЯ КОНЦЕПТА LAHME (ПАРАЛИЗОВАННЫЙ) В ЦИКЛЕ РАССКАЗОВ Р.М. РИЛЬКЕ «ИСТОРИИ О ГОСПОДЕ БОГЕ»

К теории концепта прикованы взгляды многих исследователей разных областей науки. На сегодняшний день в лингвистике в рамках лингвоконцептологии сложилось четыре направления: когнитивное (Н.Д. Арутюнова, А.П. Бабушкин, Н.Н. Болдырев, А. Вежбицкая, В.З. Демьянков, Е.С. Кубрякова, З.Д. Попова, И.А. Стернин), психолингвистическое (А.А. Залевская), герменевтическое (И.П. Черкасова) и лингвокультурологическое (С.Г. Воркачев, В.И. Карасик, Н.А. Красавский, В.П. Нерознак, М.В. Пименова, Г.Г. Слышкин, Ю.С. Степанов). Придерживаясь того или иного подхода, авторы исследуют и интерпретируют концепты по-разному.

В.И. Карасик говорит о концептах, как о ментальных образованиях, составляющих концептосферу языковой личности [6, 43]. С.Г. Воркачев говорит о концепте как о «зонтиковом термине» [3, 6], который «покрывает» предметные области нескольких научных направлений: прежде всего когнитивной психологии и когнитивной лингвистики, а также лингвокультурологии». Представители когнитивной лингвистики Воронежского университета З.Д. Попова, И.А. Стернин видят концепт мыслительной, ненаблюдаемой категорией [10, 7]. Е.С. Кубрякова считает, что концепты это единицы сознания, отражающие человеческий опыт [9, 90]. И.П. Черкасова в одной из своих статей, обобщив собранный лингвокультурологией опыт, определяет концепт как «ментальное образование, имеющее многокомпонентную и многослойную организацию, мыслимое и переживаемое, направленное на поиск ценностных доминант и экзистенциальных смыслов, являющееся элементом духовной культуры человека и созданное для понимания себя и своего места в мире, репрезентирующееся в лингвокультурной сфере человеческого бытия» [13, 116].

Концепты образуют концептосферу, в рамках которой они взаимодействуют с другими концептами. Концепты могут быть общеязыковыми и индивидуально-личностными, характеризующими мировидение человека [13, 117]. Индивидуальные концепты, выражающие авторские ценности, встречаются, по большей части, в художественных текстах [7, 36]. Художественный текст – это особое структурно-смысловое образование [13, 117], формирующееся автором [5, 106-109].

Для нас интерес представляет исследование концептосферы художественного мира Р.М. Рильке на примере цикла рассказов «Истории о Господе Боге». Предметом данного исследования явился концепт Lahme (парализованный).

К исследуемому концепту мы пришли, выполнив ряд шагов: составили частотный словарь и словарь-конкорданс цикла, затем на их основе выделили тематические группы, куда вошли наиболее значимые для автора категории. Основываясь на «системности окружающей действительности», мы объединили слова в тематические группы по наличию между ними «тесных внеязыковых смысловых связей» [11, 30]. Таким образом, в тематические группы мы включаем слова, по средствам которых происходит репрезентация выраженного ключевым словом концепта.

В данной статье будет рассмотрена концепция видения нами ключевого слова Lahme (парализованный), в тематическую группу которого вошли слова *Ewald, Kranke, Freund, Augen, Fenster, Augenblick, Zimmer, Fremde, Stube, Ohr, Kinder, Frau Nachbarin, der fremde Mann, Herr Lehrer, Herr Baum, Totengraber, ein junge Mann, Abendwolken, Dunkel.*

Концепты художественного дискурса реализуются не прямыми номинациями, а образными языковыми средствами. По мнению Г.И. Богина, не достаточно только семантизирующего и когнитивного понимания, необходимо еще и распредмечивающее [1]. В тексте смыслы «рассеяны» [14, 87-89] и требуют кристаллизации. В.И. Карасик полагает, что кристаллизация «может пониматься как аккумуляция переживаемых культурно значимых знаний о мире в содержании языковых единиц и сознании языковой личности» [8, 6]. На наш взгляд, кристаллизацию можно рассматривать в качестве техники понимания.

Таким образом, следующим этапом работы стала кристаллизация смысла концепта Lahme (парализованный) путем анализа контекстов. Кристаллизацию смысла концепта, базирующегося на частотном слове *Lahme* (Парализованный), начнем с описания внешности Эвальда. Рильке описывает его как светловолосого человека, прикованного к своему стулу *Das ist ein blonder, lahmer Mann, der seinen Stuhl, winters wie sommers, hart am Fenster hat* (Этот светловолосый человек парализован, и зимой и летом он сидит на стуле у своего окна).

Автор не указывает возраст Эвальда, но он говорит о постоянной смене его внешнего облика: то это совсем молодой человек, то старик *Er kann **sehr jung aussehen**, ja in seinem lauschenden Gesicht ist manchmal etwas Knabenhaftes. Aber es giebt auch Tage, da er altert, die Minuten gehen wie Jahre über ihn, und plötzlich ist er **ein Greis**, dessen matte Augen das Leben fast schon losgelassen haben* (Обычно он выглядит очень молодо, иногда в его внимательном лице проглядывает даже что-то мальчишеское. Но бывают дни, когда он вдруг стареет, минуты пролетают над ним, как годы, и он превращается в старика, в чьих потускневших глазах вот-вот погаснет последняя искорка жизни). *»Wo waren Sie?« fragte er mit ungeduldigen Augen.* »(«Где же Вы были?» — спросил он с нетерпеливым огоньком в глазах).

Столь разительные перемены становятся заметны благодаря выражению глаз героя, при описании которых использованы эпитеты и сравнения для придания эмоциональной окраски: то это потускневшие глаза (*matte Augen*), а то нетерпеливые (*ungeduldigen Augen*) и взгляд похож на мальчишеский (*Plötzlich sah der Kranke wie ein Knabe aus.* Вдруг он взглянул на меня совсем как мальчишка).

Будучи парализованным, не имеющим возможности передвигаться за пределы своего дома, Эвальд большую часть своего времени проводит возле окна. Окно стало чем-то особенным для него, через это окно он общается со своим соседом господином Рильке, узнает много нового для себя, проживает жизнь. *Und ich war sehr froh, als er mir von seinem täglichen Fenster aus zurie* (И я очень обрадовался, когда он окликнул меня из своего неизменного окна). *Als ich das nächste Mal an Ewalds Fenster vorüberkam, winkte er mir und lächelte* (Когда я в следующий раз проходил мимо эвальдова окна, он кивнул мне и улыбнулся).

Эвальд становится по просьбе Рильке посредником, пересказчиком этих историй детям *Sie müssen alles gelegentlich den Kindern in der Nachbarschaft weitererzählen«, bat ich.* (Вы должны будете при случае пересказывать все соседским детям, — попросил я).

Эвальд сетует на то, что дети приходят к нему не часто *Oh, die Kinder kommen jetzt so selten zu mir* (О, дети теперь навещают меня так редко), на что Рильке утешает его такими словами *Offenbar haben Sie in der letzten Zeit nicht Lust gehabt, ihnen etwas zu erzählen, und vielleicht auch keinen Stoff, oder zu viel Stoffe* (Видимо, у Вас в последнее время просто не было охоты им рассказывать, а может быть, не было — или наоборот, было слишком много — подходящего материала). Таким образом, истории становятся для Эвальда еще и возможностью общения с детьми. По средствам пересказа историй Эвальд обретает слушателей, сам становится источником нового.

В свою очередь, каждая встреча с Рильке приносит Эвальду массу положительных эмоций. Разговаривая с ним, больной предчувствует, что вот-вот узнает и окунется в мир рассказов своего соседа. Для Эвальда рассказы Рильке возможность узнать что-то новое, представить и даже в какой-то степени прожить услышанное.

Schade,« sagte der Lahme aufrichtig. »Wollen Sie mir nicht bald wieder eine Geschichte erzählen? (— Жаль, — искренне огорчился больной. — Но Вы расскажете мне потом еще какую-нибудь историю?) *«... aber Sie haben vielleicht eine Geschichte vor?« Er sah mich erwartungsvoll an»* (... а ведь у Вас. наверное, есть наготове еще какая-нибудь история? Он посмотрел на меня с ожиданием). Эвальд искренне огорчается, когда история заканчивается, он с интересом ждет следующей. Слушая истории Рильке, Эвальд мысленно проживает их, затем передает детям. Истории для Эвальда нечто большее, чем просто рассказы.

Описывая внутреннее состояние героя Рильке употребляет такие слова как *«verständnisvoll»* (понимающий), *erwartungsvoll* (полный ожидания), *überlegen* (обдумывать), *aufrichtig* (искренний).

Помимо Эвальда, слушателями и пересказчиками историй становятся *Frau Nachbarin, der fremde Mann, Herr Lehrer, Herr Baum, Totengraber, ein junge Mann, Abendwolken, Dunkel (*Фрау Соседка, Незнакомец, Герр Учитель, Герр Баум, Могильщик, Молодой человек, а также Вечерние облака и Темнота). Конечно, Эвальд во многом отличается от них.

Для Рильке Эвальд хороший друг и сосед *Ich habe noch einen Freund hier in der Nachbarschaft.* (У меня есть еще один друг по соседству). Из тех, кому автор доверяет свои истории для пересказа детям, Эвальда он выделяет особенно *Was für eine Freude ist es doch, einem lahmen Menschen zu erzählen (*Какая это все-таки радость — рассказывать парализованному). *Ich mag am liebsten meinem Freund Ewald erzählen (*Я больше всего люблю рассказывать моему другу Эвальду).

Рильке употребляет в тексте такие слова по отношению к герою, которые подчеркивают его необычность, непохожесть на других, а иногда одиночество: *eigentümliche Art (*особенная улыбка), *wenn ich könnte* (если бы я мог), *träumte der Lahme* (грезил больной).

В следующем контексте Рильке сравнивает парализованного человека (Эвальда) с вещью *Seine Unbeweglichkeit macht ihn den Dingen ähnlich* (Его неподвижность делает его сродни вещам), но вещью, которая стоит гораздо выше остальных вещей. Автор использует сравнение как одно из средств языка, «способное нести дополнительную эстетическую информацию» [4, 5]. Как замечает Е.М. Вольф, в любом сравнении присутствует идея эталона [2, 58]. В данном примере через сравнение Рильке подчеркивает «непохожесть» Эвальда на других, его внутреннюю красоту, в какой-то степени воплощая в нем идею эталона, идеала. Использует автор и эпитеты *seltene leise Worten* (редкие, тихие слова), *sanfte, ehrfürchtige Gefühlen* (нежные трепетные чувства).

В следующем контексте Рильке вновь отделяет Эвальда от остальных людей, а его недостаток (парализованность) становится чем-то особенным, отличающим больного от остальных людей не только в физическом, но и в духовном плане. *Ihnen kann manches begegnen, was den Menschen, die ihre Beine brauchen können, verwehrt bleibt, weil sie an so vielem vorübergehen und vor so manchem davonlaufen (*С Вами может произойти многое, что недоступно людям, владеющим своими ногами, потому что они проходят мимо стольких вещей и от стольких убегают).

Благодаря своей неподвижности, Эвальд имеет возможность прожить свою жизнь, не разменивая (не тратя) ее на пустые дела.

Кроме этого, автор сравнивает Эвальда с тишиной и спокойствием, в то время как остальных людей со спешкой и суетой *Gott hat Sie, Ewald, dazu bestimmt, **ein ruhiger Punkt zu sein mitten in aller Hast** (*Бог положил Вам, Эвальд, быть тихим местом посреди всей этой спешки и суеты). Автор указывает на особую судьбу Эвальда, которой его наделил Бог *Sie haben ein ganz **besonderes Los** (*У Вас совершенно особая участь).

Комната, в которой живет больной, является для него своего рода маленьким миром. Каждый предмет в комнате вызывает у ее хозяина различные воспоминания, к каждому предмету он относится как к живому существу *«... in meine kleine helle Stube, in der die Blumen sich so lange halten, über diesen **alten Teppich**, an diesem **Schrank** vorbei, zwischen **Tisch** und **Bettende** durch (es ist gar nicht leicht vorüber zu kommen) bis her **an meinen breiten, lieben, alten Stuhl**, der dann wahrscheinlich **mit mir sterben wird**, weil er, sozusagen, **mit mir gelebt hat»** (*«.....в мою маленькую светлую комнату, в которой так долго не вянут цветы, пройти по этому старому ковру, мимо этого шкафа, между столом и краем кровати (все это не так легко), подойти к моему милому, старому, широкому стулу, который, видимо, умрет вместе со мной, потому что, можно сказать, и жил со мной»).

Комната, в силу болезни Эвальда и его неподвижности, выступит в будущем и как сцена, на которой разыграется последнее событие в жизни больного *Ja, « sagte Ewald mit einem fremden Lächeln, »ich kann sogar dem Tod nicht entgegengehen (*Да, — сказал Эвальд с отрешенной улыбкой, — я не могу выйти навстречу даже смерти......). *Aber zu mir wird er kommen müssen, wenn er mich will (*Но ко мне-то ей придется прийти, если я ей нужен).

Сказано это было не с отчаянием, как можно было ожидать, а с гордостью. Эвальд практически не обращает внимания на свою болезнь и, за исключением этого отрывка, не говорит о ней. Здесь вновь говорится об исключительной особенности Эвальда – смерть придет к нему.

Таким образом, в результате кристаллизации смысла концепта «*Lahme*» (Парализованный) мы пришли к такому выводу: *Lahme* в «Историях о Господе Боге» Р.М. Рильке – человек слушающий, всматривающийся, наблюдающий за происходящим, а затем передающий накопленный опыт другим. Это особенный человек, но особенность эта заключена не в его физическом недостатке, а в его духовной свободе, полном познании себя.

В результате интерпретации мы выявили следующие пропозиции (смыслы):

1. *Lahme* – это наблюдатель.
2. *Lahme* – это слушатель.

3. *Lahte* – это особого рода вещь (вещь вещей).

4. *Lahte* – это необычный человек, человек более высокого уровня (глубоко понимающий, тонко чувствующий, переживающий).

5. *Lahte* – это посредник, пересказчик.

6. *Lahte* – это источник нового.

Литература:

1. Богин Г.И. Типология понимания текста. – Калинин, 1986. – 86 с.

2. Вольф Е.М. Функциональная семантика оценки. – М.: Наука, 1985. – 228 с.

3. Воркачев С. Г. Концепт как «зонтиковый» термин // Язык. Сознание. Коммуникация. Вып. 24. Московский гос. ун-т им. М.В. Ломоносова. Филологический факультет. – М.: Макс-пресс, 2003а. – С. 5–13.

4. Гальперин И.Р. Проблемы лингвостилистики: Вступительная статья // Новое в зарубежной лингвистике: Вып. IX. Лингвостилистика. – М.: Прогресс, 1980. – С. 5-34.

5. Гинзбург Л.Я. К вопросу об интерпретации текста // Структура текста-81: Тезисы симпозиума / Под ред. Вяч. Вс. Иванова и др. – М.: Институт славяноведения и балканистики АН СССР, 1981. – С. 106-109.

6. Карасик В.И. Языковой круг: личность, концепты, дискурс. – Волгоград: Перемена, 2002. – 477 с.

7. Карасик В.И. Языковые ключи. – Волгоград: Парадигма, 2007. – 520 с.

8. Карасик В.И. Языковая кристаллизация смысла. - Волгоград: Парадигма, 2010. - 422с.

9. Кубрякова Е.С. Концепт // Краткий словарь когнитивных терминов. М., 1996. С. 90-93.

10. Попова З.Д., Стернин И.А. Очерки по когнитивной лингвистике. – Воронеж: Истоки, 2001. – 191 с.

11. Саяхова Л.Г. Вопросы учебной лексикографии: Учебное пособие / Башкирск. гос. ун-т. – Уфа, 1980. – 77 с.

12. Ткаченко И.Г. Концептосфера как структурно-смысловая основа понимания и интерпретации сказок Новалиса. - Автореф. дисс…. канд. филол. наук. - Ставрополь, 2010.- 25 с.

13. Черкасова И.П. Концепт «ангел» в интертекстуальном пространстве (герменевтический подход). – Язык. Текст. Дискурс: Под ред. Г.Н. Манаенко. Выпуск 3. Межвузовский научный альманах / Ставрополь: Изд-во ПГЛУ, 2005. – С. 115-128.

14. Черкасова И.П. Лингвокультурный концепт «ангел» в пространстве художественного мышления: Монография: АГПУ, 2005.

Рабкина Н.В.
кандидат филологических наук,
доцент кафедры английской филологии №1
Кемеровского государственного университета
nrabkina@mail.ru

МЕТАФОРИЧЕСКИЕ МОДЕЛИ НОВОСТНОГО ДИСКУРСА ИНТЕРНЕТ-СТАТЕЙ, ПОСВЯЩЕННЫХ КОНФЛИКТУ В СИРИИ

21 августа 2013 года весь мир поразили фотографии и видеоролики с мест боевых действий: ядовитый газ зарин вызвал полторы тысячи жертв среди мирного населения, среди которых около 500 детей. Невозможность достоверно определить, которая из воюющих сторон ответственна за произошедшее – правительство или повстанцы – едва не вызвало очередное военное вмешательство со стороны США. Барак Обама пригрозил Сирии карательной бомбардировкой, однако при посредничестве России удалось снять международную напряженность: 9 сентября 2013 года правительство Сирии согласилось передать химическое оружие под международный контроль, и Обама отступил от заявленной им политики «красной линии», что было воспринято многими как проявление слабости. Пересечение интересов России и США на Ближнем востоке сделало сирийский конфликт в глазах журналистов ареной борьбы двух президентов

В данной статье рассматриваются метафорические модели, использованные в сообщениях гипертекстовых изданий Нью-Йорка (New-York Daily News, New York Times, New York Post) в период с 4 по 30 сентября 2013 года, посвященных конфликту в Сирии, в частности, противостоянию президентов США и России. К основным метафорическим моделям войны и политики относятся следующие концептуальные переносы.

«**Политика – театр**». В качестве примера можно привести заголовок статьи «Putin Takes Center Stage on Syria» (6.09.13., New York Times). Топос театра появляется и в конце статьи, определяя кольцевую композицию текста: «Putin succeeded in setting the stage for a critical debate». Интересно, что данная метафора поддерживается в креолизованном гипертексте интернет-статьи и на визуальном уровне: иллюстрация к ней изображает президента Путина сидящим в одиночестве на фоне большого количества пустых кресел, однако не в центре, как имплицирует заголовок, а в углу – передняя правая часть иллюстрации занята пустыми креслами. Такая композиция выводит на первый план смысл «одиночество» и «отверженность». Эта же метафора повторяется в статье от 11.09.14 в New York Times: «As Obama Pauses Action, Putin *Takes*

Center Stage»; «Not surprisingly, given the Kremlin's control over most media here, Mr. Putin's 11th-hour gambit was nonetheless *widely applauded*».

«Политика – игра (интеллектуальная или спортивная)». К примеру, статья «Playing Chess with Putin» (9.09.13., New York Times) содержит высокую концентрацию шахматной лексики (chess masters, chess strategist, make careless pawn moves, sitting across the board). Статья «Putin has last laugh» (11.09.13., New York Post) открывается предложением «Checkmate!», а в вышеупомянутом примере из New-York Times действия Путина описываются как шахматный гамбит.

В статье на сайте New-York Post под названием «Putin denounces US plans to bomb Syria in op-ed» активизируется спортивный код – метафора **«политика – футбол»:** «Russian President Vladimir Putin *spiked the football* in President Obama's face Wednesday by capping his diplomatic victory in the Syria crisis with a New York Times op-ed article». В статье от 13.09.13. в New-York Times политика определяется как скачки (a horse race).

Метафора **«Политика – военные действия»** является центральной в статье New York Post «Obama evasive on Putin's Times screed». С помощью милитаристского кода Путин представлен агрессивным деятелем, а Обама – терпящим поражение полководцем: «Putin used the Gray Lady *to blast Obama's hard line*», «Putin's article was a *direct attack* on the speech Obama delivered defending US plans to punish Assad», «While Obama *was missing in action*, others in DC stepped up», «The White House did *fire back* at Putin's outrageous claim that the gas that killed more than 1,400 people last month "was used not by the Syrian army, but by opposition forces, to provoke intervention by their powerful foreign patrons."»

«Война – преступление». В статье «What Putin Doesn't Have to Say About Syria» (16.09.13., New York Times) переплетаются две тематические сетки – войны (to achieve peace, chemical arsenal, civil war, a nuclear weapon, ally, chemical-disarmament, defeat, weapons of mass destruction, shield, gun, sabotage) и преступления (police, alibi, extradite, death by poisoning, investigate the death, to rob). Один из самых ярких визуальных образов статьи также связан с темой оружия: «Still, amid the many tragedies that have marked Putin's 14-year tenure as Russia's leader, Litvinenko's death remains the biggest *smoking gun*».

В статье «What punishment? Obama's relative values» (18.09.13., Daily News) сценарий справедливой войны активизируется с помощью перевода политической ситуации вокруг Сирии на язык аллегории, в терминах бытового преступления: использование химического оружия – преступление (brazen murder); сирийский народ – жертва, воображаемый друг читателя статьи; Асад – хладнокровный убийца (Assad the murderer), Россия – друг убийцы (Syria's sneaky and untrustworthy best friend Russia); США – бездействующая полиция; Барак Обама – мэр города, принимающий несущественные и несущественные меры для отвода глаз.

«Война – каннибализм». В статье «Syria: A modest proposal (A satire, with apologies to Jonathan Swift)» (13.09.13., Daily News) в памяти потребителя интернет-новостей активизируются сообщения о том, что в Сирии были отмечены случаи каннибализма, и не только среди голодающего мирного населения, но и среди участников боевых действия с обеих сторон. (Делигитимизация, дегуманизация противника за счет создания образа дикаря-каннибала – известный прием военной пропаганды. К примеру, тот же Башар Ассад часто описывается как монстр (a monster dropping poison gas; toxin-wielding monster – 12.09.13, Daily News). Автор статьи заменяет словосочетание «использование ядовитого газа» на «поедание человеческой плоти» и переписывает в этом ключе всю историю переговоров Обамы и Путина. Получается, что Обама, буквально неделю назад провозгласивший «войну с каннибализмом», вдруг соглашается проявить терпимость к этому ужасному явлению: «To be sure, the Russian proposal would continue *certain forms of cannibalism* — albeit under much more controlled and humane conditions. So Obama must walk a difficult tightrope, explaining why he is now willing to tolerate *human flesh-eating* just a week after he drew a "red line" around it». Вся статья строится на приеме сатирической гиперболы, в которой война описывается в терминах каннибализма. В качестве иллюстрации сразу под заголовком статьи приводится шокирующая фотография: целый ряд мертвых детей младшего школьного возраста, завернутых в белые погребальные саваны с надписями из Корана, в правом углу рука оставшегося за кадром взрослого тянется поправить саван. Белый цвет ткани для западной аудитории ассоциируется с невинностью, активизируя смысл «невинная жертва». Фотография дает вид сверху, отчего тела детей кажутся стоящими, их головы повернуты в одну сторону, и возникает визуальная параллель «мертвые дети – словно солдаты в строю». Декодирование этого визуального сравнения позволяет связать использованный автором визуальный образ с основным вербальным смыслом статьи – «война», хотя автор, в угоду развиваемой им метафоре каннибализма, старается избегать самого слова «war».

Менее заметны метафоры **«политика – погода»** («The *fog* of diplomacy» - 17.09.13., Daily News), **«политика – танец»** («the *diplo-dancing* of Assad and his patron Putin», там же), **«политика – взаимоотношения полов»**: «President Obama is *playing footsie* with Iran's new president» (23.09.13., Daily News).

Таким образом, можно сделать вывод, что гипертекстовые издания, освещающие события недавнего сирийского конфликта, предпочитают структурировать концептуальное пространство новостного дискурса, основываясь на традиционных метафорических моделях политики и войны.

Коломак А.И.
доцент, кандидат философских наук, СКФУ
email: kolomak_stav@yahoo.com

СПЕЦИФИКА ПОСТАНОВКИ ПРОБЛЕМЫ СВОБОДЫ В ЗАПАДНОЙ И ВОСТОЧНОЙ ФИЛОСОФСКОЙ ТРАДИЦИИ

В постановке и решении большинства основных философских вопросов, связанных с понятием свободы (значение, основные направления, пути получения и др.), имели влияния и продолжают влиять определенные своеобразия, обусловленные историческими условиями, научными традициями, политическими, этническими и культурными особенностями тех регионов, где ставятся вопросы. Для начала отметим, что «восточные» и «западные» понятия целесообразнее брать в значении целого региона, характеризующегося цивилизованными, историко-культурными особенностями, нежели в географическом значении.

Черты, характерные для восточной культуры и образа жизни находят свое соответствующее выражение и в отношении к идее свободы. К ним относятся: слабость воспроизводства существующих социальных форм, устойчивость образа жизни, устойчивое воспроизведение религиозно-мифологических представлений, социальная регламентация способа мышления, пренебрежение индивидуальными особенностями личности, подавление её интересов внутри коллектива вплоть до полного исчезновения и пр. Из-за указанных особенностей в философии и общей культуре Востока основное место отводилось вопросам нравственного воспитания и социальной этике в поведении и поступках людей. В соответствии с этим, в целом понятие свободы тоже было направлено больше на семейные отношения, нежели общественную жизнь (особенно на первых порах).

Например, в учении Конфуция особый акцент делался на дидактике, социальной этике [2,51]. В общем, в философской мысли Востока частной собственности большого места не уделялось, основной центр тяжести был направлен на вопросы нравственной жизни личности. Например, древнеиндийский буддизм объявил целью жизни человека его освобождение от законов кармы.

Сильный религиозный фактор, категорически регламентирующей жизнь верующей части населения Востока, создавал препятствия развитию идеи свободы совести. Поэтому, люди восточных обществ по большей части направляют внимание на организацию повседневных условий жизни, не уделяя большого места иным общим и теоретическим вопросам.

Интересы же собственника-гражданина Запада играли движущую роль в развитии новых научных знаний. С другой стороны, на Западе более быстро развивалась демократия, являющаяся немаловажным залогом свободы, и это, в отличие от монархии, при которой верховная власть осуществлялась единолично, давало преимущество выборным и представительным органам. Правда, при этом демократия, подчиняя волю отдельного человека и меньшинства общим интересам, ограничивала свободу определенными рамками. Но все же правовые нормы содействовали обеспечению свободы в индивидуальной жизни человека.

В отношении к свободе важная положительная черта Запада заключается в том, что здесь действует совершенная система правовых норм, защищающая автономность личности, ее свободу от возможных нападок государства. С другой стороны, существующее государство старается реализовать равенство и свободу в индивидуальной жизни людей. На Востоке же более широко обсуждались общие стороны, связанные с индивидуальным, личным подходом к свободе, человеческим достоинством.

Другая черта, проявляющаяся в восточном и западном понимании идеи свободы, связана с подходом к объяснению в ней соотношения рациональной и чувственной сторон. В западной философской мысли свобода более связана с рациональным уровнем. Например, для Спинозы человек – раб, до тех пор, пока он не в состоянии управлять своими страстями и сдерживать их. Человек только тогда свободен и могуществен, когда руководствуется разумом [6,93].

На Западе и на Востоке мыслители выдвигали ряд ценных суждений относительно отношений свободы воли и причинности в понимании свободы. Общее в восточном и западном подходах к идее свободы заключается и в другом. Речь идет об оценке телесных желаний как препятствий на пути подлинной свободы. Например, Плотин подчеркивал, что свободным «мы признаем только того, кто освободясь от телесных страстей, ничем иным не управляется, кроме ума» [5,267].

В философских представлениях ранних периодов, как на Западе, так и на Востоке, идея свободы больше характеризовалась как удел мудрецов, нравственный идеал индивидуальности. Это было неслучайно, потому что было связано с характером общественного строя и историческими условиями того периода. Так как в рабовладельческом обществе и, особенно при феодализме, вести борьбу против насилия государства во имя свободы было очень трудно, многие мыслители видели выход в обогащении внутреннего мира человека. В период феодализма на Западе влияние христианской, а на Востоке исламской религии (конечно, разным образом) на представления людей о свободе в этом направлении еще более усилилось.

Неслучайно, что ранее свобода обычно носила индивидуальный характер и ограничивалась нравственной свободой, в новое время, в частности, в философии просвещения она была дополнена больше социально-политическим и правовым содержанием.

В истории философской мысли особый интерес вызывает проведенный Э. Фроммом анализ эволюции идеи свободы. По его мнению, религиозная трактовка свободы, фаталистическое представление и подача свободы как субъективного ощущения и восприятия человеком являются неубедительными. Во-первых, религиозная трактовка свободы преследует цель усилить в человеке веру в божественную силу. Во-вторых, фаталистическое представление вызывает желание считать человека ответственным за свои деяния и наказать за это. Третий довод же не убедителен потому, что многие мыслители (Спиноза, Лейбниц и др.), показав противоречивость этой позиции, отрицали ее. Э. Фромм с сожалением отмечал, что те, кто занимался указанной проблемой после, собирались решить ее без учета роли непознанных сил человеческой деятельности, не понимая невозможности этого [7,89-90].

В восточной философской мысли еще с древних времен преимущественно существовала идея о том, что управление человеком своими чувствами, сила контроля за желаниями – основной путь его воспитания и достижения вершины нравственного совершенства. В дальнейшем эта мысль была широко распространена на востоке (например, в исламе) и, не ограничиваясь его территорией, перешла и в западную философию. Так, вышеупомянутая идея занимает широкое место, как в философии Древней Греции, так и в западных философских учениях средних веков и нового времени, а также в современный период. Согласно этим учениям, для воспитания своих желаний, связанных со страстью, и управления ими человек должен расширить свои познавательные возможности, повысить уровень восприятия.

Вопрос отношения желания человека и свободы на Западе ставился несколько иначе. Здесь эти понятия зачастую брались как чувство и желание. Например, Спиноза, в своем творчестве широко описывающий отношение свободы и необходимости, говоря о детерминизме, имел в виду естественные телесные чувства и инстинкты. По его мнению, чувства и страсть, подчиняя себе человека, не позволяют ему действовать в соответствии со своей сутью и своими истинными интересами [6,104].

В целом в западной философии доминировало рационалистическое понимание свободы. Наглядным свидетельством этого являются взгляды представителей немецкой классической философии на проблему свободы. Так, с точки зрения Г. В. Ф. Гегеля, связывавшего всемирную историю со свободой, историческое развитие есть не что иное, как эволюция в сознании свободы [3,29].

Связывая свободу с развитием форм государства, Гегель отмечал, что прогресс в осознании необходимости осуществляется как история перехода от менее свободных форм государственного устройства к формам все более свободным. По его мнению, прогресс свободы по сути совпадет с прогрессом демократизации форм государственного управления [4, 422].

Обращая внимание на это, В. Асмус отмечал, что Гегель, в отличие от этиков античности, а также Спинозы, Фихте и Шеллинга, не считал свободу уделом лишь интеллектуальной элиты, а распространял ее на широкие массы [1,16]. Следовательно, гегелевское понимание свободы значительно отличалось от понимания античных философов и их ближайших предшественников. Догегелевская философия рассматривала свободу как достояние лишь мудрецов, философов. Считалось, что только мудрецы и философы способны возвыситься до уровня познания необходимости, то есть до ступени свободы. Гегель же на примере современной ему Германии показывал, что свобода может найти воплощение у всего народа. В целом те или иные идеи Гегеля относительно сути свободы не утратили своей актуальности и сегодня.

Но из сказанного не следует, что сегодняшнее понимание свободы не отличается от понимания ее философами прошлого. Между ними имеются серьезные отличия, обусловленные спецификой исторического периода и уровнем развития познания. Причем, сходные тенденции с поправкой на конкретные социокультурные особенности можно заметить как в западной, так и в восточной философской мысли. Немалую роль в этом сыграли прогрессивные тенденции в развитии философии и стремительная динамика самого общества. Современные социально-философские взгляды на проблему свободы чаще всего связывают свободу и демократию, прогресс свободы рассматривается как расширение демократизации, тесно связанной с экономической и техногенной сферой. И в меньшей степени учитываются религиозный, и иные культурные факторы.

Литература:

1. Асмус В. Ф. Диалектика необходимости и случайности в философии истории Гегеля / В. Ф. Асмус // Вопросы философии. 1995. № 1. С. 16..
2. Васильев Л. С. Проблемы генезиса китайской мысли / Л. С. Васильев. М.: Мысль/ 1989. 259 с. С. 51.
3. Гегель В. Сочинения / В. Гегель. – М.: Мысль, 1970. – Т. 8. – 583 с., С. 29..
4. Гегель В. Лекции по философии истории / В. Гегель. – М.; СПб.: Наука, 2001. – 431 с., с. 422.
5. Плотин. Избранные трактаты / Плотин. – Минск: Харвест, 2001. – 320 с., с. 267.
6. Спиноза Б. Богословско-политический трактат / Б. Спиноза. – Минск: Литература, 1998. – 548 с., с. 93.
7. Фромм Э. Душа человека / Э. Фромм. М.: Республика. 1992. 430 с., с. 89-90.

Коломак Л.А.
аспирант, СКФУ
email: kolomak00@mail/ru

ОСОБЕННОСТИ ПРОБЛЕМАТИЗАЦИИ И ИССЛЕДОВАНИЯ ОБЫДЕННОСТИ КАК ФИЛОСОФСКОЙ ПРОБЛЕМЫ

Концептуализация обыденности в истории философской мысли проходила в несколько стадий, существенно различающихся в западноевропейской, российской и китайской философии. В различные эпохи обсуждение смыслового ядра, которое объединяет различные явления человеческой жизни в сферу повседневного и роли обыденного сознания, которое призвано отражать эту сферу, всегда приводит к выделению целого ряда модальностей, описывающих повседневность: эстетической, аксиологической и пр. Философии, как и другим рациональным способам описания, не удается охватить феномен обыденности целиком, поскольку он не имеет пространственной и временной дистанции с субъектом рефлексии, поэтому особенностью проблематизации обыденности как социокультурного феномена стала череда концептуальных «оговорок», подчеркивающих функциональную ограниченность и культурно-историческую изменчивость данного концепта.

К оговоркам подобного рода можно отнести цивилизационную, культурную, конфессиональную, исторически-темпоральную ориентированность обыденного сознания; его конкретную социальную привязанность (обыденность и обыденное сознание сильно изменяется в зависимости от пространственно-географических или территориально-урбанистических условий жизни: климат, уровень оседлости и миграции в регионе, плотность населения, уровень урбанизации и пр.); уровень отношения к риску, рефлексии смысловых границ повседневности (риск как способ бытия, героика риска с отрицанием быта, либо, напротив, ценность мирной спокойной жизни и пр.); набор бинарных оппозиций повседневности (праздники/беды, ритуалы/творчество и пр.). Наличие подобных культурно-исторических условий, жестко детерминирующих не только сам быт, но и его социально-философскую рефлексию, делает концептуализацию феномена обыденности довольно неустойчивой и требует его постоянного переосмысления, что особенно актуально для сегодняшнего глобализирующегося общества.

Рефлексия обыденного сознания также наиболее интенсивно происходит тогда, когда в повседневном бытии возникают разломы и разрывы, когда интеллектуальные виды деятельности порождают многочисленные междисциплинарные «стыки» между различными областями знания. Потребность в этой рефлексии значительно снижается тогда, когда исчезает, затягивается неплотность этих стыков (в этом случае обыденное знание снова обретает статус реального и истинного, то есть, обыденное начинает нормально функционировать).

Теоретического выделения и оформления обыденного сознания в качестве предмета социально-философской мысли долгое время не происходило в истории философии по ряду аксиологических и гносеологических причин. Как таковая, тематизация обыденности как социального феномена произошла в прошлом веке и во многом обязана новому антропологическому запросу на личностную самоидентификацию человека.

Сегодня в социальной теории наблюдается настоящий взрыв интереса к философскому осмыслению обыденной жизни. Причин подобного ренессанса философии повседневности несколько. Во-первых, социальное познание переживает серьезный кризис в связи с отказом от апелляций к социетальным структурам и процессам (оно вынуждено обращаться к исследованию повседневности в поисках «смыслового фундамента», утраченного вследствие кризиса рациональной методологии). Сама логика социального исследования сместилась от доминирования общественного или индивидуального к новой подвижной точке отсчета – повседневной интеракции [1,7]. Во-вторых, испытав недоверие к рационалистическим редукциям, современное социальное познание сдвигает акцент в сторону исследования социальных практик. Поворот к «обыденным практикам» все шире охватывает самые разные области социального познания, вооружая тем самым социальных теоретиков мощным инструментарием познания социальной жизни, а также коренным образом изменяя сам облик «обыденности» как философского концепта.

Поскольку меняется и проблематизируется базовый объект – общество, социальность – социальная теория вынуждена адаптироваться к трансформирующимся условиям: то есть, либо постоянно концептуально переопределять «общество» (как это было предложено и последовательно сделано Н. Луманом) либо она должна вовсе отказаться от попыток репрезентации общества и произвести «рефокусировку» своего исследовательского интереса. Это радикальное решение – стремление отказа от центрального концепта для сохранения релевантного описания индивидов, обыденного пространства и его особенностей – тоже своеобразный и сильный ответ на вызовы современного социального познания. По замечанию А. Б. Гофмана, «перспектива существования социологии без общества уже не кажется странной или маловероятной. Более того, она иногда прямо прокламируется, и призывы отказаться от понятия общества в социологии раздаются все чаще» [2, 20].

Социальные теоретики последовательно пересматривают основные социальные концепты и пытаются выяснить, как они могут быть объяснены в перспективе интерсубъективной реальности повседневного мира. Подобная интенция может быть выражена в следующей логике: от выявления имплицитной аксиоматики и логики социокультурного изменения обыденного сознания к области метатеории и выявлению культурно-исторических и глобальных социальных факторов трансформации больших социальных организмов.

В целом современные социальные теории исследуют проблему трансформации обыденного сознания в нескольких взаимосвязанных направлениях. Усложняющееся понимание социального бытия и отражающего его сознания заставляет их учитывать непереводимость различных социальных сфер общества в единые категориальные матрицы, а также делает легитимными взаимно нередуцируемые многочисленные парадигмы сознания как категориальные координаты определенных архетипов, априорных схем интерпретации. Исследовать эту взаимодополняющую множественность возможно только с привлечением максимально разнообразного методологического инструментария, способного всесторонне отражать проблему изменяющегося обыденного сознания.

Релевантным инструментарием для отражения данной проблемы, по нашему мнению, располагает социальная феноменология, которая способна охватить единство социального, культурного и антропологического, захватывая при этом индивидуальный (субъективный), интерсубъективный и интеробъективный (макроуровень) социального бытия.

Аналитическая философия исследует проблему трансформации обыденного сознания, объединяя теоретические разработки феноменологии с эмпирическим уровнем изучения культурных структур. Именно в ракурсе аналитической философии хорошо прослеживается, как меняются под воздействием глобального мира локальные ценности, нормы, традиции, образ жизни, то есть, все то, что составляет содержание обыденной культуры. Как западная, так и восточная культуры воспроизводят себя (правда каждая согласно собственной логике развития) в процессе бесконечного обновления и трансформаций, погружая человека в лабиринт информационных потоков и бесконечных угроз его жизненному миру. И человек в ответ на эту плюральность, информационную избыточность окружающего мира ищет успокоение в обыденности. Именно феномен обыденности позволяет современному обществу и каждому индивиду в отдельности удерживать себя в рамках целостности (создавать в своем сознании эту целостность), а его спецификой становится наряду с ретенцией социальная нормативность жизни, то есть, способность задавать меру и порядок социальных отношений.

Герменевтика как методологическое направление исследования проблемы обыденного сознания располагает средствами инструментами обращения к социальной памяти, бытийствущей в таких ее формах как язык, архетип, текст, адекватно трактовать их и находить существенные взаимосвязи между развитием обыденного сознания и изменениями языка, на котором происходит постоянная повседневная коммуникация.

Привлечение этих и других современных социальных теорий к исследованию проблем обыденности и изменяющегося обыденного сознания позволило на сегодняшний день создать мощный философский инструментарий, который успешно используется при рассмотрении вопросов, связанных со спецификой социального бытия человека как трансцендентального субъекта.

Литература:

1. Вахштайн В. С. Социология повседневности и теория фреймов. СПб.: Издательство Европейского университета в Санкт-Петербурге. 2011. 334 с. С. 7.
2. Гофман А. Б. Существует ли общество? От психологического редукционизма к эпифеноменализму в интерпретации социальной реальности // Социологические исследования. М., 2005. № 1. С. 18-25. С. 20.

Гончаров Д.Н.
ВГУ имени П.М. Машерова,
аспирант кафедры философии

ВАРИАТИВНОСТЬ ТРАКТОВОК ГРАЖДАНСКОГО ОБЩЕСТВА В ИСТОРИИ СОЦИАЛЬНО-ПОЛИТИЧЕСКИХ ВОЗЗРЕНИЙ

В современной общественно-политической жизни понятие «гражданское общество» употребляется довольно часто. Его рассматривают не только в рамках социально-правовых учений, но и используют при оценке уровня сформированности демократических институтов. В правовой литературе и СМИ утверждается мысль о необходимости гражданского общества как неотъемлемой части правового демократического государства. Вследствие такой важности вопрос о сути и функциях гражданского общества, а значит, и о вопросах гражданственности, требует внимательного рассмотрения не только с точки зрения права, но и с позиции социально-философского знания.

В настоящее время единого определения гражданского общества нет. В целом речь идет об обществе, независимом от государства, но находящегося с ним в постоянном, равноправном и конструктивном взаимодействии, состоящим из добровольных объединений и групп, а также отдельных индивидов, круг интересов которых затрагивает как личные, так общественные мотивы [1, 138]. Возникает вопрос: может ли вообще существовать независимое от государства общество? Неоднозначными являются и его отличительные особенности: относительная независимость от органов государственной власти, способность планировать и осуществлять коллективные акции по защите и достижению своих интересов, осуществление деятельности в рамках сложившихся правовых норм [5, 16].

Структура гражданского общества также довольно размыта и включает в себя добровольно сформировавшиеся негосударственные, религиозные организации, профессиональные союзы, общественные инициативы, неформальные группы по интересам. Получается, что граждане, не входящие в эти в эти объединения, автоматически остаются за рамками гражданского общества. Тем не менее, такие дефиниции с различными вариациями предлагаются многими западными авторами с начала 90-х гг. XX в. в качестве определенных ориентиров. При этом значимость гражданского общества объясняется следующим: «Наличие гражданского общества (вернее, наличие гражданского общества определенного уровня, дистрибуции и типа) способствует консолидации (а затем — и сохранению) демократии» [5, 16].

Для понимания рассматриваемого феномена полезным может оказаться обращение к его истокам и трансформациям в историческом процессе. Само понятие «гражданское общество» первоначально восходит к аристотелевскому определению полиса. В Древней Греции оно было тождественно понятию «государство». В современной науке существует точка зрения, что полис — это не стены, а прежде всего люди, гражданский коллектив. Но самым важным в понимании сути гражданского общества в античности было то, что оно и являлось аппаратом управления государства. Быть членом гражданского общества означало быть гражданином — членом государства и подчиняться его законам [2, 19]. Такое определение сохранялось до буржуазных революций конца XVIII — начала XIX вв. Тенденция противопоставления гражданского общества и государства появилась в философии Нового времени: прежде всего работах Т. Гоббса, Дж. Локка, Ж. -Ж. Руссо, Ш. Монтескье. В 1-й четверти XIX в. огромный вклад в оформление концепции гражданского общества внесли философские воззрения Гегеля, в которых государство и гражданское общество рассматривались как самостоятельные образования. Последнее понималось как «объединение членов в качестве самостоятельных, единичных в формальной, таким образом, всеобщности на основе их потребностей и через правовое устройство в качестве средства обеспечения безопасности лиц и собственности и через внешний порядок для их особенных и общих интересов» [3, 208]. Данная трактовка с некоторыми внешними изменениями предлагается сегодня многими авторами в качестве основной.

Таким образом, положение о слитности гражданского общества и государства в эпоху Нового времени оказалось несостоятельным: философы и общественные деятели пришли к разделению этих понятий. Нам представляется, что причиной тому стало не столько обнаружение явной ограниченности античных представлений о гражданстве, сколько социально-политические особенности: требования нового класса — буржуазии, стремящегося обосновать свою самостоятельность.

На протяжении XX в, особенно во 2-й его половине, появилось большое количество концепций, объясняющих взаимоотношения государства и общества и предлагающих модель социального устройства. Все они исходили из уже утвердившегося положения о независимости гражданского общества от государства. В США теоретик либерализма Джон Ролз представил концепцию справедливости, обобщив до более высокого уровня абстракции теорию общественного договора, представленную в трудах Локка, Руссо и Канта [4, 25]. Популярность приобрели представления о природе человека и общества Э. Фромма и Г. Маркузе. На развитие социальной и политической мысли большое влияние оказали работы британского представителя консервативной политической философии М. Оукшотта, французского философа М. Фуко, немецкого философа и социолога Ю. Хабермаса.

В конце XX в. понятие «гражданское общество» стало казаться настолько изученным и определенным, что его современная трактовка начала активно распространятся по всему миру: «Хотя исторически гражданское общество зародилось несомненно в Западной Европе, его нормы и повседневная практика имеют отношение к консолидации демократии в любом культурно-географическом регионе мира» [5, 27]. Казалось бы, баланс в отношениях общества и государства был найден, однако в последнее время в мире наблюдается всплеск социальных потрясений. В большей степени это характерно для слаборазвитых стран регионов Азии и Африки. Однако, ряд конфликтов между обществом и государственной властью, вызванных различными социально-экономическими и политическими причинами, характерен и для развитых европейских стран. Существующая система выстраивания отношений между правовым государством и гражданским обществом не всегда является устойчивой. Это может указывать на то, что само определение гражданского общества не является окончательным.

Вице-президент по исследованиям «Фонда Карнеги в поддержку мира» Томас Карозерс так определяет функции гражданского общества: «Гражданское общество может и должно бросать вызов, раздражать, и даже, время от времени, противостоять государству. Но они нуждаются друг в друге и, в идеальном варианте, они развиваются вместе, в тандеме, а не за счет друг друга» [1, 138 — 139]. Такие определения приводят к тому, что зачастую участники революций, переворотов, стихийных демонстраций и забастовок нарушают законы государства, называя себя представителями гражданского общества, выражающими свою позицию, что является весьма опасной тенденцией и приводит к социальным потрясениям.

Мы видим, что нынешнее определение гражданского общества, его структуры и функций, содержит большое количество противоречий и при ближайшем рассмотрении выглядит неубедительным. Рассмотрение гражданского общества как совокупности независимых от государства структур не решает, а в некоторых регионах зачастую создает проблемы во взаимоотношениях государства и членов общества. С момента зарождения феномен гражданского общества претерпел значительные изменения, а в XX и XXI вв. оказался излишне политизирован. Унифицированность существующего определения гражданского общества не позволяет учитывать особенности социальных систем каждого конкретного региона. В этой связи необходимым представляется пересмотр нынешнего «универсального» определения данного феномена и соотнесение его с ранними философскими трактовками.

Литература

1.   Алексеева,   Т.А.   Основания   гражданского   общества.
Хрестоматия / Т.А. Алексеева, И.В. Артемьева, Е.А. Худоренко. – М.,
2007. — 297 с.

2.   Гаджиев, К.С. Концепция гражданского общества: идейные
истоки и основные вехи формирования // Вопросы философии. — 1991. —
№ 7. — С. 19–35.

3.   Гегель Г. В. Ф. Философия права. / пер. с нем.: ред. и сост. Д.
А. Керимов, В. С. Нерсесянц; авт. вступ. ст. и примеч. В. С. Нерсесянц.—
М., 1990.— 524 с.

4.   Ролз, Дж. Теория справедливости / пер. с англ. В. Целищев, В.
Карпович, А. Шевченко. – Новосибирск, 1995.

5.   Шмиттер, Ф. Размышления о гражданском обществе и
консолидации демократии // — Полис (Политические исследования). —
1996. — № 5. — С. 16–27.

Бессуднова Е.В.[1], Шикина Н.В.[1], Исмагилов З.Р.[1,2]
[1]Институт катализа им. Г.К.Борескова, г. Новосибирск
[2]Институт углехимии и химического материаловедения, г. Кемерово
bev@catalysis.ru

ФОРМИРОВАНИЕ НАНОРАЗМЕРНОГО РУТИЛА В УСЛОВИЯХ СИНТЕЗА И ПОСЛЕ ТЕРМООБРАБОТОК

Наноразмерный диоксид титана широко используется в таких областях, как фотокатализ, в составе бытовых и косметических средств, предохраняющих от ультрафиолетового облучения, в промышленности, в качестве сенсебилизирующих покрытий, электрохромофорах, в нанобиомедицине [1, 2]. Разнонаправленная область применения наноразмерного диоксида титана обусловлена существованием TiO_2 в разных модификациях и физико-химическим свойствам, зависящим от размера частиц, диспесного состояния и морфологии. Наиболее предпочтительной модификацией в использовании является анатаз. Однако в последние годы привлекает внимание возможность получения наноразмерного рутила, который можно селективно использовать в некоторых каталитических процессах, например, в процессе Дикона для окисления хлористого водорода в составе катализатора RuO_2/TiO_2. Рутил способствует повышению эффективности и селективности реакции, что обусловлено близкими параметрами кристаллической решетки с активным компонентом [3]. В литературе описаны методы синтеза наноразмерного TiO_2 со структурой типа рутила при относительно невысоких температурах (до 100 °C) в гидротермальных условиях, однако продукт составляет собой обычно смесь фаз с долей рутила, не превышающей 60%. Целью данной работы являлось установление влияния мольного соотношения реагентов на формирование фазы рутила из тетрахлорида титана в узком температурном диапазоне 50-90 °C, а также исследование морфологии и текстурных свойств нанорутила до и после температурной обработки.

Диоксид титана был синтезирован путем термолиза тетрахлорида титана $TiCl_4$ в воде в присутствии и отсутствии водного раствора HCl при изменении основных параметров синтеза: 1) варьировании температуры синтеза от 50 до 90 °C при постоянном значении $[H_2O]/[Ti] = 39$ в 0.5M HCl; 2) варьировании молярного соотношения $[Cl]/[Ti]$ от 4.0 до 4.8 при $[H_2O]/[Ti] = 39$, T=70 °C; 3) варьировании молярного соотношения $[H_2O]/[Ti]$ от 12 до 1000 в присутствии 0.5M HCl при 70 °C. При проведении синтеза 1) при низких температурах 50-70 °C; 2) при $[Cl]/[Ti] \geq 4,5$; 3) $[H_2O]/[Ti] \leq 39$ образование фазы рутила в виде белого осадка сопровождается попутным формированием высокодисперсного золя анатаза, отделяемого от тяжелой рутильной фракции декантированием. Диоксид титана со структурой рутил, очищенный при помощи диализа от примесей, был исследован комплексом физико-химических методов: РФА, ПЭМВР, СЭМ, АСМ, КР, БЭТ и Hg порометрии. Была исследована динамика измения текстурных и морфологических свойсв рутила после прокаливания при 100 °C, 300 °C, 500 °C, 700 °C и 1000 °C.

На основании проведенных опытов, было установлено, что на формирование диоксида титана в определенной модификации оказывают влияние взаимосвязанные параметры синтезы. Было показано, что при выбранных постоянных значениях параметров $[H_2O]/[Ti]=39$ и концентрации HCl=0.5М, выход фазы рутила увеличивался с повышением температуры синтеза и составлял 3.8, 48, 64, 99% и 100% при 50 °C, 60 °C, 70 °C, 80 °C и 90 °C, соответственно. Таким образом, при температурах 80-90 °C получен монофазный продукт реакции. Количественное варьирование мольного соотношения $[Cl]/[Ti]$ при постоянных температуре и мольном соотношении $[H_2O]/[Ti] = 39$ показало, что максимальный выход рутила составляет 85 % при $[Cl]/[Ti]=4.2$. Образование рутила при варьировании $[H_2O]/[Ti]$ представляет собой кривую с максимумом при $[H_2O]/[Ti] = 65$, (100% выход рутила) при использовании 0.5М HCl и Т=70 °C.

Рентгенографические исследования, а также исследования, проведенные при помощи комбинационного рассеяния, показали, что отделенные декантированием осадки представляют собой фазу типа рутила. На основании данных рентгенограмм (таблица 1) было выявлено, что образцы рутила состоят из кристаллитов с размером частиц 55-70 Å вдоль плоскости (1.1.0), 110-130 Å вдоль плоскостей (1.0.1), (1.1.1.), 65-80 Å и 140-200 Å вдоль плоскостей (2.1.1.) и (0.0.2.), соответственно.

По данным ПЭМ, кристаллиты образуют иглы или пластины, которые формируют рыхлые вероподобные агломераты в случае 50-70°C образцов и плотные агломераты при повышении температуры до 80-90 °C (рис.1). Повышение температуры синтеза увеличивает длину игл и плотность агломератов.

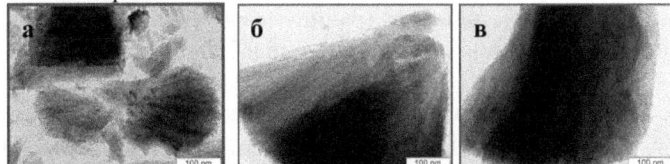

Рисунок 1. ПЭМ снимки образцов рутила, полученных при температуре: а) 60°C, б) 70°C, в) 90°C.

Исследование морфологии при помощи сканирующей электронной микроскопии выявило особенности в макроструктуре рутила, связанные с влиянием температуры синтеза. При низких температурах гидролиза (50, 60, 70 °C) образуются конгломераты из слабо выделенных сфер, состоящих из радиально сочлененных агломератов в виде веера. Повышение температуры синтеза до 80 °C приводит к образованию энергетически скомпенсированных структур, в виде разделенных сфер.

Данный процесс завершается при температуре синтеза 90 °C. После ультразвуковой обработки, низкотемпературные образцы рутила (50, 60, 70 °C) распадаются на отдельные иглы и небольшие агломераты, в то время как высокотемпературные образцы (80, 90 °C) были устойчивы к воздействию ультразвука.

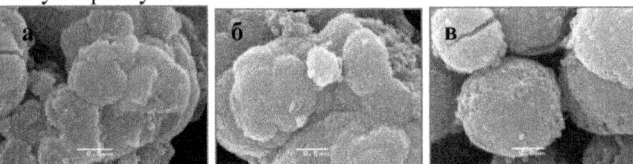

Рисунок 2. СЭМ изображения рутила порошков, полученных термолизом $TiCl_4$ при температуре : а) 60 °C, б) 70 °C, в) 90 °C.

Исследование текстурных свойств образцов рутила, полученных при разных температурах, показало, что все образцы характеризуются высокими значениями удельной поверхности, 110-140 м^2/г, и объемом пор 0.09-0.12 см^3/г, в соответствии с данными БЭТ. При повышении температуры синтеза наблюдалась слабая тенденция к снижению значений удельной поверхности и объема пор. По данным ртутной порометрии объем пор в образцах рутила температурной серии составил 0.13-0.4 см^3/г. Было отмечено повышение доли мезопор при увеличении температуры синтеза.

Исследование динамики изменения текстурных и морфологических свойств после прокаливания при 100-1000 °C показало, что образец, полученный термолизом при 90 °C, является наиболее устойчивым к спеканию. По данным ПЭМ с увеличением температуры прокаливания наблюдается рост кристаллитов и меняется их форма от вытянутых пластинчатых частиц при 300-500 °C до ограненных при 700-1000 °C. С ростом температуры прокаливания происходит снижение дефектности структуры за счет исчезновения границ между частицами, наблюдается изменение размера пор и их исчезновение при 700-1000 °C.

Литература

[1]. Zinfer R. Ismagilov, Nadezhda V. Shikina, Elena V. Bessudnova, Denis V. Korneev, Arkadyi V. Ishchenko, Yurii A. Chesalov, A.V. Vladimirova, Elena I. Ryabchikova, Chem. Eng. Trans., 27 (2012) 241-246.

[2]. Asya S. Levina, Marina N. Repkova, Zinfer R. Ismagilov, Nadezhda V. Shikina, Ernst G. Malygin, Natalia A. Mazurkova, Victor V. Zinov'ev, Alexei A. Evdokimov, Sergei I. Baiborodin, Scientific Reports, (2012) |2:756| DOI: 10.1038/srep00756.

[3]. Hiroyuki Ando, Youhei Uchida, Kohei Seki, Karlos Knapp, Sumitomo Kagaku, 2010, 2.   .

Шеин А.Б. - доктор химических наук, профессор, ashein@psu.ru
Кичигин В.И. - кандидат химических наук, доцент
Пермский государственный национальный исследовательский университет

ИМПЕДАНС РЕАКЦИИ ВЫДЕЛЕНИЯ ВОДОРОДА НА CoSi₂- и Co₂Si-ЭЛЕКТРОДАХ В ЩЕЛОЧНОМ РАСТВОРЕ

Силициды переходных металлов имеют высокое химическое сопротивление в кислых бесфторидных средах вследствие образования на их поверхности барьерной пленки, преимущественно состоящей из SiO_2. Некоторые исследования указывают на перспективность силицидов как электродных материалов для электрокатализа реакции выделения водорода (РВВ), например, в щелочных растворах. В целом, исследования кинетики и механизма РВВ на силицидах переходных металлов немногочисленны. Показано, что электрокаталитическая активность силицидов коррелирует с активностью соответствующих металлов [1,982]. Установлено [2,216], что на силицидах кобальта Co_2Si и $CoSi$ в 0.5 М H_2SO_4 плотности катодного тока выше плотностей тока на Co-электроде.

В данной работе, в продолжение [2,216], изучены кинетика и механизм РВВ на силицидах кобальта с низким и высоким содержанием кремния (Co_2Si, $CoSi_2$) в растворах 1М KOH с использованием поляризационных измерений и спектроскопии электрохимического импеданса.

Исследуемые электроды были изготовлены из дисилицида кобальта $CoSi_2$ и силицида дикобальта Co_2Si. Эти материалы были получены из кремния КПЗ-1 (99.99 мас.% Si) и электролитического кобальта К-0 (99.98 мас.% Co) в печи «Редмет-8» вытягиванием из расплава со скоростью 0,4 мм/мин. Рабочая площадь поверхности электродов составляла $0.4 - 0.6$ см². Поверхность электродов обрабатывали на тонкой шлифовальной бумаге, очищали этиловым спиртом, промывали рабочим раствором.

Раствор 1М KOH приготовлен из реактивов квалификации «х.ч.» и деионизованной воды, полученной на установке Milli-Q (удельное сопротивление воды – 18.2 МОм·см, содержание органического углерода – 4 мкг/л). Растворы деаэрировали водородом (чистота 99.999%), полученным электролитически в генераторе водорода «Кулон-16». Температура растворов 22°C.

Измерения импеданса проводились в диапазоне частот от 10 кГц до 0,01 Гц в потенциостатическом режиме поляризации с помощью установки Solartron 1255/1287 (Solartron Analytical). Амплитуда переменного сигнала 10 мВ. Потенциал E электрода изменяли от более низких катодных поляризаций к более высоким. Потенциалы приводятся в шкале нормального водородного электрода.

Катодные поляризационные кривые кобальта и силицидов кобальта в 1М КОН приведены на рис.1. Как видно, оба силицида проявляют более высокую электрокаталитическую активность в реакции выделения водорода (РВВ) в щелочном растворе по сравнению с кобальтом. Кроме того, величина тафелевского наклона для силицидов меньше, чем для Со, т.е. различия в скорости выделения водорода в пользу силицидов увеличиваются при повышении катодной поляризации.

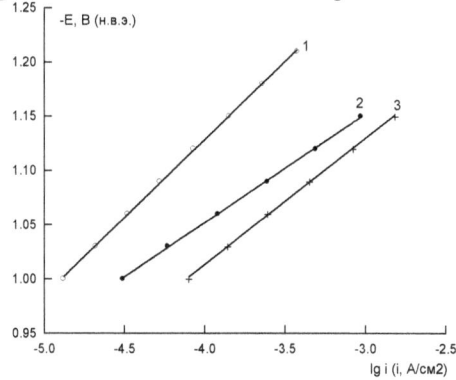

Рис.1. Катодные поляризационные кривые в 1 М КОН.
1 – Co, 2 – CoSi$_2$, 3 – Co$_2$Si.

Графики импеданса CoSi$_2$-электрода в 1М КОН при сравнительно небольших катодных поляризациях приведены на рис.2. При этих потенциалах графики представляют собой неправильные полуокружности. При более значительных катодных поляризациях (рис.2б) при низких частотах появляются индуктивные дуги малого диаметра, что указывает на протекание реакции выделения водорода по механизму разряд – электрохимическая десорбция.

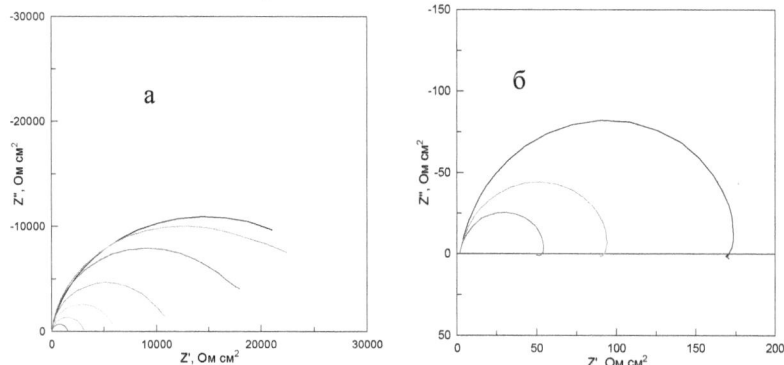

Рис.2. Графики импеданса CoSi$_2$-электрода в 1М КОН. Кривые сверху вниз соответствуют потенциалам от -0.82 до -1.00 В (а) и -1.09, -1.12, -1.15 В (б)

Экспериментальные спектры импеданса в области РВВ могут быть описаны (рис.3) обычной эквивалентной схемой для двухстадийного процесса с одним интермедиатом [3,1703].

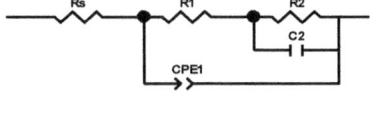

Element	Freedom	Value	Error	Error %
Rs	Free(+)	1,78	0,015058	0,84596
R1	Free(+)	22,79	5,8663	25,741
R2	Free(+)	10850	37,361	0,34434
C2	Free(+)	6,3457E-06	8,6776E-07	13,675
CPE1-T	Free(+)	0,00011683	9,2843E-07	0,79468
CPE1-P	Free(+)	0,91061	0,0011269	0,12375

Chi-Squared:	0,00010571
Weighted Sum of Squares:	0,011628
Data File:	C:\Documents and Settings\User\Мои документы\S
Circuit Model File:	C:\Documents and Settings\User\Мои документы\S
Mode:	Run Fitting / Selected Points (3 - 60)
Maximum Iterations:	100
Optimization Iterations:	0
Type of Fitting:	Complex
Type of Weighting:	Data-Modulus

Рис.3. Результаты аппроксимации спектра импеданса $CoSi_2$-электрода в 1 М КОН при E = -0.91 В

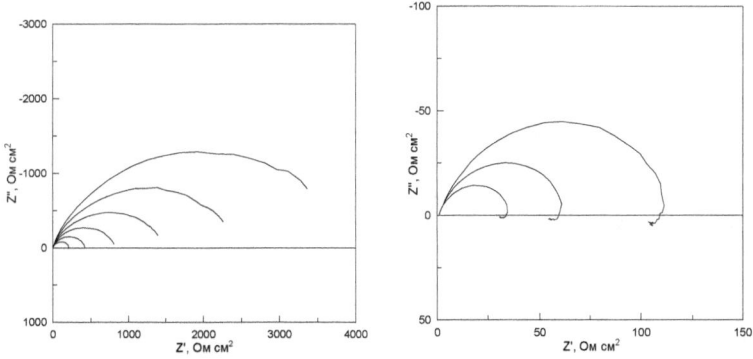

Рис.4. Графики импеданса Co_2Si-электрода в 1М КОН. Кривые сверху вниз соответствуют потенциалам от -0.91 до -1.06 В (н.в.э.) с шагом 0.03 В (а) и -1.09, -1.12, -1.15 В (б)

Для $CoSi_2$-электрода в 1М КОН реакция абсорбции водорода (РАВ), по-видимому, играет значительно меньшую роль, чем в кислом растворе. Использование эквивалентной схемы, учитывающей РВВ и РАВ, не дало удовлетворительных результатов: точность описания спектра, например при E = -0.91 В, практически не изменилась по сравнению с эквивалентной схемой, учитывающей только РВВ; существенно возросли погрешности определения многих параметров эквивалентной схемы.

Графики импеданса Co_2Si-электрода в области потенциалов РВВ представляют собой более растянутые (по сравнению с $CoSi_2$-электродом) вдоль оси абсцисс полуокружности (рис.4). Экспериментальные спектры импеданса в области РВВ могут быть описаны обычной эквивалентной схемой для двухстадийного процесса с одним интермедиатом (рис.5).

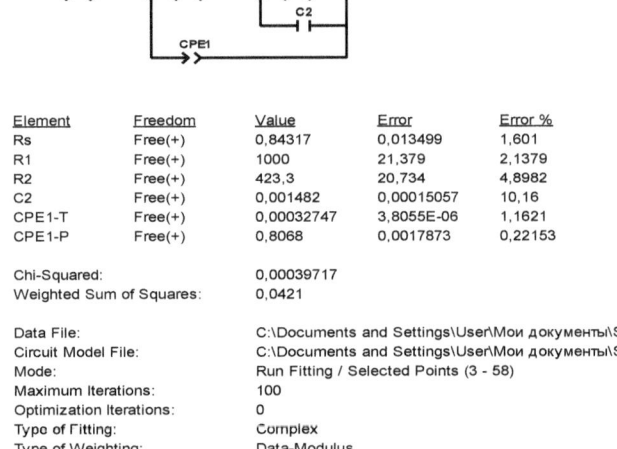

Element	Freedom	Value	Error	Error %
Rs	Free(+)	0,84317	0,013499	1,601
R1	Free(+)	1000	21,379	2,1379
R2	Free(+)	423,3	20,734	4,8982
C2	Free(+)	0,001482	0,00015057	10,16
CPE1-T	Free(+)	0,00032747	3,8055E-06	1,1621
CPE1-P	Free(+)	0,8068	0,0017873	0,22153

Chi-Squared:	0,00039717
Weighted Sum of Squares:	0,0421

Data File:	C:\Documents and Settings\User\Мои документы\S
Circuit Model File:	C:\Documents and Settings\User\Мои документы\S
Mode:	Run Fitting / Selected Points (3 - 58)
Maximum Iterations:	100
Optimization Iterations:	0
Type of Fitting:	Complex
Type of Weighting:	Data-Modulus

Рис.5. Результаты аппроксимации спектра импеданса Co_2Si-электрода в 1 М КОН при E = -0.97 В

При наиболее отрицательных изученных потенциалах при низких частотах для Co_2Si-электрода, как и для $CoSi_2$-электрода, наблюдаются индуктивные дуги малого размера. Таким образом, РВВ на Co_2Si-электроде также протекает по механизму разряд – электрохимическая десорбция.

СПИСОК ЛИТЕРАТУРЫ

1. Vijh A.K., Belanger G. Some trends in the electrocatalytic activities of metal silicides for the hydrogen evolution reaction // J. Mater. Sci. Lett. 1995. V.14. P.982-984.

2. Поврозник В.С., Шеин А.Б. Внутренние и внешние факторы катодного выделения водорода на силицидах металлов семейства железа // Защита металлов. 2007. Т.43. № 2. С.216-221.

3. Harrington D.A., Conway B.E. AC impedance of Faradaic reactions involving electrosorbed intermediates. I. Kinetic theory // Electrochim. Acta. 1987. V.32. № 12. P.1703-1712.

Kirill A. Ivanov
ESCP EUROPE, Master in Management
Kirill_ivanov@ro.ru

RECOMMENDATIONS IN RELATIONSHIP MANAGEMENT PERSPECTIVE

Introduction

In promotion of the product it is important for the company to build relations not only with the end consumer, but also with the groups, which produce part presents review of literature concerning external groups, which produce effect on the consumer choice. This will be done from two points of view: from the point of view of consumer behavior in the market and from the point of view of relationship marketing. The research is of inter-disciplinary nature, since it operates the concepts of relationship marketing and questions of social interaction and motivation of individual groups are related to social models, the communication aspect of the issues under consideration can be noted.

Let us further view the second theoretical platform, used in this work – the six markets model within the relationship marketing concept theory. The six markets model represents the British school most comprehensively, the representatives of which believe that different market spheres can affect the capability of the company to establish efficient relations with beneficial clients directly or indirectly. In other words, if the company strives to conquer and retain clients, it needs to build qualitative relationship with other groups. (Payne, 2000) So the model determines six key groups or markets, from actions of the company on which its stability and market results depend. These groups are shown in the picture.

Picture Six markets model (Payne, 2005)

In comparison with other relationship system models the six markets model is the only one, which distinguishes the agents of the referral market. It seems to be a considerably important advantage of this model. In our opinion the six markets model is rather universal for application in both consumer, and industrial markets. The authors also describe the paradigm of construction relations with the described groups of stakeholders, as well as formation of the value offer for them within the attitudinal exchange. At the same time the authors pay insufficient attention to the referral markets and construction of relations with them. Also in construction of relationship with referral groups their place in the consumer journey in not taken into account, which seems to be a considerable omission. Consideration of the question, based on which indices this analysis and study of the value of the agents of referral markets should be conducted, how control of their communication with end consumers can be adjusted and how the system of relationship with referral groups can be constructed, also remains beyond the six markets theory.

So, the intermediaries in the trade channel, which belong to consumer markets in the model, can give recommendations. Two separate groups of consumers, which are referred by the authors of the model to the referral market are groups of the existing or former consumers: consumers, which are loyal to the company and products and are voluntary advocates of the brand, and consumers, which are motivated by the company to transfer recommendations using material or non-material bonuses within referral programs. Consideration of the impact market agents as the sources of recommendations and distribution of opinions from the point of view of inter-company markets seems more justified, nevertheless, certainly, groups of this market can produce an indirect effect on the consumer's choice under certain conditions.

Use of recommendations in marketing will be viewed further. In reality the mechanism of recommendations has a wide theoretical base. For description of the recommendations mechanism in marketing social and economic theories and psychological theories are used: value theory, information economic theory, risk theory and cognitive conflict theory, network theory, theories of social exchange, social closeness (homogeneity of social groups) and social enrichment. (Schmitt et al., 2010)

From the point of view of the exchange theory the recommendation is possible with positive analysis of expected costs and benefits from recommendation communication. Referral contact could be described from macro-effect and micro-effect of interactions, based on fundamental theories of communications (Goldenberg 2001). Under the natural conditions the following reasons can be deemed the motives of recommendations, as transfer of personal experience at the stage of reaction for purchase or translation of the personal opinion. They can be of sociological or psychological nature: information about positive experience, surpassing the original expectations, reduction of anxiety after proprietary purchase, care about an individual, being at the stage of information search, creation of an impression of the neighborhood about the recommendation giver. (Dichter, 1996) Recommendation interaction also described from social networks point of view. But this approach has limitation in interpersonal aspect of process (Reigen 1987). Let's pay attention to the last motive, it should be interpreted not only as an attempt to control the opinion of the neighborhood about the recommendation giver, but also as demonstration of proprietary expertise and professional qualities in some area by the recommendation giver, which refers to the fourth stage of Maslow's hierarchy – need in esteem and recognition.

Transfer of recommendations is also related to certain costs for their source, such as time, spent for communication and efforts for maintenance of the contact with the hearer in future. (Gatignon 1986, Gangseog 2007) In our opinion, costs of inverse effect of the recommendation are the most important, when the recipient of the recommendation is not satisfied with the product and sends negative feedback to the recommendation giver. Such a situation can lead to deterioration in interpersonal relationship between the recommendation giver and the recipient of the recommendation and even arouse a conflict under certain conditions. (Folkes, 1984) The inverse effect of the recommendation also consists in probably negative messages about the recommendation giver by the recipient, directed to other contacts in the recommendation giver's network. So, a sender is responsible for the quality of the recommendation and the reputation of the recommendation giver depends on success of the recommendation. As it will be shown later, this is a considerable risk for professional recommendation givers and experts.

Customer referral program is studied well. Seeding programs for right customer generate more clients in future. (Libai 2013).Some researchers note a positive psychological aspect for the manufacturer, related to the above: after proprietary recommendation it is more difficult to refuse from the product. (Sewell, 2002) No doubt, it should be noted that in provision of the product there is no reduction of quality or value for the consumer. When planning the use of the mechanism of recommendations in promotion of the product, its quality and consumer characteristics must not be in doubt in comparison with similar trade offers. It is one of the basic restrictions in application of recommendations for the goods promotion in the market: for recommendation of the product it is required to have confidence to it. Qualitative USP will be attractive for new clients, and recommendations will only strengthen it. A valuable product for the consumer will itself stimulate natural recommendations. It cannot be asserted that there is increase of loyalty of recommendation givers, but the mechanism of recommendations within relationship marketing can be an instrument not only for attraction of new clients, but also retention of the present clients and can be deemed the decision of the «leaky bucket» theory. (Egan, 2008)

Recommendations have original nature and cannot be unambiguously referred to standard instruments of promotion, though they have some common characteristics. For example, as sales promotion, short-term initiated recommendations can be used for simultaneous increase of sales; as in direct-marketing, the company addresses the target group, which is interested in the product, indirectly (via its recommendation givers). But recommendations should rather be viewed as an independent channel within the partner relationship marketing concept.

From the communication point of view recommendations can be characterized as opinions of subjective nature about product, relevant at this moment of time for the certain consumer, independent from the company under natural conditions. In essence recommendations are an element of oral WOM communication (from mouth to mouth, word of mouth). A referral contact is WOM interaction based on strength of ties. (Reigen 1986). WOM-communications are a catalyst at the stage of growth and create agiotage and chain reaction in social networks of consumers, that is why companies, promoting a new product in the market, strive to use or stimulate recommendations for more confident transfer of the goods into the mass segment. (Moore, 1999) The mechanism of recommendations is also effective for the product, which has a low level of awareness and consumers with low loyalty are present in the market. On the other part, also at the stage of maturity recommendations can be rather demanded, when the cost of attraction of the new client grows and recommendations can help to reduce these costs.

For stimulation and control of client recommendations of their product companies organize the so-called referral programs or programs of recommendations, there are some investigations, studying the efficiency of such campaigns. (Schmitt et al., 2010) Programs of recommendations are a basic element of the referral marketing, which uses the mechanism of recommendation for attraction of new clients and development of the company. Programs of recommendations represent stimulation of present and former clients to recommendations of the product or service to the contacts of their social network. Depending on the terms and conditions of the campaign the recommendation giver or the new attracted client are stimulated somehow: materially (money, gift) or non-materially (receipt of the status of an important client). In case of non-recurrent remuneration of the recommendation giver this can really create costs of switch for him, and, this means, retain for a longer period (Buschken, 2004). For example, if an air company stimulates the client for each attracted new client with free of charge miles of flight and they accumulate, the recommending client will retain loyalty for a longer period, most probably. The program of recommendation of mobile communication can become another example, when the client attracts his environment to the certain tariff, then it is more difficult for him to refuse from it due to possible lost of attractive conditions of calls to people he communicates with. It should be taken into account that the mechanism of recommendations in referral programs is limited to the current number of the existing clients. This distinguishes them from buzz marketing (rumor marketing) and virus marketing, within the latter not the product, but the idea is of interest for the consumer, which, for example, is present in the video clip and indirectly draws attention to the product and firm.

Separation of trade consultants from the referral agents consists, first of all, in the fact, that the former participate in the commodity distribution channel and have commercial interest in execution of the purchase by the consumer. As a rule, the number of trade intermediaries is high in the consumer markets and they are located in the place of an immediate purchase. On the other part, consideration of the personnel of drugstores - pharmaceutists only as trade intermediaries is not quite correct and there is a rather conventional border here between the trade consultants and agents of the referral market.

In this work let us give definition to the agent of the referral market in connection with adoption of the consumer decision. Agent of the referral market is an external agent (or group of individuals), referred by the consumer to the certain professional group or having specific expertise in respect of the item of the consumer choice and staying on the way of the consumer decision.

Bibliography

Buschken J. Higher profits through customer lock-in a roadmap. Thomson/South-Western, 2004.

Dichter E. «How word-of-mouth advertising works». Harvard Business Review, Vol. 44 1966 (November-December), pp. 147–166.

Egan J. (2008) Relationship Marketing: Exploring Relational Strategies in Marketing. Pearson Education.

Folkes V.S. (1984). Consumer reactions to product failure: an attributional approach. Journal of Consumer Research, Vol. 10 (March), pp. 398–409.

Gangseog R., Lawrence F. (2007) A Penny for Your Thoughts: Referral Reward Programs and Referral Likelihood. Journal of Marketing: Vol. 71, No. 1, pp. 84-94.

Gatignon H., Robertson T.S. (1986) An exchange theory model of interpersonal communication. In Advances in Consumer Research, Vol. 13, Richard J. Lutz, ed. Provo, UT: Association for Consumer Research, pp. 534–538.

Goldenberg J., Babrak Libai, Eitan Muller, Renana Peres. (2001). Talk of the Network: A complex System Look at the Underlying Process of World-of-Mouth. Marketing Letters 12:3, 211-223.

Gosselin K. The Purchase Loop: an About.com Study with Latitude Website: http://latd.com/2013/03/18/the-purchase-loop-an-about-com-study-with-latitude/]

Libai B., Eitan Muller, Renana Peres. (2013). Decomposing the value of World-of-Mouth Seeding Programs: Acceleration versus Expansion. Journal of Marketing Research, Vol. L, pp. 161–176.

Moor G. (1999) Crossing the Chasm: Marketing and Selling Disruptive Products to Mainstream Customers HarperBusiness Essentials.

Payne A. Handbook of Relationship marketing. Sage Publications, Inc.: Thousand Oaks, 2000.

Payne A., Ballantyne D., Christopher M. A stakeholder approach to relationship marketing strategy: The development and use of the "six markets" model, European Journal of Marketing, 2005 Vol. 39 Iss: 7/8, pp.855 – 871.

Payne A., Christopher M., Clark M., Peck H. Relationship Marketing for Competitive Advantage: Winning and Keeping Customers. Oxford, 2000.

Reigen P., J.J. Brown. (1987). Social ties and Word-of-Mouth Referral behavior. Journal of Consumer Research, Vol. 14, pp. 350–362.

Reigen P., Jerome B. Kernan. (1986). Analysis of Referral Networks in Marketing: Methods and illustrations. Journal of Marketing Research, Vol. 23, pp. 370–378.

Schmitt, Skiera B. Van den Bulte C. (2010), "Referral Programs and Customer Value", Journal of Marketing, Vol. 75, 46 –59

Sewell C.; (2002) Customers for Life: How to Turn That One-Time Buyer Into a Lifetime Customer. Crown Business.

Чумаченко Т.Н. - к.х.н., доцент кафедры маркетинга
Фролова Е.А. - студентка 4 курс
Государственное ВУЗ «Национальный горный универсітет »,
г. Днепропетровск, Украина

ИСПОЛЬЗОВАНИЕ МАТЕМАТИЧЕСКОГО АНАЛИЗА В МАРКЕТИНГОВОМ ИССЛЕДОВАНИИ КАЧЕСТВА ОБРАЗОВАТЕЛЬНЫХ УСЛУГ

Поиск эффективных стимулов, побуждающих студента прикладывать максимум усилий для качественного обучения остается одним из актуальных направлений развития высших учебных заведений, поэтому Национальный горный университет постоянно исследует качество образования через отношение студентов к учебному процессу. Как правило, объектом исследования выступают: образовательные программы, подготовка профессорско-преподавательского состава и их влияние на профессиональные навыки выпускников.

Для оценки качества образовательных услуг акцентировалось внимание на следующих моментах:

- Информационную базу методики составляли данные опросной статистики непосредственных потребителей образовательных услуг – студентов пятого курса обучения инженерных, компьютерных и экономических специальностей.
- Параметры анализа, которые сформируют представление студента о качестве образовательных услуг.
- Оценка каждого параметра производилась по пятибалльной шкале с позиции ожидания и восприятия.
- Оценка по каждому критерию – частное от деления рейтинга восприятия к рейтингу ожидания.

Качество образования оценивалось по шкале от 0 до 1 согласно методике [1, 6] ,(табл. 1).

Таблица 1.

Комплексная оценка качества образовательных услуг.

Уровень качества образовательных услуг университета	Качественная оценка
От 0,85 до 1,00	Отлично
От 0,70 до 0,85	Очень хорошо
От 0,60 до 0,70	Хорошо
От 0,50 до 0,60	Допустимо

Результаты опроса отражены в таблице 2:

Таблица 2.

Результаты оценки качества образовательных услуг.

Содержание учебного процесса	0,799
Обеспечение учебного процесса	0,859
Проведение производственной практики	0,830
Профессионально–педагогические навыки	0,70

При экстраполяции полученных результатов на отдельные группы опрошенных, в зависимости от направленности образовательных программ, получено число студентов, которые положительно оценили предложенные критерии:

Таблица 3.

Результаты оценки качества образовательных услуг студентами разных специальностей.

Опрошенные	Содер-жание учебного процесса	Обеспечен ие учебного процесса	Проведе-ние производст венной практики	Професси онально–педаго-гические навыки
Инженерные специальности	66	71	69	58
Экономические специальности	26	28	27	23
Компьютерные специальности	53	57	56	46

Данные свидетельствуют, что многие респонденты очень хорошо оценили все критерии. Это закономерно, ведь университет взаимодействует с крупными корпорациями, такими как, например ДТЭК - крупнейшая энергетическая компания Украины, которая является лидером горнодобывающей и энергетической отрасли промышленности. Результатом такого сотрудничества является открытие методологического центра, где стало возможным объединение сильной теоретической базы университета и современных практических технологий, применяемых в ДТЭК. Университет в полной мере обеспечивает необходимые условия для производственной практики и дальнейшего трудоустройства студентов .

72 % опрошенных считают, что в университете созданы все условия для самообразования студентов (Рис. 1). Преподаватели работают по новым методикам обучения, основой которых является принцип «создай» вместо принципа « повтори», развивающий ответственность студента. Все больше студентов занимаются самообразованием, чему способствует методическое обеспечение на каждой кафедре.

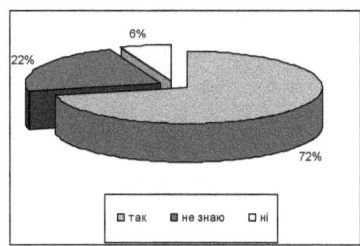

Рис. 1 Оценка условий для самообразования

Результаты опросной статистики показали, что интегральный уровень образовательных услуг университета составил 0,797, что позволяет позиционировать его как очень хороший (табл.1), студенты считают, что университет в соответствии со временем вводит новинки в образовательный процесс, что подтверждается доминирующей ролью параметра «обеспечение учебного процесса» при определении качества образования. При этом приоритетность параметров практически не зависит от направления образования.

Национальный горный университет четко придерживается своих стратегических планов, развивая систему учебных программ, которые способствуют повышению квалификации выпускников. Многие учебные курсы включают дисциплины, рекомендованные компаниями-работодателями. Совместно с зарубежным университетами-партнерами разработаны программы подготовки магистров по международным стандартам.

Оценка деятельности высших учебных заведений, не зависимо от форм собственности, должна основываться на единых критериях, таких как, например: востребованность выпускников и качество их подготовки. Основное задание ВУЗа сегодня – подготовить и воспитать специалиста, который умеет учиться, ставить перед собой задачи и решать их, который имеет практические навыки и опыт исследовательской работы. Именно это и составляет качество образовательных услуг учебного заведения. Чем больше адаптированы образовательные программы вузов к требованиям рынка труда, тем выше компетентность, а, следовательно, и конкурентоспособность их выпускников. Поэтому для высших учебных заведений остро стоит задача укрепления своих позиций на рынке, формирования инновационной среды образовательных процессов с целью создания новых конкурентных преимуществ.

Литература
1. Миляева Л.Г. Маркетинговое исследование на рынке образовательных услуг провинциальных городов //«Маркетинг в России и за рубежом » - 2005.- №5.

Мулендеева Л.Н.
ст. преподаватель, Самарская академия государственного
и муниципального управления

УСЛОВИЯ ФОРМИРОВАНИЯ СТРОИТЕЛЬНОГО КЛАСТЕРА В РЕГИОНЕ

Основная идея стратегии инновационного развития Самарской области предполагает формирование кластерного инвестиционного портфеля. Роль региональных органов власти сводится к формированию необходимых условий на пути развития региональных экономических кластеров – горизонтальных объединений трёх основных элементов – власти, бизнеса и различных институций (в том числе высших учебных заведений, проектных институтов; банков и других финансовых учреждений; юридических, аудиторских, консалтинговых служб и др.), которые связаны едиными целями и осуществляют проекты на основе взаимосвязанных материальных, финансовых и информационных потоков.

К числу необходимых условий формирования регионального экономического кластера экономисты относят:

- наличие в регионе соответствующей инфраструктуры;
- сосредоточение на территории региона необходимых ресурсов – «критической массы» человеческого капитала, научного, инновационного и производственного потенциалов;
- активную роль региональных органов власти в реализации кластерной инициативы;
- инновационную ориентированность новых технологий, используемых предприятиями кластера;
- возможность совместного использования участниками кластера определенного фактора – технологии, канала сбыта, системы подготовки кадров и пр. [1, 102].

Выгодное экономико-географическое положение Самарской области определяет ее функцию крупнейшего транспортного узла. Транспортная инфраструктура представлена авто-, железнодорожными, водными и авиа-путями, развитию ее способствует строительство Самарского транспортно-логистического центра. Развитию инженерной инфраструктуры содействуют различные мероприятия, проводимые региональными органами власти в рамках реализации схемы территориального планирования Самарской области и различных целевых программ. Инфраструктура поддержки предпринимательства и кластерных инициатив также широко представлена различными организациями (в том числе Центр инновационного развития и кластерных инициатив, Корпорация развития Самарской области, Инновационно-инвестиционный фонд Самарской области, Гарантийный фонд поддержки предпринимательства и пр.).

Таким образом, в регионе имеется соответствующая инфраструктура для формирования и развития строительного кластера. Что же касается ресурсов, необходимых для данных процессов, то следует отметить, что строительный комплекс – мощная отрасль экономики Самарской области. По внедрению передовых технологий, современных проектных решений и по активности на строительном рынке область находится в числе лидеров среди субъектов РФ.

На конец 2012 г. на территории региона функционировало 9925 строительных организаций. В последние годы наблюдалось стабильное увеличение объемов строительства и выпуска строительной продукции, качественные параметры которой по многим позициям соответствуют мировому уровню (рисунок 1) [2].

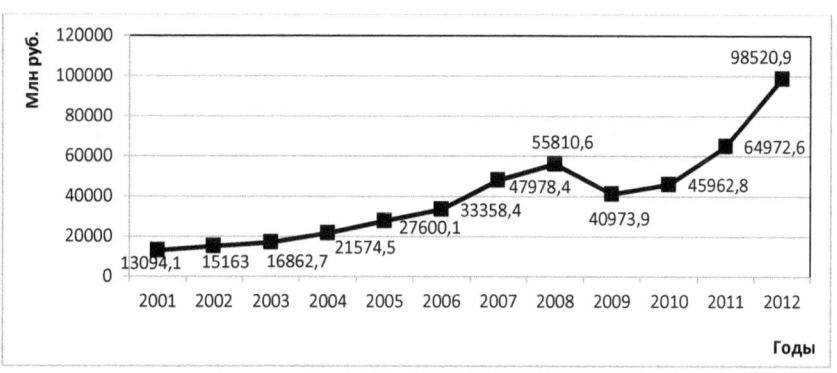

Рисунок 1 – Объем работ, выполненных по виду деятельности «Строительство» в Самарской области

Следует отметить, что формированию и развитию строительного кластера в регионе препятствуют различного рода факторы, такие как:
- длительное оформление разрешительной документации на строительство;
- затягивание сроков выделения сформированных земельных участков;
- изношенность основных производственных фондов;
- неразвитость объектов коммунальной инфраструктуры;
- недоступность банковского кредитования;
- высокий уровень налогов;
- несовершенство градостроительного, земельного, антимонопольного и прочего законодательства;

- несоответствие рыночной стоимости строительной продукции платежеспособному спросу населения и пр.

Наличие указанных проблемных ситуаций подчеркивает необходимость разработки механизма роста привлечения инвестиционных ресурсов в строительный комплекс и разработки мероприятий по усилению значения отрасли в инвестиционном развитии Самарской области. Этому во многом будет способствовать активная роль региональных органов власти Самарской области в поддержке кластерных инициатив. В целях выработки механизмов государственной поддержки программ развития инновационных территориальных кластеров в регионе сформирована крупная дискуссионная площадка – межрегиональный экономический форум «Самарская инициатива: кластерная политика – основа инновационного развития национальной экономики». В области ведется активная работа по формированию и развитию аэрокосмического, биотехнологического, автомобильного, нефтехимического кластеров, положительный опыт которой может быть использован в отношении строительного кластера.

Самарская область относится к числу инновационно активных регионов и занимает шестое место в России по показателям, характеризующим социально-экономические условия инновационной деятельности по итогам 2013 г. [3]. На наш взгляд, достаточным потенциалом в обеспечении инновационной ориентированности новых строительных технологий обладает Самарский государственный архитектурно-строительный университет. Кроме того, указанный вуз может обеспечить участникам строительного кластера возможность совместного использования инновационных технологий и системы подготовки кадров.

Таким образом, в Самарской области имеется в наличии абсолютное большинство условий, способствующих перспективе развития на ее территории регионального строительного кластера, в том числе транспортная, инженерная и институциональная инфраструктура, необходимый производственный, научный и инновационный потенциал, государственная поддержка кластерных инициатив и пр.

Литература

1. Иванова, Е.В. О факторах эффективности кластеризации экономики региона [Текст] / Е.В. Иванова // Экон. науки. – 2012. – № 9 (94). – С. 101-104.
2. Территориальный орган Федеральной службы государственной статистики по Самарской области: офиц. сайт. – Режим доступа: http://www.samarastat.ru.
3. Правительство Самарской области: офиц. сайт. – Режим доступа: http://www.adm.samara.ru.

Идрисова Н.Л.
к.э.н., ст.преподаватель кафедры социально-культурного сервиса и туризма ФГБОУ ВПО«Дагестанский государственный технический университет»
E-mail: inatella@mail.ru

СОЦИАЛЬНО-ЭКОНОМИЧЕСКИЕ ПРОБЛЕМЫ ТУРИЗМА В РЕГИОНЕ

Туризм - единственная отрасль, названная феноменом XX века. Во многих странах туризм играет значительную роль в формировании валового внутреннего продукта, создании дополнительных рабочих мест и обеспечении занятости населения, активизации внешнеторгового баланса. Туризм оказывает огромное влияние на такие ключевые отрасли экономики, как транспорт и связь, строительство, сельское хозяйство, производство товаров народного потребления и другие, то есть выступает своеобразным катализатором социально-экономического развития. [5,45]

Культурный туризм получил широкое распространение во второй половине XX века, когда многие развитые страны перешли от индустриального к постиндустриальному обществу, одной из особенностей которого является значительное расширение доступа к культурным благам. Расширению культурного туризм в наше время способствует развитие транспортных линий, межрегиональные и международные культурные контакты, становление и совершенствование индустрии туризма в нашей стране.

Туристский бизнес – одна из наиболее быстро развивающихся отраслей мирового хозяйства. Международный туризм входит в число трех крупнейших экспортных отраслей, уступая нефтедобывающей промышленности и автомобилестроению. Значение туризма в мире постоянно увеличивается, что связанно с возросшим влиянием туризма на экономику отдельной страны.

Повышения жизненного уровня и уровня образования населения, совершенствование коммуникаций, подъем социального самосознания порождает у людей огромный интерес к другой культуре и иному образу жизни.

Сегодня контакты между людьми из разных стран и регионов становятся реальностью благодаря туризму. Туризм является одним из влиятельнейших феноменов экономического и социального развития современного общества. Так как играет одну из главных ролей в мировой экономике, составляя десятую часть мирового валового национального продукта (ВНП).[2,122]

Туризм оказывает мощное влияние на занятость населения, а по оценкам специалистов, уже 100 млн. человек в мире работает в этой отрасли.

Помимо влияния на экономику туризм воздействует на социальную и культурную среду в целом. Важнейшей мотивационной силой для туристов желающих посетить наш регион является:

• Благоприятные климатические условия, море, разнообразие ландшафтов, минеральные источники и лечебные грязи;

• Наличие познавательного туризма: Дербентская зона, Гунибская зона и т.д;

• Наличие учреждений санаторно-курортного лечения: «Талги», «Каспий».[3,89]

Перспектива развития туризма в республике Дагестан является необходимым определением социально-экономических проблем имеющихся в регионе, а также формирования в республике регионально-адаптированной, экономически-эффективной, социально-востребованной отраслью.

Такая отрасль способна будет внести существенный вклад в обеспечение устойчивого, социально-экономического развития республики, что предполагает гармоничное вхождение туристской отрасли в республиканскую систему хозяйствования.[4,138]

Для решения социально-экономических проблем туризма в регионе следует предусмотреть:

- развитие и стимулирование процесса законотворства;

- развитие инфраструктуры и материальной базы туризма;

- формирование благоприятного общественного мнения;

- обеспечение безопасности в регионе;

- формирование устойчивого кадрового и научного обеспечения туристской отрасли;

- создание необходимых условий для привлечения и развития инвестиционных ресурсов;

- экологическая безопасность;

- создание дополнительных рабочих мест;

- повышение качества обслуживания гостиничного сервиса.

Таким образом, для развития туризма в регионе необходимо решить следующие задачи:

- создать отели туристского класса;

- расширить сети предприятий общественного питания;

- создание объектов развлечений и отдыха;

- строительство спортивных залов и сооружений;

- строительство выставочных залов;

- расширение сети дорог за счет строительства новых и реконструкции старых;

- реконструкция и строительство морского причала для прогулочных судов;

- внедрение инновационных технологий в сферу туризма;

- разработка и внедрение генеральной схемы туристских маршрутов;

- размещение рекламно-информационных материалов в СМИ за пределами республики.

Итак, только комплексный подход по решению социально-экономических проблем в туристской индустрии Дагестана позволит вывести туризм на значимый уровень, а значит и экономику региона в целом.

Литература

1. Барсуков В.Безопасность: технология, средства, услуги.- М: Кудиц –образ, 2009.

2. Веденин Ю.А. География туризма. – М.: Кнорус, 2010

3. Гамидов В.Н. Проблемы развития туризма в регионе. 2011.

4. Павлюченко Б.Л., Жуков В.Б. Роль инноваций в туристской деятельности. – 2012.

5. Квартальнов В.А. Туризм: Учебник.-М.: Финансы и статистика, 2009.

Котельникова А.С.
аспирант Самарского Государственного Экономического
Университета
mycartoon@mail.ru

СТАТИСТИЧЕСКИЙ АНАЛИЗ ВЗАИМОСВЯЗИ ИНДИКАТОРОВ ДОСТУПНОСТИ ЖИЛЬЯ В РФ

Вопрос доступности жилья населению является одним из наиболее острых в России и вызывает в научном обществе значительное количество споров и дискуссий, его решением занимаются на уровне государства, однако, пока еще нельзя говорить о приближении жилищной проблемы в РФ к решению. Меры, принимаемые в рамках федеральной целевой программы «Жилище», все еще требуют корректировок. Однако уже наличие такой программы и определение её в качестве одного из важнейших национальных проектов, является толчком к выработке эффективного механизма для решения «квартирного вопроса».

Основная цель статистики рынка жилья заключается в предоставлении всесторонней и объективной информации о жилищном фонде и жилищных условиях населения, в выявлении зависимости между факторными и результативными признаками, характеризующими состояние жилищной отрасли в стране. Такая информация необходима, в частности, для проведения жилищной политики, т.е. разработки государством комплекса мер, направленных на удовлетворение потребностей в жилище.

Часто употребляемое в последние годы понятие «доступное жилье» на российском рынке все еще не имеет однозначной трактовки. Стоит отметить, что термин пришел в Россию недавно, а критерии, на основании которых жильё можно отнести к «доступному», до сих пор точно не определены, что и приводит к разногласиям специалистов по поводу методов оценки доступности жилья населению.

Несомненно, доступность жилья зависит от социально-экономических характеристик текущего уровня благосостояния населения, параметров бюджетной и кредитно-финансовой системы, качества жилья, ценовой и тарифной политики в сфере жилищного строительства и эксплуатации жилищного фонда. Именно на основе этих параметров всю систему основных показателей, характеризующую доступность жилья гражданам, предлагаю разделить на группы (см.рис. 1)

Доступность жилья

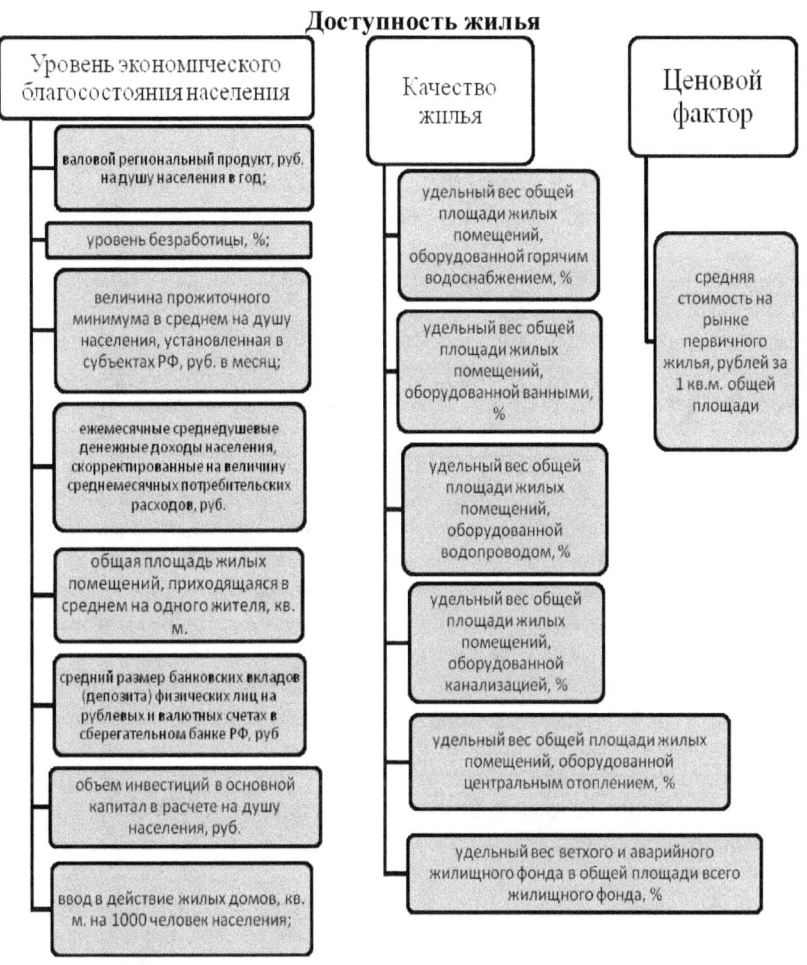

рис. 1. Система показателей, характеризующих доступность жилья

Ввиду того, что ценовой фактор можно определить как наиболее «яркий» индикатор доступности жилья, представляется актуальным исследовать его зависимость от остальных признаков.

Проведенный корреляционно-регрессионный анализ влияния признаков-индикаторов доступности жилья на ценовой фактор в регионах РФ за 2012 год, с использованием вышеприведённых показателей в качестве потенциальных факторных признаков, привёл к следующим выводам: после исключения ряда факторных признаков по причинам мультиколлениарности, малых значений парных коэффициентов корреляции, превышения значений p-уровеней переменных при уровне значимости α=0,05, уравнение регрессионной зависимости приняло вид

$Y= 3,65* X_4 + 434,58* X_{10} - 4588,4$

где Y- средняя стоимость на рынке первичного жилья, рублей за 1 кв.м. общей площади;

X_4 — ежемесячные среднедушевые денежные доходы населения, скорректированные на величину среднемесячных потребительских расходов, руб.

X_{10} — удельный вес общей площади жилых помещений, оборудованной ваннами, %.

Кроме того, рассчитанный для данной модели коэффициент детерминации R^2 показывает, что вариация результативного признака на 53,2% объясняется вариацией признаков, включенных в модель (X_4 и X_{10}), а значение коэффициента Дарбина-Уотсона d=2,03 дает основание утверждать об отсутствии автокорреляции остатков.

Таким образом, можно сделать вывод о том, что с увеличением среднедушевых денежных доходов населения, скорректированных на величину среднемесячных потребительских расходов, на 1 рубль, средняя стоимость 1 кв.м. жилья на первичном рынке увеличивается на 3,65 рубля, а с ростом доли жилых помещений, оборудованных ваннами на 1%, средняя стоимость 1 кв.м. возрастает на 434,58 рубля.

Итак, доступность жилья является сложным многогранным понятием, которое не только отражает результативность рыночных реформ в жилищной сфере, но и связано с общим течением социально-экономических процессов в обществе, их успешностью, учитывает поведение населения на рынке жилья, его ожидания, степень доверия к государственным и коммерческим институтам.

Рост цен на первичном и вторичном рынках жилой недвижимости негативно сказывается на доступности жилья населению при всех формах его приобретения: и при единовременной оплате, и при разных формах кредитования (субсидирования). Ввиду того, что стоимость жилья является главенствующим критерием его степени доступности, необходимо подробно изучать влияние на него результатов социально-экономических процессов происходящих в в регионах и стране в целом.

Лукичев П.М.
д.э.н., проф., проф. каф. Р6, БГТУ «ВОНМЕХ» им. Д.Ф. Устинова
Харланенков С.А.
аспирант, БГТУ «ВОЕНМЕХ» им. Д.Ф. Устинова

ГЕНЕЗИС КОНЦЕПЦИИ УСТОЙЧИВОГО РАЗВИТИЯ И СОВРЕМЕННОСТЬ

Концепция устойчивого развития в том виде, в каком мы знаем её сегодня, оформлялась в течение долгого времени. В данной статье представлена ретроспектива её становления и основные вехи развития.

Рассматривая историю возникновения идеи устойчивого развития, сталкиваешься с необходимостью выбора точки начала отсчета, точное определение которой, строго говоря, не представляется возможным. Создание модели государства, основанного на принципах справедливости, и идея стабильного общества занимали умы еще великих древнегреческих мыслителей, таких как Платон («Государство») и Аристотель («Политика», «Никомахова этика»). Схожими вопросами задавались Томас Мор в своей работе «Утопия» и Томмазо Кампанелла в «Городе солнца». Важным рубежом в истории рассматриваемого вопроса явилась вторая половина XVIII века, ознаменовавшаяся промышленной революцией, переходом от ручного труда к машинному труду, появлением первых фабрик. Использование первых станков и машин произвело революцию в возможностях труда и вызвало многократное увеличение возможностей человека. Следствием промышленной революции стало многократное умножение воздействия человека на окружающую среду. Можно сказать, что этот период, ставший временем зарождения индустриального общества и капиталистического способа производства, дал старт системе общественного устройства, ориентированного на чисто экономические показатели.

Расширение возможностей человека привело к рождению идеи о неограниченном экономическом росте, впервые подвергшейся критике в работе Т. Р. Мальтуса «Эссе о принципах народонаселения» (1798 г.). В своем труде Мальтус поднял вопрос о пределах роста, полагая, что население планеты увеличивается значительно быстрее, чем пополняются запасы средств существования, положив тем самым начало теории об ограниченности природных ресурсов. Далее отметим также возникшую на рубеже XIX и XX веков теорию «Ноосферы», развитую крупнейшим русским учёным Владимиром Ивановичем Вернадским и описывающую тесное взаимодействие человека и природы. В ней Человек предстаёт укоренённым в Природу. [1] К сожалению, приходится констатировать, что идеи Мальтуса и, позднее, Вернадского значительно опередили свое время, и им не было уделено должного внимания.

Серьезный шаг в сторону решения глобальных проблем современности сделала международная неправительственная организация «Римский клуб» («The Club of Rome»), созданная в 1968 году. В 1970-х гг. «Римский клуб» инициировал и спонсировал первые исследования, посвящённые глобальной проблематике человеческого развития. Американскими учёными Д. Форрестером и Д. Медоузом в целях изучения долгосрочных тенденций мирового развития при помощи компьютерного моделирования были разработаны математические модели «Мир-1», «Мир-2», «Мир-3». В 1972 году в Вашингтоне публике был представлен доклад Римского клуба «Пределы роста», подготовленный на основе данных, полученных с помощью указанных выше математических моделей. Доклад содержал выводы, суть которых сводилась к следующему: при сохранении нынешних тенденций к демографическому и экономическому росту в условиях ограниченной по своим масштабам и ресурсам планеты уже следующие поколения человечества достигнут пределов своего развития, что приведёт мировую социально-экономическую систему к неконтролируемому кризису и краху. [1]

Инициатива «Римского клуба» явилась первым в своем роде исследованием, привлекшим широкое общественное внимание к проблемам социального и экологического характера. Именно доклад «Пределы роста» с наибольшим правом может называться отправной точкой в развитии современного варианта концепции устойчивого развития. Однако при всей своей прогрессивности деятельность клуба и её результаты оттеснялись на второй план более насущными проблемами, занимавшими общество тех лет, и зарождавшейся концепции лишь предстояло еще выйти на серьезный международный уровень.

Важным событием в становлении концепции устойчивого развития явилась Конференция ООН по проблемам окружающей человека среды, прошедшая в Стокгольме в 1972 году. Итогами конференции стали принятие Декларация по проблемам окружающей человека среды и создание в декабре того же года Программы ООН по окружающей среде (UNEP). [2] Принципы, разработанные на Конференции и закрепленные в соответствующей декларации, стали важной составляющей формирующейся концепции устойчивого развития.

В 1983 году Генеральной Ассамблей ООН учреждается Международная комиссия по окружающей среде и развитию под председательством премьер-министр Норвегии Гру Харлем Брундтланн. В 1987 году по результатам работы комиссии был опубликован доклад «Наше общее будущее» («Our common future»), в котором было впервые точно определено понятие устойчивого развития, которое трактуется, как «развитие, позволяющие нынешним поколениям людей удовлетворять свои потребности, не ставя при этом под угрозу возможность будущих поколений удовлетворять их собственные нужды». [1] [3,50] В докладе представлен окончательный вариант модели социально-экономического развития, за которой после выхода данного документа закрепилось используемое сегодня название - «устойчивое развитие» («Sustainable Development»). Кроме того, Комиссией Брундтланн были выделены так называемые индикаторы устойчивого развития, сделавшие его измеряемым и ставшие неотъемлемой частью концепции.

Официальное признание идеи, сформулированные в докладе «Наше общее будущее», получили в 1992 году на Международной Конференции ООН по окружающей среде и развитию в Рио-де-Жанейро (UNCED, 1992). На бразильском саммите новоявленная доктрина общественного развития была полностью признана мировым сообществом и закрепилась в качестве основного ориентира в вопросах социально-экономического устройства. На дальнейших этапах развития концепции устойчивого развития, среди которых следует отметить Всемирный саммит ООН по устойчивому развитию в Йоханесбурге в 2002 году и Конференцию ООН по устойчивому развитию («Рио+20»), прошедшую в Рио-де-Жанейро в 2012 году, в нее был внесен ряд заметных дополнений и уточнений. Концепция не является чем-то «застывшим» и даже сегодня, будучи достаточно полно сформулированной, продолжает эволюционировать и развиваться.

Несмотря на то, что концепция устойчивого развития используется уже тридцать лет и всё сильнее влияет на общемировое производство и потребление, вопросы к её практическому воплощению в современной экономике остаются острыми. Главным из них является противоречие между системой экономических ценностей, на которой действует мировая экономика, и системой экологических ценностей в развитых странах. Оно выражается в нарастающем противоречии между free trade(концепцией свободной торговли) и fair trade (концепцией производства потребления экологических продуктов).

Поскольку, как считают правительства развитых государств, экономическое и социальное развитие их стран достигло самодостаточного уровня, то главное внимание они стали уделять сейчас экологической сфере. Эта смена ориентиров общественного роста связана и с тем, что острота экономических и социальных противоречий в этих странах значительно снизилась. Поэтому решение экологических проблем стало целью, объединяющей все слои общества в повышении своего уровня жизни. Сегодня важно соблюсти баланс между динамикой развития промышленности, сельского хозяйства, транспорта конкретной страны и минимально возможной нагрузкой на окружающую среду. Поэтому задачами экономического роста становятся не просто увеличение объёмов производства, а – «зелёное производство» и «зелёное потребление».

Конкретно это проявляется в снижении энергопотребления при изготовлении продукции и в быту, стремлении добывать энергию из воспроизводимых источников, потреблять экологически чистые продукты. Экономическими последствиями такого подхода стало удорожание потребляемых товаров и изменение условий международной конкуренции. Многие развивающиеся страны рассматривают концепцию устойчивого развития как нечестную попытку ряда развитых государств возвести за счёт применения субсидий при производстве экологической продукции дополнительные барьеры для свободной торговли между странами.

Насколько применение данной концепции в России изменит мотивацию работников и будет способствовать повышению уровня жизни, является, на наш взгляд, весьма дискуссионным вопросом. Пока же, как показывают не политизированные исследования, потребители в странах с развивающейся экономикой, куда относится и Россия, продолжают занимать верхний ряд Greendex рейтинга, в то время как шесть наиболее низких оценок были заработаны потребителями в промышленно развитых странах.

Литература:

1. Интернет-портал «Устойчивое развитие» COSD.RU, История концепции устойчивого развития – www.cosd.ru – 2011.

2. The Sustainable Development Timeline 6th edition, Heather Creech, www.iisd.org/publications/pub.aspx?pno=1221 – 2009.

3. Report of the World Commission on Environment and Development Our Common Future – UN, 1987, c. 50.

4. "Greendex 2012: Consumer Choice and the Environment – A Worldwide Tracking Survey". – http://environment.nationalgeographic.com/environment/greendex/.

Кобылянская А.В.
Федеральное государственное бюджетное образовательное
учреждение высшего профессионального образования Государственный
университет управления
aleksandrakob@outlook.com

РОЛЬ УПРАВЛЕНИЯ ЗНАНИЯМИ В ОРГАНИЗАЦИИ ФРАНЧАЙЗИНГОВОЙ СИСТЕМЫ

За последние два столетия франчайзинг получил широкое применение во всем мире и, являясь одной из самых успешных форм, как развития бизнеса, так и создания бизнеса «с нуля», оказывает влияние на структуру рынка, способствуя самозанятости населения, повышения качества продукции и обслуживания. Для крупных фирм это один из самых эффективных инструментов развития. Для малых и средних предприятий, для начинающего заниматься бизнесом и для человека никогда им не занимавшегося это лучшая и самая надежная возможность организовать собственное дело.

Однако франчайзинг может оказаться опасной финансовой и юридической ловушкой для любой из сторон.

Отношения между франчайзером и франчайзи характеризуются взаимозависимостью и неравноправностью, эволюционирующей во времени в связи с накоплением опыта и развитием навыков и знаний со временем франчайзи может с большей степенью самостоятельности принимать решения о деятельности компании. Категорическая недопустимость различия стандартов качества и строгий контроль их соблюдения - характерное условие франчайзинга, необходимое для формирования необходимого уровня доверия потребителя [2, 21], нарушение которого ведет к расторжению контракта.

Специфичность сущности современного франчайзинга заключается в процессе взаимодействия сторон, владеющих и имеющих доступ к различным ресурсам, но при этом характеризующихся общим объектом интереса – объектом интеллектуальной собственности, представляющим собой средства индивидуализации производимых франчайзером товаров, выполняемых работ или предоставляемых услуг, обеспечивающими компании формирование ярко выраженного имиджа и высокую репутацию на рынке, что предоставляет франчайзеру узнаваемость и выделяет его на рынке аналогичных предприятий, и формирует у франчайзи интереса к вступлению в партнерские бизнес отношения.

Особенно принципиален во франчайзинге вопрос качества, и именно торговая марка, выполняя ряд функций, является, в первую очередь, «символом престижности его обладателя» [9, 13], выступая гарантом уровня качества продукта, в независимости от того, где он произведен.

Репутация бренда – залог успеха всей системы франчайзинга [1, 71], характеризующейся развитостью сетей, наряду со сложностью защиты идей, на которых эти сети построены и, в особенности, знаниями франчайзера и франчайзи. Поэтому управление знаниями представляется значимым интересным и сложным аспектом франчайзинговых отношений.

Система знаний для любой фирмы – это своеобразная форма выражения ее интеллектуального и творческого потенциала, представляющая собой комплекс механизмов динамичного взаимодействия накопленных знаний и отдельных результатов и подразделений и персонала, а также внешнего взаимодействия с партнерами, опыт ранее выполненных работ. Управление знаниями не ограничивается отдельно взятым программным продуктом или патентом, представляя собой стратегию управления предприятием, ориентированную на развитие и максимальное использование его интеллектуального потенциала, а также на творческую организацию управленческих действий.

Франчайзинговые системы представляют собой уникальную и весьма сложную систему взаимодействия франчайзера и франчайзи, что обуславливает критическую важность системы управления знаниями для франчайзинга. Сложность функционирования таких систем связана также с тем, что управленческие решения и их реализация основываются в основном на знаниях франчайзи получаемых от франчайзера.

С нашей точки зрения, знаниями франчайзи управлять не только возможно, но и необходимо, поскольку только постоянное изменение состояния компетенции франчайзи может способствовать его интеграции в франчайзинговую систему и соблюдению всех стандартов качества. Знания франчайзи необходимо постоянно расширять и углублять для поддержания конкурентоспособности всей системы в постоянно изменяющихся рыночных условиях.

Для поддержания конкурентной способности конкретного франчайзи также очень важен процесс целенаправленного самообучения, который дает ему возможность получать новые знания, умения и навыки для формирования франчайзи как юридически и экономически самостоятельного предпринимателя. При этом полученные знания могут быть уникальными и для франчайзера, если их использование существенно повышает конкурентную способность всей системы.

Таким образом, управление франчайзинговой системой с целью поддержки и развития его конкурентной способности возможно только на основе использования знаний, и такое управление является творческим, так как только творчество может создавать знания и использовать их для управления.

Сложность отношений франчайзера и франчайзи требует четкого детерминирования принадлежности знаний и результатов их использования. При формировании во франчайзинговой системе системы управления знаниями, имеет особое значение юридическая форма отношений между франчайзером и франчайзи, которая обеспечивается как законами государств, так и международным законодательством об интеллектуальной собственности и авторским правам.

Характерная для России несформированность правовых аспектов франчайзинговой деятельности, а также менталитет отечественных предпринимателей, не готовых платить за право пользования интеллектуальной собственностью, являются негативным фактором формирования доверия франчайзера к франчайзи, что при заключении договорных отношений, значительно препятствует развитию потенциала обеих сторон и осложняет процесс формирования системы управления знаниями во франчайзинговой системе.

Также сильное влияние на развитие франчайзинга оказывает стереотип о бесперспективности управления знаниями в России и отсутствии успешных проектов в данной области в нашей стране. Однако действительность постоянно опровергает такие утверждения [8].

Таким образом, несмотря на ряд рассмотренных факторов, франчайзинг, как один из важнейших инструментов рыночных отношений, развивается. Экспансия франчайзинга в регионы интенсифицируется [11, 17], что повышает стандарты качества бизнес-технологий, продукции, обслуживания и деловой культуры, а также способствует технологическому обновлению и перевооружению регионов. Это, на наш взгляд, оказывает влияние на структуру всего российского рынка и влияет на понимание значимости управления знаниями для франчайзинга как важнейшего ресурса и критерия эффективности функционирования франчайзинговой системы.

Список литературы

1. Актуальные вопросы технических, заочной научно-практической конференции, г. Георгиевск, 5-6 декабря 2012 г. – Георгиевск: Георгиевский технологический институт (филиал) ФГАОУ ВПО «Северо-Кавказский федеральный университет», 2012. – 152с.

2. Бондаренко, Ю. А. Франчайзинг и перспективы его развития в России / Ю. А. Бондаренко // Финансы. – 1994. N12. – С. 20-22.

3. Мариничева, М. Важнейший ресурс компании // Босс. - 2003. -№ 10. -С 1-3.

4. Матусевич, А. П. франчайзинг в постсоциалистических странах чешская модель: Монография / А. П. Матусевич, А. В. Шевелева. – М.: Компания Спутник, 2007. – 111с.

5. Проблемы и перспективы развития регионального потребительского рынка: материалы межрегиональной научно-практической конференции специалистов, ученых и студентов. –Тюмень: Печатник, 2013. – 190 с.

Андриевская А.С.

аспирант кафедры Мирового хозяйства и международных экономических отношений, Институт математики, экономики и механики, Одесский национальный университет имени И.И. Мечникова, Одесса, Украина

НЕКОТОРЫЕ АСПЕКТЫ ФИНАНСОВО-ЭКОНОМИЧЕСКОГО РАЗВИТИЯ СТРАН ЛАТИНСКОЙ АМЕРИКИ

Введение.

Страны Латинской Америки прошли сложный путь социально-экономического развития - от бывших колоний до конгломерата независимых государств, сильно различающихся по уровню социально-экономического развития, а также характеру и степени участия в мирохозяйственных связях. Сегодня предпринимаются попытки фундаментальной корректировки действующих моделей развития этих государств. Этот процесс находится в начальной фазе и пока не дает желаемого стабилизационного эффекта.

Положительные и отрицательные стороны модели финансового и экономического развития некоторых стран Латинской Америки.

Вопросами изучения особенностей латиноамериканской модели экономического развития, ее современного состояния и перспектив экономических реформ в Латинской Америке, в частности на примере экономик Аргентины, Бразилии, Мексики и Чили, занимались крупнейшие ученые-экономисты России, Украины и других стран.

Так, например, Николас Эйсагирре (директор Департамента стран Западного полушария МВФ), в статье «Обеспечение преобразований в Латинской Америке» («Финансы и развитие», март 2011 г.), отмечает, что, несмотря на свою непростую историю, Латинская Америка в настоящее время обладает потенциалом, позволяющим наращивать новую силу и устойчивость, хотя регион по-прежнему отличается глубоким неравенством, при котором примерно треть населения живет в бедности.

Регион, богатство которого проистекает от сырьевых товаров, и который сегодня находится в относительно благоприятных внешних условиях, располагает огромными экономическими возможностями и потенциалом для превращения во все более важного игрока на мировой арене. Три страны региона: Аргентина, Бразилия и Мексика являются членами группы 20-ти, которая играет все более заметную роль в формировании мировой экономики. Регион может добиться еще больших успехов, опираясь на недавние достижения, чтобы закрепить экономическую стабильность и энергично взяться за решение хронических проблем низкой производительности и высокого неравенства.

Участники «круглого стола», состоявшегося в Институте Латинской Америки в феврале 2013 года, обсудили истоки и причины глобального финансово-экономического кризиса, его влияние на социально-экономическую ситуацию в Латинской Америке, а также рассмотрели кризисные явления, меры и результативность антикризисной политики стран региона. Они отметили важную роль интеграционного потенциала в ослаблении кризисных тенденций,

Доктор экономических наук, ведущий научный сотрудник Института Латинской Америки Российской Академии наук Н.Н. Холодков, говоря об истоках и масштабах глобального финансово-экономического кризиса, отмечает, что «опыт валютно-финансовых потрясений многому научил латиноамериканские страны, а сокращение уровня внешней задолженности, рост золотовалютных резервов, повышение мировых цен на минеральное сырье и продовольствие в период динамичного экономического роста (2003-2007), позволили им создать определенный запас «прочности».

В.А. Красильщиков, доктор экономических наук, зав. сектором Центра проблем развития и модернизации ИМЭМО РАН, дает анализ кризиса в сфере ипотечного кредитования в США, который затем распространился на кредитно-финансовую сферу и на реальный сектор экономики других стран. Для ведущих стран Латинской Америки выход из кризиса состоит, прежде всего, в решении кредитно-финансовых проблем, а также и в «исправлении наследия их ассоциировано зависимого развития».

По мнению главного научного сотрудника ИЛА РАН, доктора экономических наук, профессора Л.Л. Клочковского, в основе кризиса три основных элемента: факторы циклического развития, усиливающиеся дисбалансы и противоречия глобализации мировой экономики, возрастающие сбои в функционировании действующих в центрах капитализма моделей развития. Последний фактор во многом определяет углубление негативных процессов в мировой экономике.

Коллектив специалистов Центра экономических исследований Института Латинской Америки РАН представил актуальную работу, в которой рассматривается влияние глобального финансово-экономического кризиса на развитие стран целого региона (Латино-Карибская Америка в контексте глобального кризиса. - М.: ИЛА РАН, 2012. – с.258).

В книге речь идет о Латинской Америке и Карибском бассейне, которые на фоне объятых кризисом традиционных центров мировой экономики – США, Евросоюза и Японии, например, сегодня выглядят относительно благополучно. Авторы книги анализируют причины краха неолиберализма в Латинской Америке и рассматривают принципиально новые задачи, призванные серьезно изменить само содержание национальных стратегий развития государств региона. Первой из этих задач они называют формирование социально ориентированного экономического курса, нацеленного на утверждение принципов социальной справедливости. Для реализации этой задачи необходимо усилить перераспределительные функции государства и расширить его финансовую базу. А это предполагает осуществление радикальных налоговых реформ. Авторами книги сделан вывод, что эффективность политики по привлечению в регион иностранных инвестиций является низкой и не соответствует целям его развития. В перспективе предполагается обязательный учет факта, что Латинская Америка по-прежнему занимает довольно высокие позиции в мировом геополитическом рейтинге в силу обладания крупными запасами природных стратегических ресурсов. Так, на Латинскую Америку приходятся 51% мирового производства серебра, 50% лития, 45% меди, 27% молибдена, 25% олова, 23% цинка и бокситов, 19% золота и 18% железа. Здесь сосредоточены огромные запасы нефти и газа.

В докладе «Тенденции геологоразведки в мире в 2012 году», подготовленном Metals Economic Group, отмечалось, что до 2020 года горнодобывающая промышленность Латинской Америки может получить до 300 миллиардов долларов в виде новых капиталовложений. Бразилия, занимающая шестое место в мире по объему экономики, превращается в последние годы, благодаря открытию новых перспективных месторождений углеводородов, в крупную нефтегазовую державу. Кроме того, она обладает экономическими и финансовыми возможностями для претворения в жизнь проектов по добыче и промышленной переработке полезных ископаемых.

В 2014-2015 годах среднегодовые темпы прироста ВВП региона составят, по оценкам Экономической комиссии ООН, для Латинской Америки и Карибского бассейна, 3,9% (по сравнению с 2% в Евросоюзе). Из этого следует, что неблагоприятное сочетание внешнеэкономических условий развития Латинской Америки не означает прогрессирующего ослабления позиций региона в мировом хозяйстве.

В апреле 2013 года в Перу прошел Всемирный экономический форум (ВЭФ) для стран Латинской Америки. В его работе приняли участие президенты Перу, Мексики, Панамы, а также более 600 представителей правительств и предпринимательских кругов стран Западного полушария. Главной темой форума стала ситуация в Латинской Америке и перспективы экономического роста в условиях глобального финансового кризиса. Выступившие на форуме президент Перу Ольянта Умала и его мексиканский коллега Пенья Ньето сошлись во мнении, что регион нуждается в проведении политических и экономических реформ для обеспечения устойчивого роста, на фоне продолжающегося экономического и финансового кризиса в Европе. Представители Чили, Колумбии, Мексики и Перу выступили с предложением по координации фискальной и монетарной политики мирового сообщества, так как в противном случае мир может столкнуться с «денежным цунами», которое обрушит местные валюты.

На фоне экономического роста в странах Латинской Америки участники форума указали на рост дефицита бюджета и внутреннего долга, но такая тенденция не приведет к финансовому кризису. В первую очередь, это касается Бразилии и Мексики. В настоящее время примерно две трети экспорта стран Латинской Америки приходится на сырье и углеводороды.

Управляющий директор ВЭФ Борге Бренд, подводя итоги работы форума, отметил важность и актуальность встречи, потому что «была возможность глубже понять, каким образом Латинская Америка смогла преодолеть сильнейший экономический кризис лучше, чем другие регионы мира». По его мнению, регион обладает большими возможностями, учитывая, что здесь проживают 267 миллионов человек возрастом младше 25 лет. Вместе с тем, большое количество молодых людей в латиноамериканских странах потребует в ближайшие несколько лет создания не менее 50 миллионов новых рабочих мест, а также расширение доступа населения к образованию.

Объем иностранных инвестиций в страны Латинской Америки за последние пять лет составил 400 миллиардов долларов. Иностранные инвесторы с охотой идут в регион, где существуют определенные экономические правила игры на рынке, финансовая дисциплина, привлекательность банковских ставок.

Один из ведущих ученых Украины, доктор экономических наук, заведующий кафедрой международных экономических отношений Львовской коммерческой Академии Виктор Шевчук в своей монографии «Экономические реформы в Латинской Америке: от финансовой стабилизации до устойчивого экономического роста» отмечает, что продолжительность, многообразие форм и непредсказуемость результатов экономических реформ в Латинской Америке наталкивают на сравнение с "экономической лабораторией".

В наиболее общих чертах длительный период экономической и политической нестабильности в странах Латинской Америки на протяжении нескольких послевоенных десятилетий определили: 1) неудачный выбор модели экономического развития, 2) экспансионистская экономическая политика, 3) протекционизм, 4) чрезмерное государственное вмешательство в экономику. В течение 1930-1940-х годов страны региона экспериментировали с программами импортозамещающей индустриализации как средством независимости от внешних рынков. В 1950-1960-х годах импортозамещающая индустриализация активизировалась. Государственное вмешательство в экономику стало более интенсивным. Многочисленные неудачи 1970-1980-х годов убедили латиноамериканских лидеров в необходимости радикализации экономических реформ. В апреле 1991 г. в Аргентине началось выполнение плана "Convertibilidad", а в июле 1994 правительство Бразилии инициировало собственную программу реформ - план "Real". Предмет радикализации экономических реформ составили: фискальная дисциплина, сокращение доли правительственных расходов в ВВП, налоговая реформа, унификация системы обменного курса, либерализация внешней торговли и потоков капитала, приватизация, поощрение прямых иностранных инвестиций, дерегуляция экономики. Именно такая экономическая политика обусловила поступательное развитие экономики Чили с середины 80-х годов. Не менее успешно в 1988-1992 гг. развивалась экономика Мексики. Экономика Бразилии оказалась тоже относительно устойчивой, однако значительные трудности в продолжении экономических реформ вызывают справедливые опасения относительно их необратимости.

Выводы

Для будущего успешного финансово-экономического развития стран Латинской Америки, которые обладают богатыми природными и людскими ресурсами, необходимо:

- устранение макроэкономического дисбаланса, которое является неизбежным следствием экспансионной экономической политики и чрезмерного государственного вмешательства в экономику;

- установление финансовой стабильности, которая является необходимой предпосылкой успеха экономической реформы;

- повышение доверия к экономической политике и нейтрализация общественно-политических факторов противодействия радикальным экономическим реформам, что требуют использования эффективных институциональных решений;

- укрепление экономических, финансовых и политических межгосударственных связей в регионе;

- планомерное повышение уровня образования населения;

- более широкое торгово-экономическое и научно-техническое сотрудничество с Россией и другими странами СНГ.

Коноплёва Ю.А.
канд. экон. наук, доцент кафедры денежное обращение и кредит,
Северо-Кавказский федеральный университет, г. Ставрополь

АКЦИОНЕРНЫЙ КАПИТАЛ КАК ФОРМА НАКОПЛЕНИЯ ИНДИВИДУАЛЬНОГО КАПИТАЛА

Как известно, сущность акционерной формы капитала заключается в объединение индивидуальных капиталов путем выпуска акций. Возникновение данной формы капитала было связано, с тем, что индивидуальный капитал не всегда имел возможность обеспечить потребности крупных производств, поэтому еще древние римляне вывели экономическое правило: лучше участвовать небольшими долями в нескольких предприятиях заморской торговли, чем предпринимать самостоятельные шаги на свой личный риск. Таким образом, появились купеческие ассоциации, привлекавшие кредиты знатных римлян. Прибыль распределялась пропорционально между владельцами корабля и груза, кредиторами[1]. Еще в первой половине XIX века крупнейшие компании ведущих капиталистических держав преобразуются в акционерные общества, с тем, чтобы через выпуск акций получить средства инвесторов взамен на право голоса в управлении обществом и дивиденды в зависимости от полученной прибыли. Из этого следует, становление акционерного капитала было мощным стимулом прогресса производительных сил. Так становится возможность централизации капитала для реализации крупномасштабных проектов, которые не под силу даже самому крупному индивидуальному капиталу, что становлению общественного капитала, когда: происходит обезличивание собственника и появляется слой профессиональных наемных управляющих[6].

«Централизация, - пишет К. Маркс, - завершает дело накопления, давая возможность промышленным капиталистам расширить масштаб своих операций … Рост размеров промышленных предприятий служит исходным пунктом для прогрессирующего процесса превращения разрозненных и рутинных процессов производства в общественно комбинированные и научно направленные процессы производства … Мир до сих пор остался бы без железных дорог, если приходилось дожидаться, пока накопление не доведет некоторые отдельные капиталы до таких размеров, что они могли бы справиться с постройкой железной дороги. Напротив, централизация посредством акционерных обществ осуществила это в один миг»[7].

Укрупнение предприятия всегда выгодно, так как позволяет снизить издержки при производстве товаров, делая его прибыльнее и конкурентоспособнее.

К. Маркс, раскрывая содержание акционерного капитала, писал: «капитал достиг своей последней формы, где он существует не в себе, в соответствии со своей субстанцией, но и положен по своей форме как общественная сила и общественный продукт»[4].

Образование акционерного капитала происходит через объединение денежных доходов и индивидуальных капиталов путем выпуска акций и облигаций. Его увеличение производится при капитализации части прибыли акционерной компании через дополнительные эмиссии акций. Как известно, акционерный капитал существует в двух формах. Во – первых, как действительный капитал, который реально участвует в системе общественного воспроизводства. Во-вторых, как капитал в форме ценных бумаг, движение которого определяется состоянием фондового рынка, не всегда совпадающим с реальной экономической ситуацией[5].

Из выше сказанного можно уточнить понятие акционерного капитала – это капитал образованный посредствам объединения индивидуальных капиталов физических и юридических лиц, путем продажи акций и облигаций в процессе функционирования акционерного общества и получения дополнительного дохода от обращения портфельных инвестиций.

Субъектом акционерного капитала выступает собственник, или группа собственников, которые в соответствии с долями своих вложений получают доход, и принимает участие в управлении. С экономической точки зрения акционерное общество является инструментом накопления и концентрации денежного капитала путем объединения средств его разрозненных владельцев, на основе эмиссии и рыночного движения ценных бумаг. Из этого следует, что акционерные общества являются наиболее эффективной формой организации бизнеса по ряду причин: во-первых, общество может иметь неограниченный срок существования, в то время как предприятия с другими организационно-правовыми формами основанные на индивидуальной собственности, имеют ограниченный срок существования рамками жизни учредителей. Эта особенность выражается в наследовании акций, и свободной продажи их на рынке, что приводит к беспрепятственной смене владельца ценных бумаги не требующая внесения изменений в устав предприятия; во-вторых, акционерные общества благодаря выпуску акций получают более широкие возможности в привлечении дополнительных средств по сравнению с некорпоративным бизнесом, причем эти средства не подлежат возврату (за исключением случаев полной ликвидации общества). Данная особенность предприятиям позволяет привлечь в состав своих акционеров трудовой коллектив, контрагентов и других собственников ценных бумаг, что способствует заинтересованности в результатах деятельности общества; в-третьих, руководство деятельности организации находится отделено от конкретного управления, что позволяет нанимать наиболее подходящих управляющих, директоров, заставляя акционеров серьезно относиться к подбору управляющего персонала, так как каждый акционер отвечает за эффективную работу общества вложенными средствами; в-четвертых, акции акционерного общества, обладают достаточно высокой ликвидностью, их гораздо проще продать при выходе из общества, чем вернуть долю в уставном капитале товарищества.Целями акционерного общества на рынке ценных бумаг является привлечение инвестиций, формирование устойчивого спроса на ценные бумаги общества, получение дохода[2].

Из выше сказанного можно сделать следующий вывод: акционерные общества являются основной организационно – правовой формой предприятий в странах с развитой рыночной экономикой, позволяющей концентрировать и использовать индивидуальные капиталы для организации эффективного бизнеса. Таким образом, уникальность акционерного общества заключается в привлечение значительных средств без существенных затрат со стороны предприятия – эмитента в короткие временные сроки. А, капитал общества образуется, за счет эмиссии ценных бумаг приобретает большую ликвидность по сравнению с капиталом индивидуального унитарного предприятия. Свободное обращение акций дает возможность предприятию привлекать неограниченный объем ресурсов, в свою очередь владелец в случае производственной или личной необходимости может трансформировать часть принадлежащей ему собственности в денежные средства.

Литература

1. Акулов, В. Б. Экономическая теория : учеб. пособие / В. Б. Акулов, О. В. Акулов. – Петрозаводск : ПЕТРГУ, 2001. – 180 с.

2. Бабиков, М. В. Рынок ценных бумаг – источник инвестиций в реальный сектор экономики России : дис. ... канд. экон. наук : 08.00.05 / Марат Вячеславович Бабиков. – М., 2005. – 163 с.

3. Коноплёва, Ю. А. Становление и развитие рынка ценных бумаг: исторический опыт / Ю. А. Коноплёва // Вестник Северо–Кавказского государственного технического университета № 1 (22), 2010.

4. Маркс, К. Капитал. Критика политической экономии. В 3 т. / К. Маркс ; под ред. Ф. Энгельса. – М. : Политиздат, 1978. – Т. 1, кн. 1. – 907 с.

5. Пудовкин, А. Инвестиционный климат России. Влияние кризиса и посткризисное развитие / А. Пудовкин // Мировое и национальное хозяйство. – 2010. – № 2. – С. 13.

6. Российская Федерация. Законы. Гражданский кодекс Российской Федерации с изм., внесенными федеральными законами от 24.07.2008 № 161-фз, от 18.07.2009 № 181-фз. – Доступ из справ.-правов. системы «Консультант Плюс».

7. Рынок ценных бумаг [электронный ресурс]. – Режим доступа: http://lia.net.ru/inf/economics/index.php?n=83

Наумов Д.В.
кандидат юридических наук

ДЕЙСТВИЯ ПРОКУРОРСКОГО РАБОТНИКА ПРИ ПЕРЕДАЧЕ ЕМУ ВЗЯТКИ

Данная статья написана автором в период содержания его под стражей.

Взяткодательство, как самое серьезное проявление коррупции, не только негативно сказывается на нормальном функционировании государственных механизмов, но и может подвергать опасности должностных лиц, в частности прокуроров, которым взятка предлагается.

В целях успешной и эффективной борьбы со взяткодательством необходимо грамотное правовое регулирование статуса государственных служащих, не только закрепляя за ними определенные обязанности, но и наделяя такими полномочиями, с помощью которых они могли бы твердо противостоять взяткодателю.

Уголовным кодексом РФ предусмотрена ответственность за получение взятки, дачу взятки и посредничество во взяточничестве. Однако только по примечанию к статьям 291 и 291.1 УК РФ лицо, добровольно сообщившее о даче либо посредничестве во взяточничестве освобождается от уголовной ответственности.

Возникает вопрос: что же делать должностному лицу (в рассматриваемом случае прокурорскому работнику), которому вопреки его согласия передают деньги в качестве взятки?

Конечно законодателем закреплено в ст.9 Федерального закона от 25.12.2008 №273-ФЗ «О противодействии коррупции» обязанность государственного служащего уведомить работодателя обо всех случаях обращения к нему каких-либо лиц в целях склонения его к совершению коррупционных правонарушений. Дальнейшее развитие эти положения закона получили в Приказе Генерального прокурора РФ от 06.05.2009 №142 «О порядке уведомления прокурорскими работниками и федеральными государственными гражданскими служащими органов и учреждений прокуратуры РФ о фактах обращения к ним в целях склонения к совершению коррупционных правонарушений и организации проверок поступающих уведомлений».

Но нередки случаи, когда имеет место передача взятки без предварительной договоренности, провокация взятки, подстрекательские действия со стороны посредников с целью собственного обогащения и т.д.

При этом в последнем случае посредник, неосведомленный о проводимых в отношении него оперативно-розыскных мероприятиях, может таким образом, используя «доброе имя» прокурорского работника, сделать из последнего взяткополучателя. И происходит это по следующей причине.

Совместным приказом Генеральной прокуратуры РФ №39, МВД РФ №1070, МЧС РФ №1021, Минюста РФ №253, ФСБ РФ №780, Минэкономразвития РФ №353, ФСКН РФ №399 от 29.12.2005 «О едином учете преступлений (далее Приказ о едином учете преступлений) утверждено Типовое положение о едином порядке организации приема, регистрации и проверки сообщений о преступлениях. Согласно п. 30 данного Типового положения, должностное лицо, уполномоченное проводить организацию проверки сообщения о преступлении, обязано в пределах своей компетенции принять незамедлительные меры по сохранению и фиксации следов преступления, доказательств, требующих закрепления, изъятия и исследования.

В соответствии с п.2 указанного Типового положения его действие распространяется на прокуроров.

Предположим, взяткодатель или посредник приходи к прокурору и дает ему деньги в качестве взятки за совершение какого – либо действия (бездействия), входящего в его полномочия, в расчете на согласие прокурора принять взятку. И в этот момент перед прокурором возникает выбор действий: во-первых, он должен доложить об обращении к нему лица с целью склонения к коррупционным правонарушениям и отказаться от взятки, а во-вторых, он должен исполнить требования приказа о едином учете преступлений по сохранению и фиксации следов преступления.

Однако каким способом прокурору фиксировать следы преступления нигде в законе не указано. Отказавшись от взятки, прокурор фактически освободит от ответственности лицо, дающее взятку, т.к. не сможет каким-либо образом доказать факт предложения взятки. Задерживать лицо, изымать каким-либо протоколом денежные средства, и т.п. прокурор не может ввиду отсутствия таких полномочий, предусмотренных УПК РФ для других участников уголовного судопроизводства исполняя все требования закона и ведомственных приказов, прокурору предписано принять меры к сохранению предмета взятки (например, положить деньги в служебный сейф) и сообщить о данном факте соответствующему руководителю.

Однако, принимая денежные средства, прокурор в свою очередь рискует стать невольным участником оперативно-розыскных мероприятий (к примеру, оперативного эксперимента), в результате которых у него будут обнаружены «доказательства» дачи ему взятки. Ведь, как правило, при проведении оперативных экспериментов сотрудники оперативных подразделений (МВД, ФСБ и др.) начинает осматривать предполагаемое место происшествия сразу после передачи денег. И в данном случае прокурор неизбежно может стать т.н. «жертвой» провокации взятки либо подстрекательства к ее дачи.

Здесь и встает вопрос о ситуации, озвученной в начале статьи – почему за добровольное сообщение о даче и посредничестве взяточничества лицо освобождается от уголовной ответственности, а за сообщение о получении нет? Причем в первом случае, даже если лицо, давшее взятку, не освободится от уголовной ответственности, то путем оговора прокурора может добиться смягчения себе уголовного наказания, инсценируя сотрудничество со следствием.

Такая неопределенность в соотношении полномочий и обязанностей прокуроров в описываемой ситуации возникла, прежде всего, из-за того, что на момент издания совместного приказа о едином учете преступлений, а именно 29.12.2005 в полномочия прокурора, согласно п.3 ч.2 ст. 37 УПК РФ входило личное проведение отдельных следственных и иных процессуальных действий, направленных на изъятие и фиксирование следов преступления. В 2007 году при создании нового следственного органа – Следственного комитета при прокуратуре РФ, данные полномочия прокурора были утрачены, а обязанность исполнения требований п.30 вышеуказанного Типового положения осталась, что породило неясность в регламентации действий прокурора при передаче ему взятки.

Таким образом, в настоящее время прокурор фактически приравнен к государственным служащим, не обладающим уголовно-процессуальными полномочиями по изобличению взяткодателя.

Данный факт также становится почвой для безбоязненного предложения прокурору взятки, т.к. взяткодатель знает, что прокурор в момент предложения ему взятки не может ничего сделать для фиксации преступления.

Следует полагать, что во избежание вышеуказанной неопределенности необходимо принять ряд законодательных мер, направленных на наделение прокуроров полномочиями по пресечению коррупционных преступлений.

В частности, можно предложить следующие пути решения данной проблемы.

Во-первых, разработать порядок действий прокурора при предложении ему взятки. Именно при непосредственном предложении, а не просто при обращении с целью склонения к использованию служебного положения. Ведь вполне могут иметь место обращения с просьбой получить взятку за те или иные действия (бездействие) без предварительной договоренности.

Во-вторых, путем внесения изменений в с. 37 УПК РФ, наделить прокурора полномочиями лично проводить отдельные следственные и иные процессуальные действия.

Конечно, можно привести в соответствие с УПК РФ совместный приказ о едином учете преступлений, исключив обязанность прокурора по фиксации и изъятию следов преступления. Но думается, что в этом случае правотворческая деятельность будет направлена не на борьбу с коррупцией, а на ее развитие, чего допускать никак нельзя.

Наиболее приемлемым следует считать первый вариант – разработку порядка действий прокурорского работника, при предложении ему взятки. Внесение изменений в УПК РФ маловероятно, так как они затронут огромное количество нормативно-правовых актов федерального уровня.

В порядке действий следует возможным предложить прокурорам принятые от лиц доказательства склонения к получению взятки или иному коррупционному нарушению закона (деньги, документы, записки и т.д.) незамедлительно помещать в специально предназначенные для этого сейфы (боксы, металлические шкафы и т.п.), которые должны быть расположены в каждом здании, в котором находится прокуратура и доступ к которым должен иметься у каждого из лица руководства прокуратуры (прокурор, заместители).

С целью избегания возможных провокаций прием граждан следует проводить в специально предназначенном для этого кабинете, оснащенном аудио-видеозаписывающим оборудованием, а также служебной документацией регламентирующей порядок приема граждан. При этом посещение гражданами рабочих мест прокурорских работников следует исключить. Такая практика имеется в аппарате прокуратуры Волгоградской области.

Также имеет смысл обязать прокурорских работников обо всех фактах предложения взятки незамедлительно уведомлять не непосредственных руководителей, которые могут быть заняты в судебных заседаниях, на проводимых проверках и совещаниях, а посредством телефонной связи сотрудника прокуратуры субъекта РФ, наделенного полномочиями в сфере собственной безопасности. При этом телефонный аппарат такого сотрудника следует обеспечить средствами автоматической записи переговоров, исключающей в дальнейшем вопросы о времени и обстоятельствах происшествия.

Таким образом, принятие такого рода нормотворческих мер будет способствовать и соответствовать профилактической цели антикоррупционных обязанностей прокурорских работников и защитит их права и публичные интересы в сфере борьбы с коррупцией.

Корчагина И.В.
доцент кафедры Государственно-правовых дисциплин, кандидат
юридических наук
Королева В.В.
заведующая кафедрой Государственно-правовых дисциплин,
кандидат юридических наук

НЕКОТОРЫЕ АСПЕКТЫ ГОСУДАРСТВЕННО-ПРАВОВОГО РЕГУЛИРОВАНИЯ РЫБОЛОВСТВА И ОХРАНЫ ВОДНЫХ БИОЛОГИЧЕСКИХ РЕСУРСОВ: ИСТОРИЧЕСКОЕ РАЗВИТИЕ

Государственное регулирование и правовая охрана природных объектов Российским государством осуществлялись с давних времен.

Согласно «Русской правде» – памятнике законодательства 11–12 веков, считающемся самым ранним из дошедших до современных исследователей кодексом правовых норм раннесредневековой Руси, первыми природными объектами охраны были бортные урожаи в лесах и пасеки с ульями, которые принадлежали князьям и другим феодалам в числе наиболее ценных угодий, а воск и мед были одними из самых дорогих товаров, вывозимых из Руси.[1,102]

Первыми актами, которые непосредственно регулировали рыболовство, были указы царя Михаила Фёдоровича, которые определили правила вылова стерляди и сельди для монарха. В этих указах были применены основные способы регулирования ловли рыбы, направленные на охрану и сохранение видов, например, запрещался вылов мелкой сельди и т.д. За нарушение царского указа виновные подвергались смертной казни. Из этого следует, что в конце XI века регулировалась и подвергалась контролю рыбная ловля только для дворцовых нужд. Законодательство XV-XVI веков также было направлено на охрану природных объектов великокняжеских, монастырских и общинных владений от посягательств на них.

Первая попытка общей регламентации рыболовства, преследующая к тому же цель защиты окружающей среды, была предпринята в наказе, данном царем Федором Ивановичем Астраханским воеводам в 1591г.[2,16], по которому воеводам предписывалось «вперёд рыбным ловцам и торговым людям приказати накрепко и смотрети над ними того и велети, чтоб они рыбы ловили про себя и на продажу, сколько кому мочно атряпать, а лишние б рыбы не ловили и на песку не метали».[3,18-19]

Законодательство первой половины XVIII века о защите рыбных богатств государства было представлено указами не только для отдельных местностей, но и общероссийскими указами. Так, Петр I, введя в 1704 году откупную систему рыболовства, повсеместно запретил самоловную снасть. Указом 1758 года, кроме охраны рыбы, предусматривалась так же защита водоёмов от загрязнений.[4, 47] В 1762 году в отношении рыболовных промыслов был совершен переход от монопольной формы промыслов к свободному частному предпринимательству. А в 1802 году был провозглашён принцип свободного морского рыболовного промысла, положивший начало массовому участию населения в рыбных промыслах. Поскольку это могло привести к снижению численности рыбных богатств страны, в 1835 году был издан закон об охране и заповедании рыбных нерестилищ, в 1842 году последовал Указ о запрещении лова рыбы в Каспийском море со времени вскрытия льда до 15 мая. В 1846 году был ограничен лов рыбы для жиротопления с 20 апреля по 5 мая, чтобы уберечь от истребления новорожденную рыбу.

Большие перемены произошли в рыбоохранном законодательстве российского государства после ученых экспедиций проведенных в 1851-1970 годах академиком К.М. Бэром и сотрудниками Российской академии наук Н.Я. Данилевским и А.Д. Рябининым, вследствие рекомендаций данных ученых Министерство государственных имуществ, начиная с 1859 года, приняло ряд постановлений в области охраны рыбных запасов. В частности, академиком К.М. Бэром были составлены Правила рыбной ловли в Чудском и Псковском озерах, которые 29 ноября 1859 года удостоились Высочайшего утверждения и стали законом. Все перечисленные, а также другие постановления, касающиеся сроков и способов лова рыбы, вошли в Свод Законов Российской Империи, изданный в 1886 году[5,46]. В дальнейшем на основании отчетов и рекомендаций ученых должностными лицами Департамента земледелия и сельской промышленности Министерства Внутренних Дел был разработан проект закона включающий в себя общие правила рыболовства, который в свою очередь разослали всем российским губернаторам для ознакомления и внесения поправок. Позже проект был изменен на основании полученных замечаний и передан Российскому обществу рыболовства и рыбоводства. Однако данный проект, так и остался проектом.

В советский и постсоветский периоды охрана рыбных запасов регулировалась большим количеством разноплановых нормативных актов (причем в большей степени подзаконных), и вследствие их разобщенности не был выработан концептуальный правовой подход к регулированию отношений в области водных биоресурсов.

Для советского периода характерно отсутствие законодательных актов специально посвященных охране рыбных запасов, единственным нормативно-правовым актом являлось Положение «Об охране рыбных запасов и о регулировании рыболовства в водоёмах СССР» от 15 сентября 1958 года. Отсутствие законодательных актов «компенсировалось» постановлениями ЦК КПСС, посвященными охране отдельных бассейнов, что в условиях административно-командной системы управления представлялось достаточным.

С принятием Конституции РФ 1993 г. провозгласившей плюрализм экономической деятельности потребовались новые подходы и к административно-правовому регулированию охраны рыбных запасов. Отнесение вопроса охраны рыбных запасов к совместному ведению обусловило необходимость принятия соответствующих законов, как на федеральном, так и на региональном уровнях. Вместе с тем единственным законодательным актом в данной области является Федеральный закон от 20.12.2004 № 166-ФЗ «О рыболовстве и сохранении водных биологических ресурсах», а так же законы субъектов Российской Федерации, которые в основном дублируют нормы указанного Федерального закона.

В этой связи целесообразным представляется необходимость внесения изменений в вышеуказанный Федеральный закон, в котором предлагается закрепить основы организации рыболовства и охраны водных биоресурсов РФ, а их конкретизацию перенести в целевые федеральные законы, посвященные регулированию рыболовства и охране рыбных запасов в соответствующих водных бассейнах (например, бассейн река Волга - Каспийское море; река Дон – Азовское море). При подготовке указанных законопроектов необходимо создавать рабочие группы в составе депутатов Государственной Думы РФ и представителей законодательных органов соответствующих заинтересованных регионов.

Список литературы:

1. Правда Русская. Т.2., Комментарий. - М.-Л., 1947, с.567.
2. Перевертайлова Л.С. Административная ответственность за нарушение правил рыболовства и охраны рыбных запасов (по материалам Обь-Иртышского бассейна) Дис. ... канд. юрид. наук : 12.00.02 .-М.: РГБ, 2003.150с.
3. Бутгаков М.Б., Ялбулганов А.А. Российское природоохранное законодательство XI начала XX веков. - М., 1997, 120с.
4. Вешняков В.И. Рыболовство и законодательство. Спб.. 1894, 780с.
5. Булгаков М.Б., Ялбулганов А.А., Российское природоохранное законодательство XI - начала XX веков. - М., 1997, 120с.

www.ingramcontent.com/pod-product-compliance
Lightning Source LLC
Chambersburg PA
CBHW051640170526
45167CB00001B/269